纳米智能材料与结构监测应用技术

Smart Nanocomposite & Its Application Technology in Structure Monitoring

罗健林　张纪刚　高　嵩　王鹏刚　王向英　著

中国建筑工业出版社

图书在版编目（CIP）数据

纳米智能材料与结构监测应用技术＝Smart
Nanocomposite & Its Application Technology in
Structure Monitoring/罗健林等著.—北京：中国
建筑工业出版社，2021.6（2022.10重印）
ISBN 978-7-112-26274-8

Ⅰ.①纳… Ⅱ.①罗… Ⅲ.①纳米材料②建筑结构-
监测 Ⅳ.①TB383②TU3

中国版本图书馆CIP数据核字（2021）第131394号

  本书着重介绍纳米智能材料发展状况、结构健康监测组成特点，不同纳米材料分散稳
定工艺及性能评价方法，面向各类结构监测的压阻、压电及压阻压电复合型纳米智能块材
（薄膜）不同制备、合成工艺，探讨混杂纳米导电填料对纳米智能块材（薄膜）力-电传感
特性的影响，通过试验研究与有限元仿真分析系统研究纳米智能块材（薄膜）力-电传感智
能特性及对各类结构健康监测效能，并尝试分析了基于纳米智能材料的海工结构智能阴极
防护与自监测性能。

  本书可供从事纳米智能材料与结构监测的研发、生产单位以及先进工程监测系统开发
企业工程技术人员阅读参考，也可以作为高等院校土木工程、材料科学与工程、纳米材料
工程专业的本科生和研究生教学与参考用书。

责任编辑：万 李
责任校对：李美娜

纳米智能材料与结构监测应用技术

Smart Nanocomposite & Its Application Technology in Structure Monitoring

罗健林 张纪刚 高 嵩 王鹏刚 王向英 著

*

中国建筑工业出版社出版、发行（北京海淀三里河路9号）
各地新华书店、建筑书店经销
唐山龙达图文制作有限公司制版
北京建筑工业印刷厂印刷

*

开本：787毫米×1092毫米 1/16 印张：12¾ 字数：312千字
2021年7月第一版 2022年10月第二次印刷
定价：**49.00**元
_____
ISBN 978-7-112-26274-8
（37262）

前　　言

随着社会和国民经济的快速发展，为满足经济建设和人民生活的需要，大跨度桥梁、隧道、体育场馆和水利设施等大型结构性建筑进入了一个全面发展的阶段。如不能及时发现长期暴露环境下各类结构损伤与缺陷，对其进行预警并维修，一旦大型结构性建筑发生倒塌，将会造成重大经济损失和人员伤亡。高性能智能传感器是成功实现结构健康监测的基础。因此，需要应用智能传感器件对大型工程结构各方面的状态参数进行"实时、长期、在位"监测，预防基础设施突发性灾难，大幅度减少生命与财产损失。晶粒尺度为1～100nm的凝聚态固体纳米材料的力、电、热、磁、光敏感特性与表面稳定性等均不同于常规微粒，具有原组分不具备的特殊性能与功能，为制备结构监测用高性能、多功能纳米智能传感器件提供了新的途径和新的思路。

本书是在国家自然科学基金项目"基于 CNT 增强 ECC 基压阻/压电复合型传感器（俘能器）的智能交通系统"（No. 51208272）、"面向海水冷却塔结构的纳米水泥基热电超材料及其智能阴极保护与劣化自监测机制"（No. 51878364）、教育部高等学校博士点基金项目"基于自供能 CNTs 增强 0-3 型 PVA-ECC 压阻/压电传感器网络的桥梁监测系统"（No. 20123721120004）、国家级大学生创新训练计划项目"碳纳米管改性水泥基压电复合材料制备及静/动态传感特性"（No. 201210429032）、山东省级大学生创新创业训练项目、青岛理工大学大学生创新训练计划项目、山东省高等学校科研计划项目"水性环氧树脂改性纳米碳管/水泥基传感器防潮耐久性能"（No. J11LE05）、山东省自然科学基金项目"面向海水冷却塔结构的 CNT 改性水泥基超材料及其阳极防护与应力监测机理研究"（No. ZR2018MEE043）、青岛市应用基础研究计划项目"桥梁状态多参数自感知用 CNT 改性水泥基压阻/压电传感器研究"（No. 14-2-4-48-jch）、山东省重点研发计划项目（社会公益类）"纳米改性高效绿色建材及其在装配式墙板体系创新应用"（No. 2019GSF110008）、山东省"土木工程"一流学科、山东省"高峰学科"建设学科及"材料科学与工程"在青高校服务我市产业发展重点学科基金等的持续资助下研究编撰完成的。作者对上述科研项目与学科平台的资金支持表示由衷的感激。

纳米级导电填料也已成为各种基体材料理想的增强体，并能赋予复合块材或薄膜导电及智能传感性能，为实现结构全频域监测提供了理论支持与技术可能。本书着重介绍了纳米智能材料发展状况、结构健康监测组成特点，不同纳米材料分散稳定工艺及性能评价方法，面向各类结构监测的压阻、压电及压阻压电复合型纳米智能块材（薄膜）不同制备、合成工艺，探讨混杂纳米导电填料对纳米智能块材（薄膜）力-电传感特性的影响，通过试验研究与有限元仿真分析系统研究纳米智能块材（薄膜）力-电传感智能特性及对各类结构健康监测效能，并尝试分析了基于纳米智能材料的海工结构智能阴极防护与自监测性能。本书可供从事纳米智能材料与结构监测研发、生产单位以及先进工程监测系统开发企业工程技术人员阅读参考，也可以作为高等院校土木工程、材料科学与工程、纳米材料工程专业的本科生和研究生教学与参考用书。

在本书撰写和科研过程中，滕飞、高乙博、周晓阳、魏雪、张帅、李璐、吴晓平、王旭、陈帅超、周刘聪、李贺、张芳芳、朱桂贤、刘玺、高芙蓉、王彬彬、姜玥玚、游芬、邓皋、袁乾等先后做了大量的工作，哈尔滨工业大学李惠教授、段忠东教授、肖会刚教授、咸贵军教授、大连理工大学韩宝国教授、青岛农业大学李秋义教授在本书的编撰过程中提供了许多宝贵指导意见，在此对他们表示诚挚的谢意。由于作者的水平有限，书中难免有疏漏、不当之处，敬请同行和广大读者批评指正。

罗健林

2021 年 1 月于青岛

目　　录

第1章 绪 论

1.1 结构健康监测意义与技术研究现状

1.1.1 结构健康监测意义

随着社会和国民经济的快速发展，经济建设和人民生活的需要，大跨度桥梁、隧道、体育场馆和水利设施等大型建筑结构进入了一个全面发展的阶段。这些民用基础设施，是确保社会经济和工业繁荣发展的必要基础。然而，这些大型结构性建筑在建造过程中易受施工工艺等技术措施的限制，而在使用过程中又会受到外界恶劣环境的腐蚀，材料自身性能随时间逐渐降低等各方面因素影响，这些因素的综合作用使建筑结构承受荷载的能力、耐久性、耐腐性、抗疲劳等性能会逐渐降低。如果不能及时发现这些缺陷并对其进行维修，一旦大型建筑结构发生倒塌，将会造成重大经济损失和人员伤亡。始建于 1967 年的意大利滨海城市热那亚的莫兰迪公路桥由于处于近海环境，海洋硫化物和氯化物造成钢筋腐蚀，加上保养维护不善，服役刚过 40 年在 2018 年就突然垮塌，造成大量伤亡。2002 年 12 月竣工的温州灵昆跨海大桥在 2007 年就发现处于浪花飞溅区的下部结构出现严重混凝土剥落和内部钢筋裸露的现象。我国台湾澎湖大桥建成不到 7 年就出现梁、板、柱顺筋严重开裂现象。2014 年世界杯举办城市贝洛奥里藏特一处高架桥发生坍塌，造成至少两人死亡。因此，为了保证行人安全、减少经济损失、提高桥梁等大型建筑的防灾减灾能力，就要对大型工程结构各方面的状态参数进行长期、实时、在线监测。及时了解桥梁等混凝土结构的工作状态，对结构的健康状况作出评估，为大型建筑结构的维修和养护工作提供指导意见。这样就能够实现事故预先报警，预防突发性灾难，减少经济损失和保证行人安全。

1.1.2 结构健康监测技术研究现状

结构健康监测（SHM）是指利用对土建结构不造成损伤的传感技术，通过检测建筑结构的应力、应变、强度、疲劳破坏、阻尼等物理力学性能，达到定位损伤发生的位置和判断损伤程度的目的，为后期的养护和维修在理论和实践上提供指导。SHM 系统可以对建筑结构各方面情况包括使用寿命、可靠度、耐腐蚀性、耐久性、疲劳情况以及承受荷载的能力进行准确、全面、智能评估。当结构在复杂情况下发生损伤破坏时，可以提前发出警报提醒相关负责部门，为结构的及时维修提供建议和指导，使人身安全和经济损失降到最低；利用风速风向仪、压力传感器等对结构环境荷载进行检测的仪器，对结构周围的环境进行检测；把传感器（加速度传感器、应变传感器）合理安装在结构最易发生破坏的位置，形成一个由传感器组成的网络系统；通过信号输入和输出系统，把采集到的信息传入计算机数据处理中心；排除噪声、仪器误差等外界因素的影响，对数据进行特殊分析处理；根据分析的结果，对结构的损伤进行诊断，这包括判断损伤发生的位置、标定损伤的程度，进而对整个建筑结构的安全健康状况和潜在问题作出准确的评估，相应结构健康监测流程如图 1-1 所示。

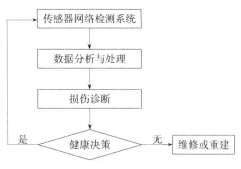

图 1-1　结构健康监测流程

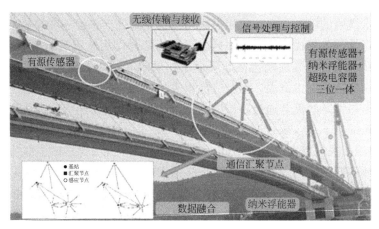

图 1-2　结构健康监测组成体系

　　SHM 是一个多领域跨学科的综合系统，它涉及土木工程、动力学、材料学、传感技术、测量技术、信号分析、计算机技术、网络通信技术、模式识别等多个研究领域，相应结构健康监测组成体系如图 1-2 所示。SHM 分为在线实时监测和线下监测，其中光纤和应变传感器主要用于在线实时监测。射线、声发射和涡流等技术用于线下监测。目前用于在线实时监测的传感器还存在很多不足和缺陷，不能满足理论和实际的需要。大部分传感器是通过在局部区域（不是实际发生损伤的部位）加载来检测整个结构的健康情况，这样不能如实、准确地判断损伤发生位置和损伤程度；并且作为单一方向的传感器，测量精度低；粘贴在结构上的传感器发生破坏时要进行及时更换，但是更换费用很高；而很多传感器应变片都是在建筑结构的内部，没有办法更换；而且当传感器为嵌入式时，还有一些特殊的要求，粘贴在结构内部或表面的传感器使用周期要比工程结构本身长，且当粘贴在材料内部时对工程材料本身的性能造成的影响越小越好，导致上述较为成熟的智能材料应用在混凝土中时就会存在像声阻抗匹配、变形协调、界面粘结性等相容性问题。

1.1.3　面向结构健康监测的传感器（俘能器）研究

自 20 世纪 60 年代，面向土木工程领域的各种传感器件，如电阻应变片（丝）、压电陶瓷、疲劳寿命丝、形状记忆合金、光纤光栅等相继出现，为重大工程结构和生命线系统，如桥梁、大坝、核电站、海洋平台、输油供水供气等市政管网系统的长期服役安全性提供了一定的保障。其中，电阻应变片是结构表面局部应变测量中目前最常用的传感元件，性能受基底和胶层的影响，使用寿命短，抗电磁干扰能力差；电阻应变丝可直接埋置入结构中，与基底材料胶合，性能较稳定，而且可组成各种形状和面积的矩阵，防电磁干扰，耐久性较好；疲劳寿命丝（箔）的电阻值随交变应变幅值和循环次数单调增加，可以用于结构构件和节点的剩余疲劳寿命预报；压电陶瓷材料既具有传感功能又具有驱动功能，可附着或埋置于结构中，但较脆，易受损，测量量程较小；半导体材料可用于制作与基体材料融合的模块或薄片式传感元件，是智能传感元件发展的一个主要方向；光纤（光栅）传感器具有对埋置材料性能影响小、对电磁干扰不敏感、熔点高、耐腐蚀、适用于高低温及有害环境，可沿单线多路复用，能实现点测量、线测量和网测量等优点。近十年来，在"一带一路"倡议及城镇化国家战略驱动下，我国大型工程结构与基础设施，诸如过江（跨海）桥隧、城市高架/立交桥、高层建筑等随处可见，这些处于交通枢纽区和关键区段的桥隧及重要高层建筑一旦发生结构损伤甚至坍塌，将导致交通与建筑功能陷于瘫痪，且在短期内难以修复，损失不可估量，因而对这些服役结构进行长期、实时、在线健康监测就显得尤为必要。作为 SHM 的基础部分，用于检测结构应力/应变、裂缝、损伤监测的各类传感器在过去几十年里取得了长足的发展，譬如机械式（振弦式应变计、形状记忆合金）、光学式（图像视频、光纤光栅）、声学式（声发射器、超声波探测仪）、电/磁式（电涡流线圈、电/磁致伸缩器、电阻应变计、压电智能材料、智能混凝土）等宏观传感器。可以说，SHM 的成功很大程度归功于这些宏观传感器提供准确速度信号、触发分类信息、动力性能、位移变形等结构信息。

上述传感功能材料均需埋入到结构体系中去，一般埋入工艺比较复杂，造价较高，寿命短，抗干扰能力及耐腐蚀性差，植入成活率较低；同时，由于异质于混凝土材料，与混凝土结构之间的相容性不好，进而影响混凝土结构的力学性能。这些缺陷都限制着上述传感材料在实际工程中的大规模应用。与此同时，由于结构荷载作用复杂，对传感器的频率响应、灵敏度、线性稳定度和抗干扰能力等具有较高要求，因而使用这些宏观传感器时，仍存在诸如布设复杂、需额外供电、相容性不好、暗光下传感性能低、维护费用高及恶劣天气下可靠性差等缺点。尤其是结构跨度、高度较大及模态复杂时，一方面需要更多的传感器集中到某节点处进行不同参量的检测，不仅安装困难，且易相互干扰；另一方面，结构的强度与整体性不仅取决于组成材料自身质量，而且取决于不同组件间的界面状况（钢筋与混凝土界面），而这些宏观传感器难以有效量化相应界面条件，制约了基于这些宏观传感器的 SHM 的进一步发展。

体积大、功耗高、供电模式单一的传统电池或常规电源供能技术，无法适应无线传感器网络技术集成化、低功耗与高稳定性的要求。即使是使用微型燃料电池，在燃料耗尽时也要注入燃料或更换电池，而这对于现代结构监测的无人值守的大量传感器网络节点，尤其是嵌入式 MEMS 无线传感器网络来说，几乎不现实。事实上，结构在行车荷载或环境风、雨荷载作用下常处于微幅振动（尤其是处于旷野的桥梁及很高的建筑），相应振动能量若能得到有效收集，并反哺给相应无线传感监测网络用以实现自供能，在当今节能环保时代无疑具有重要意义。

1.2 智能感知材料发展概况

新材料作为当今社会发展的三大支柱之一，材料学科的研究进展直接影响着人类文明的进步程度。随着现代科技的飞速发展，单质材料越来越难满足军用及民用工业对材料综合性能越来越高的要求。各种材料相互边缘交叉复合而成的具有可设计性的复合材料是材料发展的必然趋势之一。功能复合材料是由两种或两种以上异质、异形、异性的材料复合形成的新型材料。一般由基体组元与功能增强体或功能组元所组成。由于功能复合材料更能体现复合材料的设计自由度大的特点与优势，通过功能体高性能化、微细化、高精确度设计技术，调节功能体与基体的复合度、选择或增加组元的连接形式和改变其特性等方式，将为功能复合材料的发展提供广阔的发展前景。

（1）由单功能向双重功能、多重功能化发展。发展多功能的复合材料首先是形成兼具功能与结构的复合材料，由原来结构承力向功能-承力一体与轻量化发展。例如，在军用飞机的蒙皮上应用吸收电磁波的功能复合材料使得飞机具有自我隐身功能，能很好地躲避雷达的跟踪；同时，这种复合材料又是高性能的结构复合材料。兼有吸收电磁波、红外线并且可以作为结构的多功能复合材料也正在加紧研制。显然，由单功能向多功能方向发展是发挥复合材料多组分优势的必然趋势。

（2）由功能向机敏化发展。机敏复合材料及其系统是指将传感功能材料和具有执行功能的材料通过某种基体复合在一起，并且连接外部信息处理系统，把传感器给出的信息传达给执行材料，使其产生相应的动作。机敏复合材料具有能感知外界作用而且作出适当反应的能力，其作用可表现在自诊断、自适应和自修复的能力上。不难预计，在军事国防、建筑交通、海洋水利、医疗卫生等方面机敏复合材料都有很大的应用前景，同时也会在节约能源、减少污染和提高安全性上发挥很大的作用。

（3）由功能向智能化发展。智能复合材料是功能类材料的最高形式。智能复合材料通过外部信息处理系统中增加的人工智能专家系统对外部信息进行分析，给出决策，指挥执行材料做出优化动作。这样无论是对复合材料传感部分，还是对执行部分的灵敏度、精确度、响应速度，都提出了很高的要求。智能复合材料设计与研制的难度虽然很大，然而具有重要的意义，它是复合材料发展的必由之路。

感知材料是指能够感知来自外界或内部的刺激强度及变化（如应力、应变、热、光、电、磁、化学和辐射等）。更高阶的智能材料来源于仿生学，拥有对外界刺激的反应能力。当从外部向智能材料输入一种信号时，其内部发生质和量的变化而产生输出另一种信号的特性，通过自身对信息进行感知、处理并将指令反馈给驱动器执行和完成相应的动作，对环境作出灵敏、恰当的反应，是具有智能特征的材料。其中，金属系智能材料主要有形状记忆合金和形状记忆复合材料两大类；无机非金属系智能材料主要在电流变体、压电陶瓷、光致变色和电致变色材料等方面；高分子系智能材料在智能高分子膜材、智能高分子胶粘剂、智能型药物释放体系和智能高分子基复合材料等方面。

随着现代工程结构大型化、智能化，人们对 SHM 用智能感知材料提出了新的挑战，现代智能感知材料越来越朝向高性能化、多功能化、复合化、精细化、智能化发展，这也为纳米智能材料的研制及在 SHM 领域发展提供了良好的机遇。

1.3　智能本征感知块材的发展概况

过去本征感知块材主要用于工程结构承重，其组分多、设计自由度大的特点更适合于发展成混凝土基、陶瓷基、混凝土/陶瓷基本征感知块材，甚至具有自检测、自感知功能的智能特性。它涉及的感知功能非常多，如磁性、电磁波屏蔽、导电、导热、阻尼、压电、吸声、摩擦、阻燃和防热等。

1.3.1　混凝土基智能本征感知块材

随着电子信息时代的到来，各种电子、电器设备的数量爆炸式地增长，电磁泄漏问题越来越严重，而且电磁泄漏场的频率分布极宽，从超低频到毫米波，一些使馆、军事基地等保密机关以及银行和商业部门的重要数据就有可能通过无线电波渠道而泄露。同时，电磁波可能干扰正常的通信和导航，甚至危害人体健康，而普通混凝土建筑自身既不能反射也不能吸收电磁波，因此电磁污染也是影响城市化可持续发展的灾害之一。

通过掺入一些导电组分研制而成的电磁波屏蔽混凝土基复合材料，可通过吸收电磁波来实现屏蔽电磁波功能，导电组分一般为各种碳、石墨、铝、铜或镍类等粉末、纤维或絮片。美国 Chung 等人通过对体积掺量为 0.5%、长度为 $100\mu m$ 以上、直径 $0.1\mu m$ 的碳纤维（CF）水泥基复合材料反射电磁波能力的研究发现，其对 1GHz 的电磁波的反射率高于透射率 29dB，而且还能用于智能交通系统导航。欧进萍、高雪松与韩宝国等人也对复掺钢纤维、铁氧体胶砂基复合材料的吸波性能进行了研究，发现 7mm 的钢纤维砂浆在 $14\sim18GHz$ 的频段内，其雷达最大探测距离可降低到素砂浆的 $80\%\sim90\%$，同时其力学强度、延性均较好。

硬化水泥基体本身是不导电的，但当掺入各种导电功能组分而成型的水泥基复合材料将拥有一定的电传导能力。目前，常用的导电组分基本分三类：聚合物类、金属类和无机碳类。金属类包括金属微粉、金属纤维、金属片网等，无机碳类包括石墨、碳纤维、炭黑等。也有同时掺加金属类和无机碳类的导电组分，如钢纤维与碳纤维的复合使用。目前研究最多的是碳纤维水泥基导电复合材料，如美国 Chung 等人在 1989 年就发现将一定形状、尺寸和掺量的短切 CF 通过一定的制备工艺掺加到水泥基体中复合而成的水泥基复合材料具有导电功能，且当其初始电阻率在一定范围内时，其体积电阻率的变化与所受的轴压力具有很好的对应关系，从而使材料具有自感知内部应力、应变和损伤变化程度的功能。CF 水泥基导电复合材料（CFRC）的压应力与电阻率的关系曲线基本可分为无损伤、有损伤和开始破坏三个阶段，如图 1-3 所示。李卓球等人的工作也标志着国内 CFRC 研究的开端；欧进萍、关新春和韩宝国等人还发现：先对 CF 表面进行强碱化学处理，之后再与水泥基复合，得到化学处理后碳纤维水泥基复合材料（MCFRC）在弹性受力范围内具有良好线性度的压敏关系曲线，如图 1-4 所示。并通过引入标准参比电阻，四电极伏安测试法成功实现了 CFRC 传感器的转化与工程应用，相应的四电极法及引入参比电阻后转化为电压实时采集，如图1-5、图1-6所示。

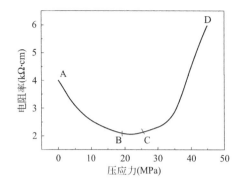

图1-3 单次加载下CFRC电阻率与压应力关系

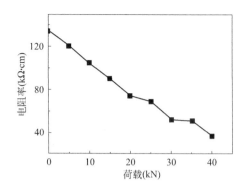

图1-4 MCFRC的压敏特性曲线

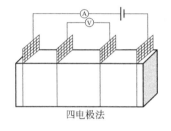

图1-5 四电极法示意图

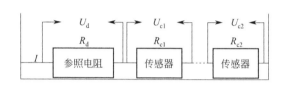

图1-6 CFRC的电阻实时采集电路示意图

实际上，性能优越的CF不仅可使混凝土基复合材料具有良好的导电性，还能够改善水泥基材料的热传导性，产生热电效应（亦称为Seeback效应），即当CF掺量达到某一临界值时，其温差电动势变化率有极大值，且温差电动势E与温差Δt具有良好稳定的线性关系，如图1-7所示，因此可利用这种材料实现对建筑物内部和周围环境温度变化的实时监控。另外，CF、石墨等耐高温导电组分同高铝水泥复合可制备出耐高温的水泥基导电、导热复合材料，作为一种新型发热源。显然，水泥基导电、导热复合材料在工程领域有广泛应用，如公路路面和机场跑道等的化雪除冰，工业防静电结构，混凝土结构中钢筋阴极保护，住宅及养殖场的电热结构等。

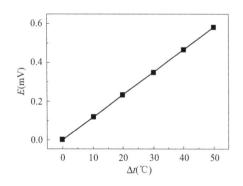

图1-7 CFRC的电动势与温差的关系图

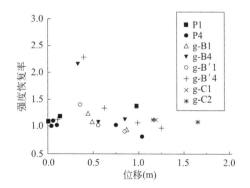

图1-8 混凝土的位移与强度恢复率关系图

将自感知、自调节、自修复或自增强刚度与阻尼等功能组分引入水泥净浆、胶砂或混凝土中制备而成水泥基机敏功能材料，使其具有能感知结构外界作用而且作出适当反应的能力，并使水泥基体复合材料具有相应的多功能性、机敏特性甚至智能特性。与其他用于混凝土结构的传感功能材料相比，水泥基机敏复合材料具有与混凝土材料天然的相容性，它能感知结构外界作用而作出适当反应，是一种应用于混凝土结构的本征机敏材料。混凝土的自调整功能可通过在混凝土中埋入形状记忆合金，利用记忆合金对温度的敏感性和不同温度下恢复母相形状的功能，使受异常荷载干扰的混凝土结构内部应力重分布；或在混凝土中复合电黏性流体，利用其电流变特性，使受地震或台风袭击时的结构内部流变特性改变，进而实现结构的自振频率和阻尼特性的调整。

混凝土的自修复功能主要是通过混凝土内置的树脂胶囊或管状的含树脂材料在荷载裂缝处破裂，渗漏到裂缝处，进而完成强度的自我修补。如日本三桥博三教授用水玻璃和环氧树脂等材料作为修复剂，将其注入空心玻璃纤维并掺入混凝土中，得到不同龄期下、不同修复剂在开裂修复后混凝土材料的强度恢复率，如图 1-8 所示。混凝土的阻尼自增强功能主要是通过在混凝土材料中掺加一些诸如乳胶、硅灰、石墨、片状或管状纤维等自增强阻尼材料，达到材料自身阻尼系数的提高，进而可在不附加阻尼装置的前提下保证相应的减振效果。Chung 等人研究发现，在水泥基体中单独或混合掺加 20%～30% 的乳胶微粒，15% 的硅灰或 0.4%～0.8% 的甲基纤维素可很好地改善水泥基材料的阻尼性能及刚度模量。欧进萍、刘铁军等人将一定量的乳胶微粒、硅灰等掺入水泥净浆中后相应构件的阻尼系数提高了 100%～200%。水泥基智能复合材料是指通过可设计的材料适应结构外在环境、由人工智能的计算方法对数据进行分析和执行以及通过适应性控制法则作出正确行动的能力，使得非生命的建筑结构具有自检测功能，甚至于自调节、自愈合、自控制、自增强阻尼等功能的复合材料。它通常不是一种单一材料，而是一个具有感知功能的功能材料、驱动材料与控制材料的有机结合体。

锐钛型纳米 TiO_2 是一种优良的光催化剂，它具有净化空气、杀菌、除臭、表面自洁等特殊功能。利用 TiO_2 具有净化空气的特殊性能可以制备光催化功能混凝土，使其对机动车辆排出的 SO_2 和氮氧化物等对人体有害的污染气体进行分解处理，达到净化空气的目的。例如，日本长崎和美国洛杉矶在交通繁忙的道路两边，铺设含有 TiO_2 光催化净化功能的混凝土地砖来净化氮氧化物，保障人体的健康。近些年来，纳米炭黑（CB）在制备水泥基纳米自感知复合材料中得到广泛的关注与研究。李惠、肖会刚等对纳米炭黑水泥基复合材料（CCN）的压阻传感特性及机理、环境作用与应变感知特性耦合特性、多轴应变状态下力电理论模型、混凝土结构基体本构关系对监测性能影响特性、基于 CCN 传感器的自监测智能结构系统及其工程应用等方面，进行了深入、系统的研究。他们得出诸多有益的结论：CCN 的渗滤阈值为 7.22%（图 1-9），在渗滤阈值附近掺量的 CCN 导电机理以隧道效应电导为主，具有良好的压阻特性，灵敏度系数达 55（图 1-10）。循环荷载下，荷载幅值较小，使 CCN 处在弹性范围内时，初始电阻和灵敏度系数不受荷载循环次数影响；提出了干燥后环氧密封绝水 CCN 传感器封装制作方法，可满足其作为传感器实际应用稳定测试的需要；并提出了基于 CCN 传感器的自监测智能结构系统，为土木工程结构长期健康监测功能实现提供了新的传感材料、技术基础和研究方向。

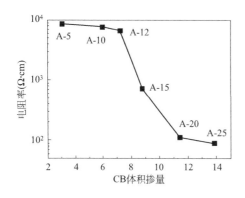
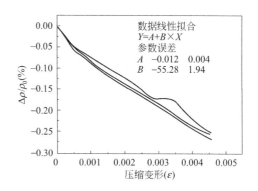

图 1-9　CCN 传感器的电阻率对数与　　　　图 1-10　CB 体积掺量 8.79％的 CCN
　　　　CB 体积掺量关系图　　　　　　　　　　传感器的电阻变化率与应变关系图

　　碳纳米管（CNT）具有卓越的力学、电磁学、热学、化学吸附等性能；电子（载流子）在 CNT 轴内很容易传输且不容易被散射，CNT 的纳米级管径可诱发场致发射效应。同时，水泥主要水化产物 C-S-H 凝胶的尺度一般为几百个纳米，因此，CNT 与水泥基材料具有更佳的复合基础与应用前景。如将 CNT 用作纤维增韧补强组分复合到水泥基体中开发其纤维抗裂与增韧功能；如将 CNT 用作导电组分复合到水泥基体中开发其纤维搭接与宏观量子隧道电导功能，进而呈现对静态或准静态荷载敏感的压阻感知特性；如将 CNT 用作导电增强组分复合到水泥基压电材料中，开发其降低极化电压、温度，提升压电效应的功能。LiGY 等最先研究了表面羟基化的 CNT 复合水泥基材料在单轴压缩下的静态感知性能，并结合接触导电、隧道导电和场致发生导电三种导电机理来解释相应的感知性能；随后罗健林等发现在 CNT 掺量在渗滤阈值附近具有最佳的压敏效应；Yu X 和 Han BG 等通过试验初步验证了应用表面羟基化 CNT 复合水泥基材料的感知性能进行车辆通过探测的可行性；Saafi M 等研究了单壁 CNT 复合水泥基材料单轴拉伸感知性能，并以该材料为埋入式传感器进行构件损伤探测。

1.3.2　陶瓷基智能本征感知块材

　　水泥基压电复合材料是以介电性水泥作为基体材料，以掺入的压电陶瓷敏感材料作为功能体，经过混合、压制、极化等工艺处理后而形成的一种水泥基压电机敏复合材料，它具有与混凝土材料相容性佳、界面粘结强度高、耐久性好、感知灵敏度高及极化成本相对低等优点。近年来，水泥基压电复合材料引起了许多学者的关注。香港科技大学 Li ZJ、同济大学吴科如等首次采用常规的成型技术和极化方法成功制备了 0-3 型水泥基压电复合材料，发现这种压电复合材料与混凝土之间具有良好的阻抗匹配关系。在 PZT 含量相同的情况下，其极化电压远远小于聚合物基 0-3 压电复合材料，而压电性能和机电耦合系数却高于后者。Li ZJ 等还制备了 2-2 型连通方式的水泥基压电机敏复合材料，研究了在 0.1～50Hz 低频率（土木工程结构荷载常遇频率）范围内，利用该复合材料用作混凝土结构中的自感知驱动器的可行性。香港理工大学 Lan KH 等通过二次切割浇注制备了 1-3 型水泥基压电复合材料并获得了较高的机电耦合系数。济南大学陈新、黄世峰课题组以各类水泥（或组合 AB-灌浆树脂聚合物）为基体，分别采用压制成型法、切割-浇注法，成功制备了 0-3 型、1-3 型(聚合物改性)水泥基压电复合材料(传感器),并系统研究了成型压力、陶瓷功能体、温度、环境湿度、掺杂(炭黑)等对复合材料的声阻抗、介电、压电及机电性能的影响,以及传感特性(频率响应、线性传感性能等)。山东大学张玉军、龚宏宇等先制备了 PZT 微纳米粉末,然后将导电增强相掺杂到 0-3 型水泥基压电复合材料中,实现了在室温中极化以及良好的电导率和压电性能。杨晓明等将水泥基压电复合材料埋置到混凝土中封装后制作了压电传感器,并通过基本特性及现场试验结果探讨了其在交通量监测应用的可行性。

罗健林等采用溶胶-凝胶法,结合正交试验设计,制备出纳米 PZT 粉体,并将该粉体和修饰后的 CNT 复合到硅酸盐水泥中,尝试制备出压电常数为 50.6pC/N,相对介电常数为 412.0 的 CNT 改性水泥压电复合块材,可发展成 SHM 用压电本征智能块材。

1.4 智能感知柔性薄膜的发展概况

与上述智能本征感知块材相比,智能柔性感知薄膜能很好贴敷在结构内部或表面,适应工程结构特殊尺寸及形状要求,且当粘贴在材料内部时对建筑材料本身的性能造成的影响很小。最常见的电阻式金属应变计,但由于金属箔片的阻值小,同样的电压下驱动电流很大,会造成能源的大量损失;在不同的使用环境中,由于应变片自身材质的缺点会造成发热现象,导致应变片本身温度很高,零点漂移现象明显;由于金属应变片应变系数较低,当结构应变较小时分辨率低,很难准确监测应变的实际变化情况。

压电薄膜(PVDF)聚合物组成的振动压电式传感器具有对气候不敏感、快速可靠、精确、长期性能稳定等优点,在贴敷于交通桥梁结构表面监测交通流与结构变形方面具有较好的应用。近年来以玻璃、柔性钢板、GFRP 薄片、聚酰亚胺薄片、PET 薄片为衬底,通过旋涂法、层层自组装法在柔性基片上沉积导电、压电薄膜层,进而研制成高应变系数、高稳定度的应变传感器得到快速发展。Li 采用过滤 CNT 溶液的方法制备出了著名的巴氏纸型 CNT 薄膜,研究表明薄膜的电阻变化与应变之间呈线性关系,当试验的温度从 0℃增加到 80℃时,电阻显示出下降的趋势。Lee 等对 CNT 进行处理使其带上正电荷和负电荷,在静电吸附作用下制备成 CNT 膜,试验表明薄膜具有良好的导电性。Jain 在 2004 年对 CNT 薄膜压阻效应的实际应用进行了讨论,提出在结构健康监测领域可以运用 CNT 的压阻效应。Kang 在其博士论文中讨论了将 CNT 薄膜制成传感器应用到实际工程中的可能性。Gau 将聚酰亚胺-多壁 CNT 薄膜制成传感器应用到结构压力检测方面,试验表明该传感器具有理想的灵敏度、线性度、可重复性等传感器所具备的基本特性,证实了传感器实际应用的可行性。Wei Xue 等利用自组装方法制作单壁 CNT 薄膜,试验显示薄膜电阻随着弯曲量的增加,薄膜电阻下降。组装层数超过 10 层时薄膜开始呈现非绝缘性,但是这个试验并没有准确反映出应变和电阻之间的关系。张毅将制成的多壁 CNT 薄膜传感器应用到转速检测方面,结果显示转动速度如果线性增加,传感器的电阻也发生线性变化,即电阻的变化与转速之间呈线性变化关系,说明基于压阻效应的传感器可以在转动速度检测方面应用。Cao 利用不锈钢衬底在水溶液中制备了 MCNT 压阻薄膜,并研究了该薄膜在不同温度下电阻的变化情况。Nofar 将含有 CNT 的复合薄膜贴在复合材料表面,来预测复合材料的失效区域。通过周期疲劳测试试验发现,该传感器能够准确地判断损伤发生的部位,而且该薄膜能够检测一定区域内的应力变化情况。Loh 在玻璃衬底上利用层层自组装法制备出 PVA/PSS/SCNT 复合膜,将其制成传感器并检测其在结构健康方面的性能,灵敏度可以达到 100。秦霞利用自组装方法将混酸处理的 CNT 制备成了胆碱生物传感器,结果显示传感器的稳定性好,抗干扰能力强。罗健林等首先对 CNT 进行带负电功能修饰,然后利用层层自组装方法制作一种以韧性 PET 为基底的 CNT 薄膜,接着探讨 CNT 薄膜的压阻传感性能、位移响应性能和传感稳定性,并发现 9 层 CNT 组装薄膜对位移呈现出较好的线性度(3.22%)、灵敏度(0.127/mm)、重复性(3.06%)和较低的滞后性(2.16%)。

1.5 面向结构监测的纳米智能材料研究

1.5.1 纳米材料特性

纳米材料是指超微粒经压制、烧结或溅射而形成的晶粒尺度为 1~100nm 的凝聚态固体,是一种处在原子簇和宏观物质交界的过渡区域,包括金属、非金属、有机、无机和生物等多种颗粒材料,它涵盖的范围很广,从纳米尺度颗粒、原子团簇,到纳米丝、纳米棒、纳米管、纳米电缆,再到以纳米颗粒或纳米丝、纳米管等为基本单元在一维、二维和三维空间组装排列成具有纳米结构的纳米组装体系。随着物质的超细化,其表面电子结构和晶体结构发生明显变化,将产生宏观物质材料所不具有的一系列特殊的物理、化学性质。纳米材料的晶粒尺寸、晶界尺寸、缺陷尺寸均处在 100nm 及以下,其尺寸可与电子的德布罗意波长、超导相干波长及激光玻尔半径相比拟,存在明显的小尺寸效应、表面效应、量子效应和宏观量子隧道效应,从而使得材料的力、电、热、磁、光敏感特性与表面稳定性等均不同于常规微粒。

将有诸多优异特性的纳米材料作为新型分散相复合到常规材料中,制备成型各种纳米复合材料。纳米复合材料(Nanocomposite)是指分散相尺度至少有一维小于 100nm 的复合材料,根据基体与分散相的粒径大小关系,一般分为 0-0 型复合材料、0-2 型复合材料和 0-3 型复合材料。其中,0-3 型复合材料是将纳米粉体分散于常规三维固体材料中,制得分布有纳米粉体的复合材料,其基体可涵盖到高分子树脂基、金属基、陶瓷基、水泥基等诸多传统宏观材料,这是纳米复合材料研究的重点方向之一。

纳米材料表面缺陷少,缺乏活性基团,在水及各种溶剂中的溶解度都很低。另外,纳米材料之间存在较强的范德华引力,加之它巨大的比表面积和很高的长径比,使其形成团聚或缠绕,甚至团聚成带有若干弱连接界面的亚微米或微米团聚体。而对复合材料来讲,第二相在基体中的分散均匀性是影响材料性能的一个相当重要的指标,分散越均匀,其作为添加相的作用可能就相对越明显,材料的整体性能就越好。

1.5.2 纳米材料分散方法

目前,主要采用机械搅拌分散、超声波分散、电场作用分散、共价化学修饰或/与表面活性剂(SAA)非共价修饰等方法,来克服纳米材料间的库仑力,尽可能实现其纳米级分散。

1. 机械搅拌分散

机械搅拌一般是借助液力的剪切与机械混合作用实现物料的乳化、分散、破碎、溶解、均质等效果,常用的机械设备有各种类型搅拌机(如行星式搅拌机、气流粉碎机等)、各种类型的匀质机(如高速组织捣碎匀浆机、高剪切匀质乳化机、高速分散均质机、剪切乳化搅拌机等)、各种类型的剪切磨(如振动磨、转筒式球磨、胶体磨、行星式球磨、离心磨、高压辊磨等),方式有干、湿式与间歇、连续式多种模式组合。

2. 超声波分散

正常人的耳朵能感受到 20Hz~20kHz 范围的声波,超过人耳所能感受到的声波频率以上的声波称为超声波。当其超声能量超过一定值时称为功率超声,高频振荡信号通过换能器转换成每秒几万次的高频机械振荡,在液体介质中形成高能超声波,以正、负压高频交替变化的方式在液体介质中疏密相间地辐射传播,将在特定的液体介质中产生数以万计的微细气泡,由于正、负压的作用,使气泡破裂时对空穴周围形成巨大的冲击波,产生空化、声流等非线性声学效应,进而可通过与传声媒质的相互作用,去影响、改变甚至破坏后者的状态、性质及结构,相应作用原理如下。

(1)空化效应。超声波在液体中传播时,液体分子受到周期性交变声场的作用。在声波稀疏相内,液体受到拉应力,若声压值足够大,则液体被拉裂而产生空化泡或空穴;在随后来临的声波正压相内,这些空化泡或空穴将以极高的速度闭合或崩溃,从而在液体内产生瞬间的局部高压(P_L)及局部高温(T_L),其值可分别由式(1-1)、式(1-2)求得:

$$P_L = P_0 \left[\frac{P_m(\gamma - 1)}{P_0} \right]^{\frac{\gamma}{\gamma - 1}} \tag{1-1}$$

$$T_L = T_0 \left[\frac{P_m(\gamma - 1)}{P_0} \right] \tag{1-2}$$

式中 P_0——静液压力(MPa);

P_m——声压幅(MPa);

T_0——液体温度(K);

γ——比热。

试验结果表明,P_L 与 T_L 的量级分别可高达 10^3 MPa、10^4 K,这种局部高压在传播时会形成瞬时的高压冲击波,直接影响液体中的热力学平衡。

(2)声流效应。超声波在液体中的有限振幅衰减将使液体内形成一定的声压梯度,从而形成一个流体的喷射。此喷流直接离开超声变幅杆的端面并在整个流体中形成环流。声流的最大可能速度(u_{max})可由式(1-3)求得:

$$u_{max} = \sqrt{2} \pi f a \tag{1-3}$$

式中 f——超声频率(Hz);

a——液体中的声波振幅(mm)。

声流的流速可达流体热对流速度的 10~1000 倍。显然,声流效应对于传质加速、传热,微粒在液体中的弥散及表面杂质的清洗都具有重要作用。

(3)湿润效应。固体微粒在液体中的浸润性可由 Young 湿润公式表示。一般接触角(θ)越小,润湿程度越好,而 θ 又取决于固体表面能和液体表面能的大小及两者的差值,

由式(1-4)求得:

$$\sigma_{sv}-\sigma_{sl}=\sigma_{lv}\cos\theta \tag{1-4}$$

式中 σ_{sv}——固体颗粒在空气中的表面能/表面张力（N/m）;

σ_{sl}——液固界面自由能/表面张力（N/m）;

σ_{lv}——液体在空气中的表面能/表面张力（N/m）;

θ——接触角（°）。

而固体或液体的表面能（σ）可由式(1-5)求得:

$$\sigma=\left(\frac{\partial G}{\partial A}\right)_{T,p} \tag{1-5}$$

式中 σ——增加单位面积所消耗的功（N/m）;

G——表面自由焓（J）;

A——增加的面积（m^2）;

T——绝对温度（K）;

p——表面压强（N/m^2）。

在超声作用下，空化泡崩溃时产生高压的同时，在其附近区域产生同样量级的负压。该负压能吸掉微粒表面吸附的气体、杂质和氧化物，使微粒在真空中的表面能（σ_{sv}）接近在真空中的表面能（σ_{so}），同时，液体的表面张力随温度的提高及压力的增大而减小，从而增大了润湿角 θ。同时，液体的表面张力随温度的提高和压力的增大而减小，空化的高温和高压可能使 σ_{lv} 下降，从而进一步改善微粒的润湿性。

因此，功率超声技术在器件清洗、振动加工、粉体破碎、颗粒湿润、悬浮分散等诸多工程领域有广泛的应用。同样，对于缠绕和团聚疏水性的纳米晶体纤维材料的碳纳米管，超声波作用产生的空化、声流、湿润效应也将产生较好的湿润、分散作用，弱化纳米管间的范德华作用，能有效地打散纳米材料的团聚。

3. 共价化学修饰分散

在纳米材料惰性表面的端基和侧壁上通过共价化学修饰连接一些适宜的基团，可很好地改善其在溶剂中溶解度，提高其在基体中的分散度。

（1）强氧化剂修饰法。CNT 的端头是由碳的五元环和六元环组成的半球形，强氧化剂可产生端基缺陷，从而为在 CNT 表面或缩短的 CNT 末端打开氧化成羟基或羧基提供足够的羧化增溶基团位置。1994 年 Tsang 等人首先将 MCNT 在强酸中超声对其进行化学切割得到开口的 MCNT，经过化学切割开口的 CNT 顶端含有一定数量的活性基团，如羟基(-OH)、羧基（-COOH）等。Li 等人用体积比为 3:1 的浓 H_2SO_4 与 30% 的 H_2O_2 氧化得到端口基为-COOH 的 SCNT，这些截短的 CNT 在水中具有良好的分散性。后来，人们尝试利用其他氧化剂如 K_2CrO_4、OsO_4、$KMnO_4$ 等对 CNT 进行了化学修饰化，CNT 表面存在的活性功能基团不仅能改善 CNT 的亲水性，还能使其更容易分散于水等极性介质中，且为 CNT 与其他物质或基团反应提供了基础。

（2）酰胺化、酯化修饰法。1998 年 Chen 等人利用氯化亚砜将强酸氧化 SCNT 表面羧基转换成酰氯基，并继续与十八胺反应，得到了 SCNT 的十八胺衍生物。这种衍生物可以溶于二硫化碳、氯仿、二氯甲烷等多种有机溶剂，是世界上首次得到的可溶 SCNT。

SCNT 酰氯与长链醇间的酯化发应也可用于 CNT 的功能化，而且这种酯化反应是可逆的，在酸或碱的催化下，酯化 SCNT 可以水解使 SCNT 得到恢复。Hamon 等人还发现，十八胺可以与切割的 SCNT 直接发生离子型反应，得到在有机溶剂中呈单分散可溶的 CNT。由于离子型反应成本低、操作简单，因此，该法成为适宜大规模功能化 CNT 的方法之一。Francisco 等人还利用 CNT 羧酸盐与烷基卤（氯、溴、碘）在水中的酯化反应，成功地将长烷基链连接到 CNT 侧壁，实现了 CNT 在有机介质中的高度分散，他们的研究发现，反应所需的时间与烷基卤中卤素种类以及碳链长度有关，这种方法简单、高效，而且由于可选择的烷基卤种类很多，是一种有前途的化学修饰方法。

酸化 CNT 表面的羧基与胺类之间的耦合反应也是进一步修饰 CNT 常用的方法之一。2002 年，Kahn 等人利用这类方法报道了聚合物共价修饰的可溶性 CNT。他们利用线性聚合物（聚丙酰基氮丙啶-氮丙啶）与切割的 CNT 反应，得到了可溶于有机溶剂和水的 SCNT 和 MCNT。他们还发现，这些可溶性的 CNT 具有光致发光现象，且发光波长覆盖整个可见光谱范围，这表明，可溶性 CNT 有可能在发光及显示材料中得到应用。

（3）其他化学修饰法。Liang 等引以金属锂和烷基卤化物在液氨中的反应，采用还原烷基化反应实现了 SCNT 的功能化，生成的 SCNT 在常见有机溶剂如氯仿、THF 及二甲基甲酰胺（DMF）中分散性良好，以单根形式分散。他们认为 SCNTs 分散的机理是 Li 分散在带负电的 SCNT 之间。Tasis 等人将 SCNT 在苯胺中避光回流 3h，利用 SCNT 与苯胺间的质子转移反应，得到了可溶性 SCNT，其中 SCNT 在苯胺中的溶解度高达 8mg/mL，这种苯胺功能化的 SCNT 可溶于多种有机溶剂（图 1-11）。Sun 和 Jiang 等人将 CNT 在 NH_3 气氛下 600℃ 进行热处理，成功地将胺基等碱性基团通过共价键键合在 CNT 壁上。作者通过红外光谱对功能化的 CNT 进行了分析，发现表面存在 C-N、N-H 等键的伸缩振动峰。CNT 经过功能修饰化后表面带上多种活性基团，但为保障其在无机基体介质中良好的分散性，往往需要在功能化的 CNT 表面包覆或填充某些无机纳米颗粒，如金属粒子、TiO_2 纳米颗粒、CdSe 纳米晶等，改善其与基体的界面结合，最大限度地发挥 CNT 的优异性能。同时，这种无机颗粒改性的 CNT 本身在太阳能电池、发光材料、传感器等方面也具有重要应用。

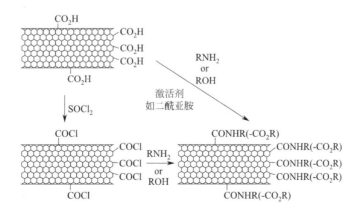

图 1-11　酸化 CNT 键合苯胺的衍生物

酸化的 CNT 由于表面具有-OH，-COOH 等活性基团，可以将金属离子或无机微粒"拴"在 CNT 上，从而实现无机粒子在 CNT 表面的包覆。Yu 等人成功地将 Pt 纳米颗粒包裹在酸处理的 CNT 表面。Liu 等人在酸化的 CNT 与 Ni^{2+}/Fe^{3+} 的混合物中滴入 NaOH 溶液，经水热处理，成功地在 CNT 表面包覆了 $NiFe_2O_4$ 纳米粒子。Ami 等人通过胺基功能化的 CdSe 纳米晶与酰卤基团改性的 SCNT 反应的方法实现了 CdSe 纳米晶在 CNT 表面的附着。Sun 等人采用反微乳非共价键合法实现了 ZnO_2、MgO 纳米粒子在 CNT 表面的包覆，在十二烷基苯磺酸钠（SDBS）/环己烷/Triton X-114 微乳体系中，利用 Triton X-114 对 2 价金属离子的萃取作用，使金属离子聚集在油-水界面，SDBS 烷基链沿 CNT 轴向方向水平吸附在 CNT 表面，疏水链伸入油相。当 $NH_3 \cdot H_2O$ 溶液加入时，金属氢氧化物从稳定的微乳液中沉积出来，经煅烧后生成表面附着氧化物颗粒的 CNT。

4. 非共价表面活性剂吸附分散

虽然纳米材料的共价功能化在纳米材料分散及表面改性方面取得了很大的进展，但这类功能化方法是直接与纳米材料晶格结构作用，可对其晶格与电子特性造成一定程度的破坏。而非共价 SAA 修饰方法不会对 CNT 本身的结构造成破坏，从而可以得到结构保持完好的功能性 CNT。SAA 作为同时拥有性质截然不同的亲水和长链疏水基团的分子，拥有两个重要性质：其一，在各种界面上能定向吸附，从而具有乳化、起泡、湿润功能，使颗粒稳定地悬浮在溶液中；其二，在溶液内部能形成胶束（micelle），从而具有增溶功能。

（1）SAA 分类及结构特征。SAA 一般是按 SAA 溶于水后是否离解分为离子型 SAA、非离子型 SAA 与氟、有机硅等特殊 SAA。离子型 SAA 可按产生离子电荷的性质分为阴离子型、阳离子型和两性型 SAA。阴离子型 SAA 包括羧酸盐型［其通式为 $R\text{-}COOMe(Me^{z+}$ 为金属离子，z 为价数），常见的有肥皂］，硫酸酯盐（其通式为 $R\text{-}O\text{-}SO_3Me$，常见的有具有较好的乳化、起泡性能的十二烷基硫酸钠），磺酸盐型（其通式为 $R\text{-}SO_3Me$，常见的有十二烷基苯磺酸钠），磷酸酯盐型等。阳离子型 SAA 一般是有机胺的衍生物（如季铵盐类），常见的十六烷基三甲基氯化铵、十六烷基溴化吡啶等。两性离子型 SAA 一般包括氨基酸型、甜菜碱型，它溶于水后能显示出阴、阳两种不同离子活性基团的特性，具有较好的杀菌作用，且毒性、刺激性都较小。非离子型 SAA 虽在水中不电离，但也同时拥有亲水基（如氧乙烯基-CH_2CH_2O-、醚基-O-、羟基-OH 或酰胺基-$CONH_2$ 等）与疏水基（如烃基-R 等），它溶于水后不是离子状态，稳定性高，不易受强电解质无机盐类的影响，也不易受酸、碱的影响，且与其他类型的 SAA 相容性好，因此具有较好的湿润、乳化、增溶性及较低的气泡性能。氟 SAA 是碳氢链中氢原子部分或全部被氟原子取代了的 SAA，它具有高度的化学稳定性和表面活性，既憎水又憎油，因而不仅能显著地降低水或碳氢化合物液体的表面张力，且耐强酸碱、强氧化剂和高温。在独特高效灭火剂，既防水又防油的纺织品、纸张、皮革的表面涂敷中等都有应用。有机硅 SAA 是碳氢链被含硅烷、硅亚甲基系或含硅氧烷链取代，成为其憎水基，而其亲水基同一般碳氢类 SAA 相似。由于既含有强憎水性的有机基团又含有硅元素，因而有机硅 SAA 除具有 SiO_2 的耐高温、耐气候老化、无毒、无腐蚀、生理惰性等特点外，又拥有较高的湿润、乳化、分散、消起泡等表面活性。

（2）SAA 在纳米材料分散中的实际应用。CNT 的侧壁由片层结构的石墨组成，碳原子的 sp^2 杂化形成高度离域化 π 电子。这些 π 电子可以被用来与含有 π 电子的其他化合物通过 π-π 非共价键作用相结合，或通过偶极-偶极作用、氢键及范德华力等物理作用与本身不含有 π 电子的有机化合物也可以与 CNT 相结合，得到功能化的 CNT。Connell 等人成功地将聚乙烯吡咯烷酮（PVP）包裹在 SCNT 管壁上，聚合物提高了 SCNT 管壁的亲水性，较好地解除了 SCNT 的聚集效应，得到稳定的 SCNT 水悬浮液，SCNT 含量可以达到 1.4g/L。且这种聚合物与 SCNT 间的包裹作用是可逆的，通过改变溶剂体系，聚合物链能从 SCNT 管壁上脱落，而且不会影响 SCNT 的结构和性质。他们还提出了聚合物链在 SCNT 表面缠绕的 3 种方式，如图 1-12 所示。Bandyopadhyaya 等人将 SCNT 在阿拉伯树胶（GA）水溶液中超声，得到可在数月内保持稳定的悬浮液，这种方法同样适用于 MCNT。他们也认为，GA 聚合物链的空间位阻作用是克服 SCNT 间范德华力的主要原因。Islam 等人将 SCNT 在 SDBS 溶液中超声，利用两者间的物理作用，制备了高浓度稳定的 SCNT 水悬浮液，原子力显微镜（AFM）的结果表明，对于浓度高达 20mg/mL 的 SCNT 溶液而言，SCNT 占 63% 以上。江琳沁等人系统研究了十二烷基硫酸钠（SDS）对 MCNT 在水中分散性的改善，并采用 ζ-电位、红外光谱等手段对分散及吸附机理进行了研究。研究表明，SDS 的烷基链是通过疏水作用吸附在 MCNT 表面的，SDS 上的 SO_4^{2-} 增加了 MCNT 表面的负电量，增加了 MCNT 间排斥力，从而提高悬浮液的稳定性。他们还给出了 MCNT 悬浮液稳定性随 MCNT 和 SDS 浓度变化的图谱，如图 1-13 所示。

图 1-12　聚乙烯吡咯烷酮在 SCNT 表面的
3 种可能的缠绕方式

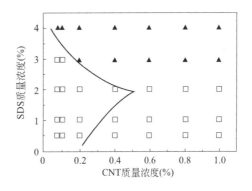

图 1-13　SDS 分散 MCNT 的稳定性图
□—高度分散；▢—少量团聚；▲—严重团聚

1.5.3　面向结构监测的纳米智能材料

混凝土作为当今最大宗的建筑材料，但随着现代社会的高速发展，水泥基材料的低韧性、高脆性已不能满足诸如地震、雪灾、风灾等复杂特殊场合结构对建筑材料高性能的要求。近几十年来，碳纤维因其高性能而成为较理想的增强新型材料。在水泥基体中加入少量的碳纤维不仅可改善复合材料的力学性能，还可赋予复合材料某些功能性。然而，碳纤维的侧向抗剪强度很低，在机械剪切搅拌过程中易折断，尤其是长径比较高时，具有优异的力学、电学、热学、场发射、光、介电、电磁性能的终极纤维材料，CNT 与水泥的良好复合可以实现组元材料的优势互补或加强，不仅能大幅度改善水泥基的诸如强度、弹性、韧性等力学性能，而且两种材料性能之间的交叉耦合能使复合材料具有诸多新型功能性性能。

Markar 等人采用乙醇/超声分散法，先使 CNT 与水泥粉末在有机溶剂乙醇中混合，将有机溶剂挥发掉后研磨成混合料，最后加适量的水机械搅拌，浇筑成型 MCNT/水泥基复合材料，并分析了未水化水泥与 MCNT 纸及 MCNT 在水化后水泥微粒中的分散显微形貌。

Campillo 等人通过 SAA 阿拉伯胶（AG）的联接，机械搅拌将 MCNT 复合到水泥基体中，接着利用原子力显微镜（AFM）研究不同养护龄期的复合材料显微 Vicker 硬度，并对 MCNT 在水泥基体中的桥联、力学增强机理作了微观观察与分析，结果显示 MCNT 与水泥基体具有良好的粘结性能，基体的韧性有较大的改善。

Li 等先对 MCNT 采用硝酸与硫酸的混合酸氧化修饰处理，使其 MCNT 表面带有羧基、羟基等亲水基团，然后与水泥混合成型，研究了复合材料的荷载-变形曲线，并观察了相应的孔隙分布与显微结构，结果表明，MCNT 的加入不仅可以增加基体的抗压强度、变形能力，还可以改善水泥材料的孔隙结构，并在水化产物间拥有良好的纤维桥联及拔出效应。

Wansom 等尝试利用水泥超塑化剂自身的表面活性将 CNT 引入到水泥基体中，结合阻抗谱仪及超高频时域频谱仪分析了不同养护龄期的 AC 阻抗谱响应特性，与 DC 电阻性能进行对比。

Li 等进一步研究了 MCNT 水泥基复合材料的电阻性能及压敏效应，结果表明，掺量为 0.5% 的 MCNT 就可以使得相应的水泥基材料电阻率降低至几百欧姆，良好的压敏效应来自于 MCNT 在基体中形成的网络随着压力增加电场密度亦增加以及 MCNT 优良的场发射效应。

Cwirzen 等人用长链的聚丙烯酸（PAA）或/与 AG 表面修饰 MCNT 来获得其在水化产物中良好的稳定分散，并对材料力学性能进行了研究，结果表明，仅 0.15wt% 的 MCNT 就可使得复合材料的抗压强度有近 50% 的提高。

1.5.4 面向结构监测的纳米智能材料优势和挑战

无论是水泥基体，还是压电陶瓷功能相，都属于低韧性、高脆性材料，相应水泥基压电复合材料用作传感器时，一方面只能感知交通结构的局部碾压应力，而不能有效感知相应侧拉应力或梁的弯曲拉应力；另一方面，这种传感器在长期恶劣暴露环境下自身会发生收缩开裂、地基不均匀沉降引起的开裂等。虽然可以通过塑性聚合物法、粉末装管法制备具有一定长径比、结晶度更高、结构更致密的压电陶瓷纤维，但得到的压电纤维不够细、韧性也不高，与水泥基体界面相容性由于制备时引入的有机物难以完全在烧结时排除掉，因而在脆性水泥基体中很难起到微观桥联增韧作用。与此同时，基于压电传感效应的水泥基压电传感器主要对动态振动信号敏感，对静态或准静态的低频荷载（如停车区域监控、高速路入口地磅称重、机场滑行道等）信号衰减很大，传感性能精度低。

作为性能优异的 CNT，其通过适宜的方法与不同基体材料复合，进而改善基体性能或通过基体与 CNT 性能的耦合作用成型拥有各种功能特性的 CNT 复合材料的研制是开发 CNT 应用研究的热点之一。CNT 复合材料广义的讲包括三大类型，即一维（纳米线、纳米棒）、二维（薄膜）和三维（块体）复合材料，相应的基体包涵广泛，如聚合物基、金属或金属氧化物基、陶瓷基、水泥基等。在各种 CNT 纳米复合材料结构中，CNT 与基体之间拥有良好的应力传输是最重要的环节之一。一般来说，控制应力传输的荷载传输机制主要有三种，分别为微观机械互锁、化学键合（相互作用）以及弱的范德华力引力。既然 CNT 的表面很光滑，所以第一种对纳米复合材料系统没有什么影响；对 CNT 表面进行特别的化学处理或非共价键修饰，而非共价键修饰 CNT 表面的方法来获得良好的应力传输方法在蓬勃发展的 SAA 工业的推动下得到极大的开展与研究；第三种范德华力引力在实际制备碳 CNT 复合材料过程中常常是不利的因素，其将使 CNT 相互吸引、团聚，不利于 CNT 在基体中均匀的分布，只有 CNT 在基体中获得均匀分散后，CNT 之间弱的范德华力将会有利于 CNT 间荷载传输。

进一步发展出体相均一并具有频率响应快、静/动态感知灵敏度高、稳定性和重现性好的现代智能传感材料；结合电场模拟、纳米材料的电子输运特性、宏观电导/压电特性电路测试技术以及复合材料在纳米层次上的结构特性，明确纳米复合材料静/动态感知性能的产生机理、压阻/压电效应相互作用机理以及感知/俘能性能的优化方法；并结合传感技术，提出复合材料的电极设计、信号采集与感知特征信号提取方法，并将纳米复合材料封装成传感器（俘能器），应用于路桥面或结构单元中，并实现（自供能）涵盖全频域的静/动态交通与结构参数的同步实时监测与评估。

本章参考文献

[1] Z. J. Li, D. Zhang, K. R. Wu. Cement matrix 2-2 piezoelectro-composite-Part l. Sensory effect[J]. Mater Struct, 2001, 34(10)：506-512.

[2] Z. J. Li, D. Zhang, K. R. Wu. Cement-based 0-3 piezoelectric composites[J]. J Am Ceram Soc. 2002, 85(2)：305-313.

[3] K. H. Lan, H. L. W. Chan. Piezoelectric cement-based 1-3 composites[J]. Appl Phys A, 2005, 81：1451-1454.

[4] S. F. Huang, J. Chang, L. C. Lu, et al. Preparation and polarization of 0-3 cement-based piezoelectric composites[J]. Mat Res Bullet, 2006, 41：291-297.

[5] 程新, 黄世峰, 胡雅莉. 环境湿度对 1-3 型水泥基压电复合材料性能的影响[J]. 硅酸盐学报, 2006, 34(5)：626-635.

[6] S. F. Huang, Z. M. Ye X. Cheng, et al. Effect of forming pressures on electric properties of piezoelectric ceramic/sulphoaluminate cement composites[J]. Compos Sci Techno, 2007, 67(1)：135-139.

[7] 黄世峰, 常钧, 秦磊, 等. 1-3 型水泥基压电复合材料传感器的性能[J]. 复合材料学报, 2008, 25(1)：112-118.

[8] 黄世峰, 郭丽丽, 刘亚妹. 1-3 型聚合物改性水泥基压电复合材料的制备及性能[J]. 复合材料学报, 2009, 26(6)：133-137.

[9] H. Y. Gong, Z. J. Li, Y. J. Zhang, et al. Piezoelectric and dielectric behavior of 0-3 Cement-based composites mixed with carbon black[J]. J Euro Ceram Soc, 2009, 29(10)：2013-2019.

[10] H. Y. Gong, Y. J. Zhang, S. W. Che. Influence of carbon black on properties of PZT-cement piezoelectric composites[J]. J Compos Mat. 2010, 44：2547-2557.

[11] Z. J. Li, H. Y. Gong, Y. J. Zhang. Fabrication and piezoelectricity of 0-3 cement based composite with nano-PZT powder[J]. Curr Appl Phys. 2009, 9：588-591.

[12] 龚红宇,全静,张玉军,毕见强,车松蔚. CNTs/纳微米 PZT/水泥压电复合材料的研究[J]. 人工晶体学报. 2010,39(3)：660-664.

[13] 杨晓明,李宗津. 水泥基压电传感器在交通量监测中的应用：(I) 基本特性 (英文)[J]. 防灾减灾工程学报,2010,30(Suppl.)：413-417.

[14] 关新春,刘彦昌,李惠,欧进萍. 1-3 型水泥基压电复合材料的制备与性能研究[J]. 防灾减灾工程学报,2010,30(Suppl.)：345-347.

[15] M. Sahmaran, V. C. Li. Influence of microcracking on water absorption and sorptivity of ECC[J]. Mater Struct,2009,42(5)：593-603.

[16] 邓宗才,薛会青. 高韧性纤维增强水泥基复合材料的收缩变形[J]. 北京科技大学学报,2011,33(2)：210-214.

[17] S. L. Xu, Q. H. Li. Theoretical analysis on bending behavior of functionally graded composite beam crack-controlled by ultrahigh toughness cementitious composite[J]. Sci China Ser E,2009,52(2)：363-378.

[18] G. Y. Li, P. M. Wang, X. H. Zhao. Pressure-sensitive properties and microstructure of carbon nanotube reinforced cement composites[J]. Cem Concr Compos. 2007,29：377-382.

[19] J. L. Luo, Z. D. Duan. Mechanical and stress-sensitive properties of multi-walled carbon nanotubes reinforced cement matrix composites[R]. SMSST' 07, Taylor & Francis Group publisher, London, 2008, p. 579.

[20] G. Y. Li, P. M. Wang, X. H. Zhao. Mechanical behavior and microstructure of cement composites incorporating surface-treated multi-walled carbon nanotubes[J]. Carbon. 2005,(43)：1239-1245.

[21] 徐世烺,高良丽,晋卫军. 定向多壁碳纳米管-M140 砂浆复合材料的力学性能[J]. 中国科学 E 辑：技术科学,2009,39(7)：1228-1236.

[22] J. L. Luo, Z. D. Duan, G. J. Xian, Q. Y. Li, T. J. Zhao. Fabrication and fracture toughness properties of carbon nanotube-reinforced cement composite[J]. Euro Phys J-Appl Phys. 2011,35(3)：304-307.

[23] 罗健林,段忠东,李惠. 纳米级硅灰及碳管对水泥基材料减振性能的影响[J]. 材料工程. 2009,4：31-34.

[24] L. Raki, J. Beaudoin, R. Alizadeh, et al. Cement and concrete nanoscience and nanotechnology[J]. Materials,2010,3：918-942.

[25] S. F. Lee, Y. P. Chang, L. Y. Lee. Enhancement of field emission characteristics for multi-walled carbon nanotubes treated with a mixed solution of chromic trioxide and nitric acid[J]. Acta Physico-Chimica Sinica,2008,24(8)：1411-1416.

[26] J. Cao, Q. Wang, H. Dai. Electromechanical properties of metallic, quasimetallic, and semiconducting carbon nanotubes under stretching[J]. Phys Rev Lett,2003,90(15)：157601-4.

[27] M. Saafi. Wireless and embedded carbon nanotube networks for damage detection in concrete structures[J]. Nanotechnology,2009,20：3955021-6.

[28] B. G. Han, X. Yu, E. Kwon. A self-sensing carbon nanotube/cement composite for traffic monitoring [J]. Nanotechnology. 2009,20：495-501.

[29] 唐亚鸣,丁鑫,张河. 桥梁监测无线传感压电电源[J]. 传感器技术,2003,22(9)：44-46.

[30] W. L. Zhou, W. H. Liao, W. J. Li. Analysis and design of a self-powered piezoelectric microaccelerometer[J]. Smart Struct Mater,2005,5763：2332231-4.

[31] J. L. Luo, Z. D. Duan, H. Li. The influence of surfactants on the processing of multi-walled carbon nanotubes in reinforced cement matrix composites[J]. Phys Status Solidi A. 2009, 206 (12)：2783-2790.

[32] S. Musso, J. M. Tulliani, G. Ferro, et al. Influence of carbon fiber nanotubes structures on the mechanical behavior of cement composite[J]. Compos Sci Techno, 2009, 69: 1985-1990.

[33] 崔春月, 马东, 郑庆柱. Fenton 改性多壁碳纳米管对亚甲基蓝的吸附性能研究[J]. 中国环境科学. 2011, 31(12): 1972-1976.

[34] Z. M. Dang, M. J. Jian, D. Xie, et al. Supersensitive linear piezoresistive property in carbon nanotubes/silicone rubber nanocomposites[J]. J Appl Phys, 2008, 104: 0241141-6.

[35] L. Qiao, W. T. Zheng, Q. B. Wen, et al. First-principles density-functional investigation of the effect of water on the field emission of carbon nanotubes[J]. Nanotechnology, 2007, 18: 1557071-5.

[36] L. T. Liu, X. Y. Ye, K. Wu, et al. Humidity sensitivity of multi-walled carbon nanotube networks deposited by dielectrophoresis[J]. Sensor, 2009, 9: 1714-1721.

[37] S. R. Zhu, H. S. Zheng, Z. Q. Li. Piezoresistivity of overlapped carbon fiber polymer-matrix smart layer[J]. Acta Materiae Compositae Sinica, 2010, 27(3): 111-115.

[38] L. Lin, X. B. Han, R. Ding, et al. A new rechargeable intelligent vehicle detection sensor[J]. J Phys: Conf Ser, 2005, 13: 102-106.

[39] F. Azhari, N. Banthia. Structural health monitoring using piezoresistive cementitious composites[J]. 2nd Int Conf Sust Constr Mat Techno. 2010, Ancona, Italy.

[40] J. L. Luo, S. C. Chen, Q. Y. Li, C. Liu, S. Gao, J. G. Zhang, J. B. Guo. Influence of graphene oxide on mechanical properties, fracture toughness, and microhardness of recycled concrete[J]. Nanomaterials 2019, 9: 325-338.

[41] S. Gao, J. L. Luo, J. G. Zhang, F. Teng, C. Liu, C. Feng, Q. Yuan. Preparation and piezoresistivity of carbon nanotube coated sand reinforced cement mortar[J]. Nanotechn Rev, 2020, 9(1): 1445-1455.

[42] J. L. Luo, C. W. Zhang, Z. D. Duan, B. L. Wang, Q. Y. Li, K. L. Chung, J. G. Zhang, S. C. Chen. Influences of multi-walled carbon nanotube (MCNT) fraction, moisture, stress/strain level on the electrical properties of MCNT cement-based composites[J]. Sens Actuat A Phys 2018, 280: 413-421.

[43] J. T. Liu, J. L. Fu, T. Y. Ni, Y. Yang. Fracture toughness improvement of multi-wall carbon nanotubes/graphene sheets reinforced cement paste[J]. Constr Build Mater 2019, 200, 530-538.

[44] X. Y. Li, L. H. Wang, Y. Q. Liu, W. G. Li, B. Q. Dong, W. H. Duan. Dispersion of graphene oxide agglomerates in cement paste and its effects on electrical resistivity and flexural strength[J]. Cem Concr Compos 2018, 92, 145-154.

[45] S. Ghazizadeh, P. Duffour, N. T. Skipper, Y. Bai. Understanding the behaviour of graphene oxide in Portland cement paste[J]. Cem Concr Res 2018, 111, 169-182.

第2章 纳米导电填料在水性体系分散性能研究

2.1 引言

为达到纳米导电填料在土木工程、生物工程等领域的极性水性基体中良好的分散，尽可能有利于纳米导电填料优异性能在复合亲水基体材料中的发挥，必须在它掺入各种基体之前，先对纳米导电填料进行共价键和非共价键表面修饰，如采用各种机械搅拌、强酸氧化后酯化或酰胺化或各种离子或非离子化学 SAA 修饰法等，使相应大块的纳米导电填料团聚体分散在水溶液中形成特征大小为 1～100nm 的两相或多相不均匀分散溶胶体系。本章采用静置观察、离心分层观察、UV 吸附、宏观力学性能测量、电学性能测量、显微结构观察等综合评价方法，分别研究机械搅拌、SAA 包覆、槽式或探头式超声、电场诱导、酸氧化处理（单独或组合）等分散方法对纳米导电填料在水中分散性的影响，研究最佳的 SAA 类别与相应的用量，以使纳米导电填料尽可能均匀分布于水泥水化产物中，进而可制备出拥有良好宏观性能的纳米导电填料水泥基智能复合块材。

2.2 表面活性剂槽式超声法对纳米导电填料在水中分散性能研究

具有亲水与憎水基团的 SAA 能在纳米材料表面或界面进行规则排列，实现乳化、湿润、增溶等功效，形成分子定向排列的层状或特定形状，从而使纳米材料能在保持结构完好并长时间保持胶体稳定。同时，超声波作用产生空化、声流及湿润效应能对团聚、疏水性的微纳米微粒产生较好的湿润作用，弱化微粒间的范德华作用，能有效地打散团聚体，进而悬浮在水中形成水性溶胶的分散体系。显然，表面活性剂超声法拥有相对低能耗性、通用性强，可将纳米级、表面疏水性纳米导电填料掺入亲水性水泥基体之前，先尝试槽式超声分散工艺，利用这些 SAA 对纳米导电填料进行非共价键表面包覆，以获取在水泥基体中较好的分散与界面相容性。

2.2.1 原材料与试验仪器

纳米导电填料，碳纳米管：用催化热解法（CVD）制备的多壁碳纳米管（MCNT），相应的主要性能指标见表 2-1。纯化的多壁碳纳米管（简称 YMCNT），相应的主要性能指标见表 2-2，均购自深圳纳米港（NTP）有限公司。

MCNT 的主要性能指标　　　　　　　　　　　　　表 2-1

直径 D(nm)	长度 L(μm)	MCNT 质量含量(%)	无定型碳(%)	BET 比表面积(m²/g)	理论密度 ρ(g/cm³)
20~40	5~15	≥90	≤3	40~300	1.60

YMCNT 的主要性能指标　　　　　　　　　　　　表 2-2

直径 D(nm)	长度 L(μm)	YMCNT 质量含量(%)	无定型碳(%)	灰(%)	BET 比表面积(m²/g)	理论密度 ρ(g/cm³)
20~40	5~15	≥95	≤2	0.2	40~300	1.60

β 型萘系磺酸盐甲醛缩合物（β-naphthalene sulfonate，FDN）：深黄色粉末，阴离子型非引气减水剂，减水率 12%~16%，pH 为 8~9，购自黑龙江省水利科学研究院；一种丙烯酸甲基聚氧乙烯醚接枝共聚物（palyoxyethylene methyl ether，MPEG-500）：透明液体，平均密度为 1.028g/cm³，非离子型聚羧酸减水剂，减水率 ≥15%，1.0% 水溶液的 pH 为 5.5~7.0，相对固含量为 30%~40%，购自黑龙江省水利科学研究院；甲基纤维素（methyl cellulose，MC）：白色粉末，非离子型纤维分散剂，分子式为 $(-[C_6H_7O_2(OCH_3)_x(OH)_{3-x}]_n)$，黏度为 450mPa·s，分析纯（AR），国药集团上海化学试剂厂生产；磷酸三丁酯（tributyl phosphate，TBP）溶液：浅黄色液体，平均密度为 0.978g/cm³，天津科密欧化学试剂开发中心生产。阴离子型的聚丙烯酸（PAA），淡黄色液体，实测密度为 1.03g/cm³，分子量 800~1000，化学纯 CP，天津古龙化学试剂厂生产；十二烷基磺酸钠（SAS），白色粉末，分子量为 272.38，分析纯 AR，上海英鹏化工试剂厂生产；非离子型的壬基酚聚氧乙烯醚（Tx100），无色液体，分子量 646.9，密度为 1.06g/cm³，分析纯 AR，国药上海化学试剂公司生产；阳离子型的十六烷基三甲基溴化铵（CTAB），白色结晶性粉末，分子量 364.5，分析纯 AR，天津科密欧化学试剂开发中心生产。碳酸氢铵（NH₄HCO₃），白色粉末，分子量 79.1，山东三和化工有限公司生产。

试验用水均为蒸馏水（DSW），市售或试验室自制；水泥：天鹅牌，P.O. 42.5R 早强型，哈尔滨水泥厂生产，相应的化学组成及物理性能指标见表 2-3；硅灰（SF）：I 级，黑龙江呼兰第三火电厂生产，相应性能指标同见表 2-3，均无粗、细骨料。

硅酸盐水泥及硅灰的主要物理、化学组成指标　　　　表 2-3

组成/指标	SiO₂(%)	Al₂O₃(%)	CaO(%)	SO₃(%)	烧失量(%)	初凝时间(min)	比表面积(m²/g)	密度 ρ(g/cm³)
水泥	21.2	5.9	63.1	3.3	1.5	65	≥3.0	3.10

指标	平均直径 D(μm)	SiO₂ 含量(%)	烧失量(%)	BET 比表面积(m²/g)	密度 ρ(g/cm³)
硅灰	0.45	≥90	5.26	15.2	2.35

主要仪器设备包括：精度为 0.001g 的电子秤；HJ-5 型数显恒温多功能搅拌器，温度调节范围 0~60℃，转速调节范围 0~2000rpm，江苏金坛荣华仪器制造有限公司生产，如图 2-1(a) 所示；KQ2200B 型槽式超声处理清洗器，2L、可排水，超声功率 100W，超声频率 40kHz，温度调节范围 0~100℃，可调时间 0~15min，江苏昆山超声仪器有限公司生产，如图 2-1(b) 所示。还包括 WYJ-II 型可调直流稳压电源，电压范围 0~60V，电流范围 0~3A，上海稳凯电源设备有限公司生产，精确至 1μA 的万用表；JOEL1200-Ex

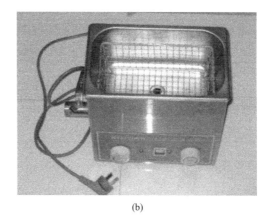

(a)   (b)

图 2-1　仪器实物图

（a）HJ-5 型磁力搅拌器；（b）KQ2200B 型槽式超声清洗处理器

型透射电子显微镜（TEM），日本 JOEL 电子公司生产；S-4700 型扫描电子显微镜（SEM），日本 Hatchi 公司生产；WDW-100D 型电子万能材料试验机及抗弯曲夹具，山东试金集团威海市试验机制造有限公司生产。

2.2.2　纳米导电填料悬浮液及分散效果表征方法

称量 10～20mg MCNT、YMCNT 分别加入 DSW 中，先后进行 10min 的磁力搅拌及槽式超声处理制成碳纳米管悬浮液，用 200 目带碳膜的细铜网浸捞出在 TEM 下观察其基本形貌，包括其直径范围、层数、长度范围、弯曲，石墨片层断裂，开口现象等。

相应 SAA 超声分散法制备 MCNT 悬浮液过程如下：先将称量好的 SAA 固体粉末或液体加入到装有 40mL DSW 的烧杯中，磁力搅拌至完全溶解；然后再将称量好的 MCNT 加入到各分散液中［尽量保持 $w(\text{MCNT})$ ∶ $w(\text{SAA})$＝0.1～0.5］；磁力搅拌 15min（转速 400rpm），超声处理 30min 形成 11 种 MCNT 分散液，各个 MCNT 悬浮液项目编号见表 2-4 所示。由于经过 SAA 超声分散后的 MCNT 悬浮液黑度太黑，很难直接观察相应的黑色均匀度及胶体稳定度，因此主要采用离心分离法、生存时间法、显微液滴大小及分布比较观察法及 AFM、TEM 显微仪器直接观察法来评价 SAA 对 MCNT 的分散能力。吸取少许项目 3bTx、4bTB 的 MCNT 悬浮液滴于带有碳膜的铜网上，干燥后用 TEM 分别经 Tx100、CTAB 分散的 MCNT 分散形貌进行显微观察。剩余的所有项目悬浮液都用薄膜封杯口静置，同时在其中放入一竹签，肉眼观察 MCNT 在不同 SAA 溶液中的分散效果。

分别按项目 1bPA、3bTx、4bTB 及 5bTxPA 悬浮液中各成分混合比例制得 MCNT 分散相液（其中，MCNT 掺量均取为水泥质量的 0.2%，DSW 掺量为水泥质量的 40%，此处 DSW 用量为试验总用水量的 4/5）；然后依次加入超塑化剂 FDN（掺量为 0.8%）、水泥与硅灰的混合料（SF 掺量为 10%，且先与水泥干拌匀，这样更有利于浆料拌合均匀，无粗、细骨料）、剩余 1/5 的 DSW，依照现行国家标准《水泥胶砂强度检验方法（ISO 法）》GB/T 17671，机械搅拌 2 个 240s，加入 TBP 消泡（掺量为 0.13vol.%），最后将混合均匀的浆料注入一组 3 个尺寸为 160mm×40mm×40mm 的胶砂标准力学涂油试模，及一组 6 个尺寸为 50mm×40mm×30mm 涂油试模，并在长度方向预嵌有两对平行镀铜铁网电极（电极间距分别为 20mm、36mm）中振实、抹平成型，即得相应碳纳米管水泥基复合材料（MCNT/CC）；相应标准空白试件（Plain/C）直接按照现行国家标准《水泥胶砂强度检验方法（ISO 法）》GB/T 17671 的成型方法浇注成型；24h 拆模，移至标准养护室中养护至 28d 龄期。

采用三点弯曲法测试 Plain/C、MCNT/CC 试件的抗弯折荷载，然后利用式(2-1) 获得其抗折强度（f_t）；之后将折断的试件两半移至抗压夹具中，进行轴心抗压试验，获得其峰值荷载，然后利用式(2-2) 获得其抗压强度（f_c）。

$$f_t = \frac{3F_t L}{2bh^2} \tag{2-1}$$

$$f_c = \frac{F_c}{bh} \tag{2-2}$$

式中　f_c——轴心抗压强度（N/mm^2）；

　　　F_c——轴压破坏荷载（N）；

　　　f_t——抗折强度（N/mm^2）；

　　　F_t——破坏荷载（N）；

　　　L——抗弯夹具两端点距离（mm），取为 120；

　b、h——试件的宽度与高度（mm），均为 40。

将各组用于电学性能测试的试件放到烘干箱中在 45℃烘 24h 后表面用绝缘漆封装。封装前后试件相应的外形如图 2-2 所示。采用 DC 伏安四电极法测定相应试件的体积电阻，然后依据式(2-3) 获得相应的体积电阻率（ρ_c）及电导率（σ_c）。

$$\rho_c = \frac{A \cdot R_c}{L} = \frac{1}{\sigma_c} \tag{2-3}$$

式中　ρ_c、σ_c——分别为试件的电阻率（kΩ·m）、电导率（S/cm）；

　　　R_c——试件的电阻值（kΩ）；

　A、L——分别为两端电极的面积与间距，在此为 3cm×3cm，3.6cm。

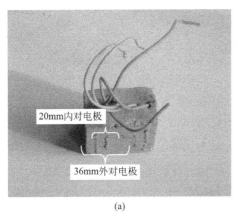

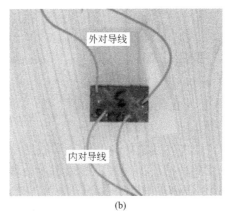

(a)　　　　　　　　　　　　　　　　(b)

图 2-2　用于电学性能测试的 MCNT/CC 试件实物图

(a) 烘干封装前；(b) 烘干封装后

对项目 3bTx、4bTB 对应后续制备成型的 MCNT/CC 及 Plain/C 试件，经力学性能测试压碎后进行取样，切割成约 $1cm^3$ 见方小块，浸泡在丙酮中，终止水泥进一步水化。SEM 扫描电镜观察前，取出对其表面进行喷金处理，观察 MCNT 在水化产物中分散形貌。

2.2.3 分散效果及结果讨论

图 2-3、图 2-4 分别是 MCNT、YMCNT 的 TEM 显微形貌。

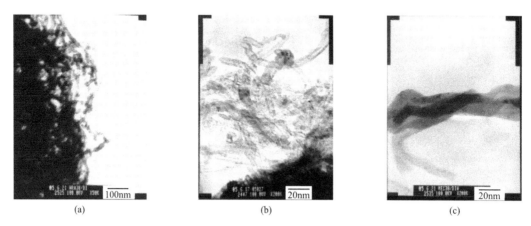

(a)   (b)   (c)

图 2-3　MCNT 的 TEM 显微形貌

（a）团聚状；（b）中空、缠绕状；（c）扭结、端开口状

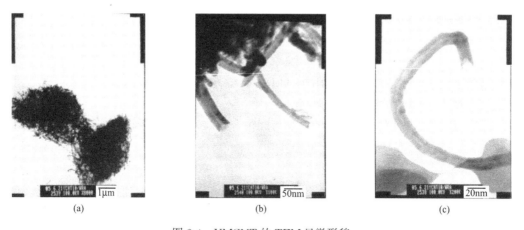

(a)   (b)   (c)

图 2-4　YMCNT 的 TEM 显微形貌

（a）严重团聚状；（b）团聚、中空、端开口、端裂口状；（c）中空、弯折、端开口状

从图 2-3 可以看出，MCNT 的直径、长度范围与表 2-1 所提供的指标相接近；虽经过一定时间的磁力搅拌、槽式超声处理，一些 MCNT 团聚体可能有一定的散开，但没有 SAA 进一步的分散、稳定作用，疏水性强的 MCNT 在水中多数仍为严重缠绕、扭结、团聚形态；同时，观察到 MCNT 的端开口等现象［图 2-3（c）］。从图 2-4 可以看出，YMCNT 的直径、长度范围与表 2-2 所提供的指标相接近；绝大多数 YMCNT 在水中仍为严重团聚形态，偶见有一两根 YMCNT 独立开来；同样，也观察到 YMCNT 的

端开口、端裂口等现象 [图 2-4（c）]。同时，比较图 2-3 与图 2-4 可以看出，经过纯化 YMCNT 的显微照片要比未经纯化的 MCNT 清爽许多，YMCNT 的表面也很少见到相应 MCNT 表面附有的小颗粒、无定型碳等杂质，诸如扭曲、打结等缺陷 YMCNT 的也较 MCNT 的少。当然，YMCNT 价格也比 MCNT 高出近三倍之多，虽然只是从≥90％提高至≥95％，因此综合考虑，在此使用的碳纳米管，未经特别说明，均是指未经纯化的 MCNT[w(MCNT)≥90％]。

在 4 种 SAA 单独或组合作用下，通过肉眼观察了 11 种 MCNT 悬浮液项目的黑度均匀性与稳定性，见表 2-4。

不同 SAA 对 MCNT 的分散稳定效果　　　　　　表 2-4

项目及内容	各项目悬浮液黑度均匀、稳定情况
1aPA N.02PA.2	经磁力搅拌、槽式超声处理后，悬浮液黑度均匀；24h 后悬浮液黑度均匀，放置于悬浮液中的竹签上无明显的 MCNT 吸附；2d 后黑度开始不均匀，4d 后分层严重，竹签上仍无明显的 MCNT 吸附
1bPA N.05PA.2	表面有少量细小泡沫，黑度均匀；12h 后悬浮液开始分层，24h 后大多数 MCNT 团聚，沉至杯底，竹签上无明显的 MCNT 吸附
1cPA N.05PA.2NH.2	表面有大量泡沫，黑度均匀，3h 后悬浮液开始分层，12h 后大多数 MCNT 团聚，沉至杯底，竹签上有明显的 MCNT 吸附
2aSS N.02SS.2	表面有许多细小泡沫，黑度不均匀；30min 后开始分层；6h 后分层严重，黑度明显不均，多数 MCNT 沉至杯底，竹签上有 MCNT 吸附
3aTx N.02Tx.2	表面有许多泡沫；30min 后泡沫消去，黑度均匀，5d 后黑度均匀，竹签上无明显 MCNT 吸附；15d 后黑度变得不均匀，但竹签上仍无明显 MCNT 吸附
3bTx N.05Tx.2	表面有大量泡沫，黑度均匀，24h 后泡沫消去，黑度均匀，5d 后黑度均匀，竹签上无明显 MCNT 吸附；10d 后黑度变得不均匀，但竹签上仍没有明显 MCNT 吸附
3cTx N.05Tx.2MC.1	表面有大量泡沫，2d 后泡沫消去，黑度均匀，5d 后黑度均匀，竹签上有 MCNT 吸附；10d 后黑度开始变得不均匀，竹签上有明显 MCNT 吸附
4aTB N.02TB.2	表面有许多泡沫，黑度均匀；24h 后泡沫消去，黑度均匀，竹签上有 MCNT 吸附；7d 后黑度变得不均匀，少量 MCNT 团聚沉降至杯底，竹签上有明显的 MCNT 吸附
4bTB N.05TB.2	表面有许多泡沫，黑度均匀；24h 后泡沫消去，黑度均匀，竹签上有 MCNT 吸附；5d 后黑度变得不均匀，有 MCNT 团聚沉降至杯底，竹签上有明显的 MCNT 吸附
5bTxPA N.05Tx.05PA.15	表面有泡沫，黑度均匀；12h 后泡沫消去，黑度均匀，竹签上无 MCNT 吸附；21d 后黑度仍保持均匀，竹签上无明显 MCNT 吸附。28d 后黑度变得不均匀，有 MCNT 团块沉降至杯底，但竹签上无明显 MCNT 吸附
6bTxTB N.05Tx.1TB.1	表面有泡沫，黑度均匀；24h 后泡沫消去，黑度均匀，竹签上有 MCNT 吸附；7d 后黑度变得不均匀，杯底有 MCNT 沉降，竹签上有明显的 MCNT 吸附

注：项目 5bTxPA(N.05Tx.05PA.15)＝0.05g MCNT＋0.05mL Tx100＋0.15mL PAA＋40mL DSW，各种材料的简称 N、Tx、PA、TB、SS 分别代表 MCNT、Tx100、PAA、CTAB 和 SAS，后面跟的数字是相应掺量（固体材料单位为 g，液体为 mL），其余类推。

从表 2-4 可以看出：

（1）从 MCNT 分散液黑度均匀稳定性看：各 SAA 单独作用时，SAS 分散效果最差，PAA 效果也较差，CTAB 效果一般，Tx100 对 MCNT 分散效果最好（SAS＜PAA＜CTAB＜Tx100）。这主要是因为阴离子型的 SAS 的烷基疏水链较短，分子较小，在 MCNT 表面上主要是平躺的方式吸附，因而对 MCNT 分散效果较差。PAA 对 MCNT 分散效果亦差，主要是因为在此用的 PAA 聚合度不够高，分子较小，进而对光滑 MCNT 表面吸附能力不够。阳离子型 CTAB 拥有较长的烷基疏水链，且铵根离子可很好地充当纤维类材料柔软剂及抗静电剂，因而对 MCNT 纤维分散能力较强；但其溶于水后呈阳性，而 MCNT 表面在水中呈负电荷，显然不利于增加 MCNT 之间负电量，进而吸附 MCNT 表面的能力有限。非离子型 Tx100 拥有较长的烷基链，加上链上的苯环，使其具有较强的空间吸附，与 MCNT 表面嵌合能力较强。当两种 SAA 混合作用时，考虑到硬化水泥水化产物呈碱性，在采用酸性 PAA 作为分散剂时，同时引入 NH_4HCO_3，以创造相对温和的环境，通过在 PAA 酸性分散体系中加入碱性的 NH_4HCO_3 中和，将降低 PAA 对 MCNT 的分散效果。当 CTAB、MC、PAA 分别与 Tx100 混合使用时，CTAB 与 Tx100 混合分散效果处于两者单独分散效果之间，MC 与 Tx100 混合分散效果同 Tx100 单独作用时的效果差不多，而 PAA 与 Tx100 混合分散效果要好于两者单独作用时分散的效果，也明显优于相同总掺量的 CTAB 与 Tx100 混合分散效果。这主要是因为一方面，阴离子型的与非离子型的 SAA 以体积比 1∶3 比例混合时，一般能达到较好的吸附分散效果；另一方面，PAA 与 Tx100 混合时，PAA 的羧酸根能增加 MCNT 表面的负电量，在 MCNT 间起到静电排斥作用；而 Tx100 含有苯环的烷基憎水链在溶液中具有较强的空间位阻作用；同时，PAA 亲水羧酸基与 Tx100 的聚氧乙烯醚基间可以氢键形式结合，形成空间扩散层，从而能较大地改善 MCNT 的分散性，提高了悬浮液的稳定性。

（2）从放入的竹签表面吸附黑色 MCNT 悬浮液来看：作为非极性材料的 MCNT，当 SAA 亲油基团吸附到其表面并将其包裹起来，而亲水基团留在水中形成稳定的胶束时，将竹签放进悬浮液中，竹签表面应没有已与 SAA 桥联的 MCNT 吸附，所以可以从放入的竹签表面吸附黑色 MCNT 悬浮液与否、吸附多少，来定性地判断 SAA 对 MCNT 吸附分散效果的坏与好。SAA 单独作用时，SAS、CTAB 分散的 MCNT 悬浮液中竹签表面有 MCNT 吸附，分散效果相对较差；PAA、Tx100 分散液中竹签表面无明显 MCNT 吸附，分散效果相对较好。当 SAA 混合使用时，碱性的 NH_4HCO_3 的引入使 PAA 对 MCNT 分散效果有弱化作用；非离子 MC 的引入不能改善 Tx100 对 MCNT 分散效果；阳离子 CTAB 的引入使 Tx100 对 MCNT 分散效果也有一定的弱化影响。

（3）从流变学角度看：增加分散体系的黏度对于初期 MCNT 的分散是不利的，在搅拌时易引入难以消除的气泡，但后期一旦分散开来，其高黏度产生的内摩阻力又能有效地阻碍 MCNT 沉降，进而使分散开来的 MCNT 体系保持持续稳定。然而，高黏度 MC 的引入并没有使 MCNT/Tx100/DIW 分散体系稳定性提高，这可能是由于 Tx100 溶解于 DSW 后自身也拥有较高的黏度，后加入的 MC 不能很好地进一步搅拌溶解开来。

图 2-5 为项目 3bTx 经 Tx100 分散后 MCNT 的 TEM 形貌图。图 2-6 为项目 3bTB 经 CTAB 分散后 MCNT 的 TEM 形貌图。图 2-5 显示，底衬多为黏性乳状物质，MCNT 分布其中，多为独立散开状态，亦可看到许多拥有大长径比的单根 MCNT。显然，非离子型的 Tx100 对 MCNT 具有良好的分散效果，这是由于 Tx100 具有强烈的吸附石墨类物质的能力，同时拥有苯环疏水链的 Tx100 可以很好地通过位能效应嵌附于 MCNT 表面上。

图 2-6 显示，经过 CTAB 分散，多数 MCNT 在 DSW 中有较好的分布，具有较好的分散性 [图 2-6（a）]。从单根 MCNT 的 TEM 图 [图 2-6（b）] 可看出，CTAB 能以约 10nm 的小颗粒形态吸附在 MCNT 表面，通过长链烷基疏水作用减弱了 MCNTs 间的范德华吸引力，同时离子型的 CTAB 的亲水基团可发生电离，改变悬浮液电量，提高

MCNT 的增溶性，进而 MCNT 的亲水性得到了改善，MCNT 分散均匀性也得到了一定的提高。

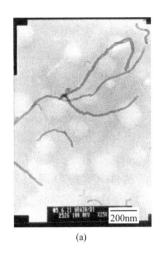
(a)

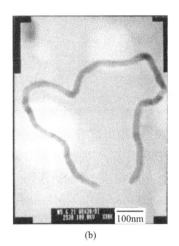
(b)

图 2-5　Tx100 分散作用下 MCNT 的 TEM 形貌图
(a) 较大范围（低倍）；(b) 单根（高倍）

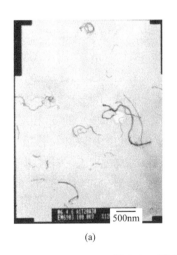
(a)

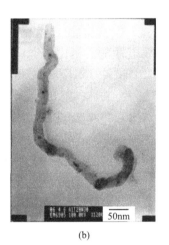
(b)

图 2-6　CTAB 分散作用下 MCNT 的 TEM 形貌图
(a) 较大范围（低倍）；(b) 单根（高倍）

表 2-5 为项目 1bPA、3bTx、4bTB 及 5bTxPA 对应 MCNT/CC 及参比 Plain/C 试件的 f_t 与 f_c。表 2-6 为相应各组试件的 ρ_c 及 σ_c。

四组 MCNT/CCs 及 Plain/C 试件的抗弯折与抗压强度　　　　表 2-5

项目号	抗弯折强度 f_t(MPa)	相对幅度(%)	抗压强度 f_c(MPa)	相对幅度(%)
Plain/C	3.93±0.61	—	40.2±4.3	—
1bPA	4.25±0.57	8.14	39.6±3.8	−1.49
3bTx	4.16±0.49	5.85	42.8±3.5	6.47
4bTB	3.98±0.72	1.27	41.3±4.0	2.74
5bTxPA	4.34±0.56	10.32	43.6±4.1	8.46

四组 MCNT/CCs 及 Plain/C 试件的体积电阻率及对应的电导率   表 2-6

项目号	体积电阻率 ρ_c(kΩ·cm)	相对幅度(%)	电导率 σ_c(S/cm)
Plain/C	824.5±109.3	—	1.213×10⁻⁶
1bPA	807.4±95.6	−2.07	1.239×10⁻⁶
3bTx	346.8±77.1	−57.94	2.884×10⁻⁶
4bTB	583.3±84.2	−29.25	1.714×10⁻⁶
5bTxPA	330.5±69.4	−59.92	3.206×10⁻⁶

从表 2-6 中可以看出，少量性能优异 MCNT 通过 SAA 超声分散方法较好地复合到水泥基体中，相比于 Plain/C 试件，浇注成型的 MCNT/CC 试件的 f_t 与 f_c 几乎都有一定的提高。单独使用一种 SAA 时，用 PAA 分散的 MCNT/CC 试件（对应项目 1bPA）的 f_t 最高，为 4.25±0.57MPa，可 f_c 只有 39.6±3.8MPa，相对于 Plain/C 的还有稍微的降低；用 CTAB 分散的 MCNT/CC 试件（对应项目 4bTB）的 f_t 最低，为 3.98±0.72MPa，提高幅度只有 1.27%，且离散度最大，相应的 f_c 提升幅度也不大；当阴离子型 PAA 与非离子型 Tx100（体积比为 3∶1）混合作用时，相应 MCNT/CC 试件（对应项目 5bTxPA）的 f_t 与 f_c 均有较大的提高，相比于 Plain/C 的 f_t 与 f_c，提幅分别达 10.32%、8.46%。

从表 2-6 可以看出，经 SAA 超声分散的少量 MCNT 的引入就能较大幅度地改善水泥基体的导电性能。相比于空白 Plain/C 试件（824.5±109.3kΩ·cm），用 PAA 分散的 MCNT/CC 试件（对应项目 1bPA）的体积电阻率（ρ_c）为 807.4±95.6kΩ·cm，相对降低幅度为 −2.07%；用 CTAB 分散的 MCNT/CC 试件（对应项目 4bTB）的 ρ_c 相对降低幅度为 −29.25%；而 Tx100 分散的 MCNT/CC 试件（对应项目 3bTx）的 ρ_c 相对降低幅度达 −57.94%。而当同时用 PAA 与 Tx100[φ(PAA)∶φ(Tx100)=3∶1] 分散 MCNT 时，相应 MCNT/CC 试件（对应项目 5bTxPA）的 ρ_c 达 330.5±69.4kΩ·cm，降低幅度接近 −60%，相应离散度也得到较明显的降低。然而，四组 MCNT/CC 试件的 ρ_c 与 Plain/C 试件均只在同一个量级上，且离散度相对还是较大。

图 2-7 为 Plain/C 试样的 SEM 形貌图；图 2-8(a)、(b) 分别为用 SEM 表征的 MCNT 在项目 3bTx、4bTB 对应 MCNT/CC 试样中的形貌图。

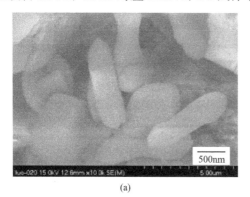

(a)   (b)

图 2-7　Plain/C 试样的 SEM 形貌图

(a) C-S-H 凝胶典型形态；(b) 球状 SF 包裹于水化产物中

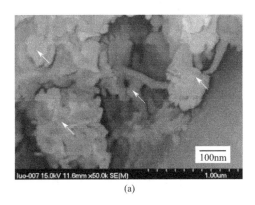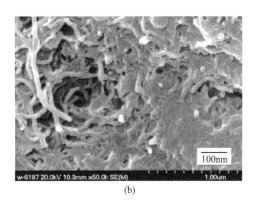

图 2-8　MCNT 分布于基体中的 SEM 图（MCNT 掺量为 0.2%）
(a) Tx100 分散；(b) CTAB 分散

从 Plain/C 试样的显微结构图〔图 2-7(a)〕可以看出：对宏观力学性能具有重要影响的钙矾石（C-S-H）凝胶的多种典型形态：哑铃状、纺锤状、方块体状、板块状等，它们形成一个个"独立"的团聚体，穿插、填充在Ⅰ型水化产物之间。从图 2-7(b) 可以看出：水泥的水化产物中没有明显的大块结晶体，相应的Ⅰ型水化产物间存在一些小孔洞缺陷而没有完全形成一个整体，但很少看到有一定倾向性，针片状的 $Ca(OH)_2$ 晶体，偶见还有几个球状 SF 颗粒包裹于水化产物，增加相应的界面强度，因此，Plain/C 的宏观力学强度表现较好。

从 Tx100 分散 MCNT 的 MCNT/CC 试样 SEM 图〔图 2-8(a)〕中可以看出：虽然 Tx100 黏性较大，给水泥水化产物带来一定的微空洞、孔隙；但 Tx100 的位阻效应还是将 MCNT 较好地分布在水泥基体中，并在水化产物间起到一定的桥联作用（见图中箭头所示）；另外 Tx100 的高黏性有利于 MCNT 与水化产物两者界面粘结强度的提高。因此，MCNT/CC 宏观性能不仅没有因基体存在一些缺陷而降低，反而有一定的提高。从 CTAB 分散 MCNT 的 MCNT/CC 试样显微结构图〔图 2-8(b)〕可以看出：CTAB 虽然没有给基体带来明显的微孔洞等缺陷，但对 MCNT 分散效果不太好，MCNT 有局部聚集的倾向，多数都相互缠绕扭结在一起，且与水化产物间的结合界面较差，MCNT 纤维在水化产物间的桥联、纤维拔出效应就难以发挥出来。这可能是由于 CTAB 为阳离子型 SAA，亲水基溶于 DSW 后呈阳性，而阴离子型的超塑化剂 FDN 使得 MCNT 表面电荷呈负性，相应 MCNT 表面吸附扩散层减薄，不利于 MCNT 与水泥水化产物间的界面结合。因此，CTAB 分散的 MCNT/CC 宏观性能的提高幅度没有 Tx100 分散的 MCNT/CC 来得大。

不难发现：11 种 MCNT 悬浮液在静置过程中的黑度均匀性、稳定性的肉眼观察，相应 2 种 MCNT 悬浮液的 TEM 显微观察，相应 4 组 MCNT/CC 与 Plain/C 试件力学强度、电阻率的对比测试，以及相应 2 组 MCNT/CC 与 Plain/C 试样的 SEM 微观形貌观察，这四种表征 SAA 对 MCNT 分散影响方法具有较好的延续性和一致性。但同时也表明：4 种 SAA 表面修饰及 Bath 超声清洗处理对极细小、缠绕纤维状的 MCNT 分散效果并不显著，当然这可能也与 bath 超声时间较短有关。MCNT 优异的力学性能、电学性能在水泥基体中并没有完全发挥出来，应尝试更为高效的 SAA 或/与更为高效的分散方法。

2.3 共价修饰法对纳米导电填料分散性能研究

2.3.1 强酸氧化共价修饰法

1. 试验原料及仪器

所用的 MCNT 的物理性能指标同 2.2 节。所用的 SAA 有 PAA，Tx100，CTAB，性能指标同 2.2 节；碳酸氢铵（NH_4HCO_3）、硝酸（HNO_3）、硫酸（H_2SO_4）均为市售分析纯 AR。所用仪器包括：Nicolet-Nexus670 型傅里叶变换红外光谱仪（FT-IR），美国 Perkin Elmer 公司生产；UV-2550 型双光束紫外/可见分光光度计，日本岛津公司生产；其余仪器同 2.2 节。

2. 试验过程及表征方法

量取 150mL H_2SO_4 和 50mL HNO_3 配成强氧化酸，称取约 10g 的 MCNT 倒入酸液中，在 80℃热水浴中槽式超声处理 3h；然后用约 2500mL 水将其转移至容积 3000mL 烧杯中稀释，静置 24h 之后将上层溶液仔细倒出，再加满水稀释静置 24h 倒出上层溶液；再分批次加入 DSW 与 NH_4HCO_3 稀释中和，直至 pH 值为 7.0；过滤完水分移至 105℃温度的鼓风箱中烘干，最后用研钵将烘干的团块研成细粉末状备用。

采用 FT-IR 光谱仪对酸处理效果进行表征。分别取少量的原质 MCNT 和 AT-MCNT 先置于红外灯下干燥，然后分别取少许 MCNT、AT-MCNT 与 KBr 粉末研混，用压片机做成 KBr 压片（保证至少 50% 的透光率），移至 FT-IR 中扫描分析，分辨率 $4cm^{-1}$，扫描 20 次，扫描范围 $4000 \sim 400cm^{-1}$。

由 Gibbs 吸附理论可知，在相同的温度、溶液的浓度（$c < 0.1mol/L$）很低时，Gibbs 表面层中单位面积上溶质的量比溶液内部多出的量 Γ_2 可近似看作 Gibbs 表面浓度，同时可用浓度 c 代替活度 a_2，于是可通过吸附平衡前后 SAA 溶液溶质浓度的变化来计算获得一定量的固体颗粒（MCNT）吸附多少溶质（SAA）。在此，精确量取 0.10mL 或 0.10g 的 SAA（Tx 或/与 PAA、CTAB）加入到 20.5mL DSW 或 EtOH 中，溶解搅拌均匀，吸取 0.5mL 的 SAA 溶液，用 DSW 或 EtOH 稀释 100 倍，用于获取吸附前初始浓度（c_0）的溶液；接着称取 0.02g 的 MCNT 或 AT-MCNT 加入到剩余的 SAA 溶液中，磁力搅拌 10min，超声处理 30min，静置 3h 以充分吸附；之后用针管吸取悬浮液通过 $0.45\mu m$ 滤膜滤出 0.5mL 吸附 MCNT 或 AT-MCNT 后的 SAA 溶液，同样稀释 100 倍，用于获取吸附平衡后浓度（c）的溶液。

纯 DSW 或 EtOH 作参比溶液，吸取两种稀释样品溶液分别移至 10mL 的石英比色皿中，在室温条件下，利用 UV-2550 紫外/可见光分光度计检测参比光束（I_r）和样品光束（I_s）的光密度比，获取样品的吸收随波长（λ）的曲线波谱。在 Tx100 特征吸收峰对应的最大吸收波长（λ_{max}）处，样品的吸光度（A）遵循 Beer 定律：

$$A = \lg\left(\frac{I_r}{I_s}\right) = cl\varepsilon \tag{2-4}$$

式中　c——样品浓度（mol/L）；

l——光所经过样品池的宽度（cm），在这里为 1cm；

ε——样品摩尔吸收值（或摩尔消光系数）。

在相对较稀溶液中，实际吸附量可以近似认为等于表观吸附量 Γ：

$$\Gamma = \frac{x}{m} = \frac{c_0 V_0 - cV}{m} \tag{2-5}$$

式中　x——被吸附溶质的物质的量（mol）；

　　　m——掺入 MCNT 的质量（g）；

　c_0、c——吸附前和后溶液的浓度（mol/L）；

　V_0、V——吸附前和后溶液的体积（L）。

分别用于力学性能、电阻性能测试的 AT-MCNT/CC 及 MCNT/CC 试件的制备方法类同 2.2 节的 SAA 槽式超声分散法及后续混合浇筑法（AT-MCNT 或 MCNT 掺量均取 0.2%，SAA 为 Tx100，W/C 为 0.40，塑化剂为 FDN）。

AT-MCNT/CC 及 MCNT/CC 试件养护 28d 龄期后同样依照 2.3 节性能测试方法及计算公式获得相应试件的 f_t、f_c 及 ρ_c 及 σ_c。

同样，对经力学性能测试后的试件进行取样，丙酮浸泡。一部分研细用于 FT-IR 红外光谱分析；一部分切割成 $1cm^3$ 见方的小块，表面喷金处理，用 SEM 扫描观察 MCNT、AT-MCNT 在水化产物中分散状况与形貌。

3. 试验结果与讨论

图 2-9 中的 A、B、C 及 D 线分别表示未经酸氧化处理的 MCNT、经过酸氧化处理 AT-MCNT、MCNT/CC，及 AT-MCNT/CC 的红外光谱图。

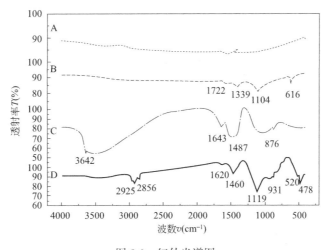

图 2-9　红外光谱图

A—MCNT；B—AT-MCNT；C—MCNT/CC；D—AT-MCNT/CC

图 2-9 A 中黑点状线表示 MCNT 的 FT-IR 图，图中显示只有在波数 3200 及 $1400cm^{-1}$ 处存在向上的 HBr 干扰吸收峰，而几乎没有任何活性基团，表明石墨层卷曲而成的碳纳米管表面化学性不活跃，为典型的非极性材料。图 2-9 B 中红虚状线表示 AT-MCNT 的 FT-IR 图。图中显示在波数 $1722cm^{-1}$ 处存在一定的吸收峰，表明存在

-COOH 羧基活性含氧基团；在 1339cm^{-1} 处的吸收峰表明存在胺类 C-N 伸缩振动；而在 1104cm^{-1} 处较强的吸收峰表明存在一定的脂肪醚类 C-O 伸缩振动。这些活性基团的存在表明强氧化酸加热浴超声处理可使得 MCNT 表面或端口处出现诸如开口、破损、断裂等拓扑学缺陷，嵌接上了一些极性亲水基团，反应活性增加；当加到 DSW 中时，这些含氧官能团将起到酸或碱的作用，从而不仅易形成分散好且稳定的悬浮液；而且，当与其他亲水材料复合时，可很好地吸附到基体材料上，获得较好的界面粘结强度。

图 2-9 C 中绿点划线表示 MCNT/CC 的 FT-IR 图，图中在 3642cm^{-1} 处的吸收峰出现是由于水泥水化产物氢氧化钙 [Ca(OH)$_2$] 中的羟基（-OH）引起的，在 1643cm^{-1} 处的吸收峰是由于 Aft 和 AFm 钙矾石晶体的生长，在 1487cm^{-1} 处的宽吸收峰是由于存在的 CO$_2$ 中 C-O 伸缩振动引起的，而在 876cm^{-1} 处的吸收峰则与水泥水化产物 β-C$_2$S 相有关。显然，几乎所有的吸收峰都是由于水泥水化产物自身产生的，MCNT 与水化产物间没有新的物质产生，表面几乎没有任何亲水基团的 MCNT 很难与相应的水化产物间有一定联结、嵌合。图 2-9 D 中蓝实线表示 AT-MCNT/CC 的 FT-IR 图，图中 3642cm^{-1} 处及对应图 B 中 1722cm^{-1} 处吸收峰的消失表明吸附在 AT-MCNT 表面的羧基-COOH 与 Ca(OH)$_2$ 发生了反应，说明 AT-MCNT 与相应基体的水化产物间已产生了较好的联结。在 1200～400cm^{-1} 指纹区间的吸收峰明显多于图 2C 相应区间的，表明 AT-MCNT/CC 的水化产物诸如 C-O、Si-O 单键、C$_2$SH$_2$ 相、C-S-H 相钙矾石（主要在 1119、931cm^{-1} 处），α/β-C$_2$S 中间相（主要在 520、478cm^{-1} 处）等与 MCNT/CC 相比都发生了明显的变化。

图 2-10(a)、(b) 分别为参比 SAA 溶液及吸附 AT-MCNT 后的样品 SAA 溶液的吸收波谱曲线图。

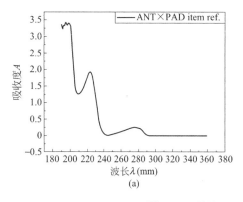
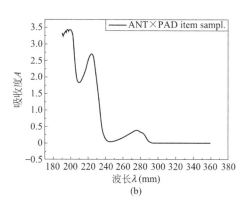

图 2-10　项目 ANT×PAD 的吸附曲线

(a) 参比溶液；(b) 样品溶液

从图 2-10 可以看出，参比及样品溶液均存在两个吸收峰，分子量较低的 Tx100 吸收峰对应的最大吸收波长（λ$_{max}$）在 223.5nm 处，而分子量较高的 PAA 吸收峰对应的 λ$_{max}$ 在 275.5nm 处。于是根据 Beer 定律 [式(2-4)] 及稀溶液吸附量计算公式 [式(2-5)] 可求出相应 AT-MCNT（或 MCNT）对 Tx100（λ$_{max}$=223.5nm）的吸附量。表 2-7 为 MC-NT 及 AT-MCNT 对 Tx100 吸附量的计算结果。

编号 & 项目		Tx100 的吸附量（mmol/g）
NTxD	N.01Tx.2DSW20.5	2.1432
ANTxD	AN.01Tx.2DSW20.5	3.6909
ANTxPAD	AN.01Tx.1 PA.1DSW20.5	1.5470
ANTxTBE	AN.01Tx.1TB.1EtOH20.5	1.6049

MCNT 及 AT-MCNT 对 Tx100 的吸附量　　　　　　表 2-7

注：项目 ANTxPAD（AN.01Tx.1 PA.1DSW20.5）＝0.01g AT-MCNT＋0.1mL Tx100＋0.1mL PAA＋20.5mL DSW，各种材料的简称 N、Tx、D、AN、PA、TB、E 分别代表 MCNT、Tx100、DSW、AT-MCNT、PAA、CTAB 和 EtOH，后面跟的数字是相应材料的掺量（固体单位为 g，液体为 mL），其余类推。

从表 2-7 可以看出，AT-MCNT 对 Tx100 的吸附量比 MCNT 的明显多，吸附量近 3.7mmol/g。从上面 FT-IR 图得知，经过强氧化酸处理后的 MCNT 表面亲水基团明显增多，Tx100 的聚氧乙烯醚基能与 AT-MCNT 上的羟基官能团以氢键形式结合，吸附层增厚，进而对非离子型 Tx100 的吸附量比未经酸处理的 MCNT 对 Tx100 的吸附量多。酸性阴离子型 PAA 的加入使得 AT-MCNT 上的-OH 更多地与 PAA 发生酸碱反应，从而对 Tx100 的吸附量明显减小，只有 1.55mmol/g 左右；在 EtOH 质中，具有 N 原子给电子性的阳离子型 CTAB 的加入使得 AT-MCNT 对 Tx100 的吸附量降低至约 1.60mmol/g。因此，酸氧化处理可使 MCNT 表面带活性基团，改善其亲水吸附性；AT-MCNT 对 Tx100 吸附量明显比 MCNT 的多；无论在 DSW 还是在 EtOH 中，PAA 或 CTAB 的加入 AT-MCNT 对 Tx100 吸附量都有一定的降低。

图 2-11 为酸氧化处理前后 MCNT 的 SEM 结构图。从图 2-11 不难看出，强氧化酸处理虽然可使 MCNT 顶端打开，并嵌接上一些活性亲水含氧基团，但同时也会缩短 MCNT 的长径比，破坏 MCNT 的石墨晶格结构，对 MCNT 的电子特性造成破坏。

(a)

(b)

图 2-11　纳米导电填料的 SEM 显微图
（a）MCNT；（b）AT-MCNT

从图 2-11 不难看出，MCNT/CC 试件的抗折强度（f_t）与抗压强度（f_c）分别为 4.01±0.58MPa、41.2±4.0MPa；AT-MCNT/CC 试件的 f_t、f_c 分别为 4.39±0.47MPa、43.9±3.8MPa，相对提高幅度分别为 9.48%、6.56%，相应的离散度也得到降低。显然，

强氧化酸加上超声热处理可使得原表面几乎没有任何活性基团的 MCNT 表面嵌接有一些活性含氧基团，亲水性得到了改善；相应与水泥基体复合后，这些亲水基团使 AT-MCNT 与水化产物间发生反应，界面结合能力大大提高，因此，相比于 MCNT、AT-MCNT 复合水泥基体材料的力学性能有更大的改善。

MCNT/CC 试件的 ρ_c 为 $339.6 \pm 81.4 \text{k}\Omega \cdot \text{cm}$；而 AT-MCNT/CC 试件的 ρ_c 为 $416.7 \pm 92.2 \text{k}\Omega \cdot \text{cm}$，其值比 MCNT/CC 的还要高，相应的离散度也增加了些。这表明：强氧化酸处理的 MCNT 复合水泥基材料的电阻性能并没有改善多少，其 ρ_c 反而比 MCNT/CC 增加了近 $80 \text{k}\Omega \cdot \text{cm}$。这是因为强氧化酸处理虽然可使 MCNT 顶端打开，并嵌接上一些活性亲水含氧基团，但同时也会缩短 MCNT 的长径比，破坏 MCNT 的石墨晶格结构，对 MCNT 的电子特性造成一定程度的破坏，进而不利于 AT-MCNT/水泥复合材料电学性能的改善。

图 2-12 是经过 Tx100 表面修饰的 MCNT、AT-MCNT（掺量均为 0.2%）对应的 MCNT/CC 及 AT-MCNT/CC 的相应 SEM 图。

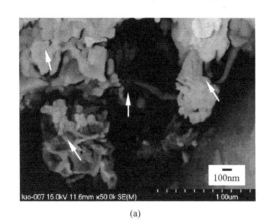 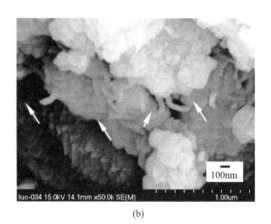

(a)   (b)

图 2-12   纳米复合材料的显微结构图
(a) MCNT/CC；(b) AT-MCNT/CC

图 2-12(a) 的 MCNT/CC 中经过 Tx100 修饰的 MCNT 虽水化产物中有一定的分散性，一些 MCNT 还是在水化产物中起到一定的纤维拔出效应（见图中箭头所示）；但水化产物多呈蓬软、松散状，整体性较差，相应 MCNT/CC 的最终宏观性能是 MCNT 桥联增强效应发挥与水化产物质地疏松性能降低两者综合权衡的结果。图 2-12(b) 的 AT-MC-NT/CC 中经过 Tx100 修饰的 AT-MCNT 虽多为短切状，但微观形貌及在基体中分布性要明显好于 MCNT/CC 中的 MCNT，且与水泥水化产物间拥有较好的结合界面，相应水化产物也可见到方块状、纺锤状的钙矾石及质地均匀的 I 型水化产物，整体性好，相应 AT-MCNT/CC 的力学强度得到明显的增强。然而，短切状的 AT-MCNT 分散在水泥基体中，相互搭接很少（见图中箭头所示），这不利于导电网络通路的形成；同时，酸氧化后 AT-MCNT 的电子特性有一定程度的破坏，进而影响了 AT-MCNT/CC 的宏观电学性能。

当然，虽然酸氧化处理的 MCNT 能较大幅度地改善相应复合材料的力学性能，但却损害复合材料相应的电学性能，这显然不利于 MCNT 水泥基复合材料作为土木工程结构健康监测中最基础的导电功能材料应用，因此，在此仅作为一种分散 MCNT 的手段，而在后续试验中酸氧化处理 MCNT 方法并不考虑作为制备 MCNT 水泥基功能复合材料的实用方法。

2.3.2　氨基化共价修饰法

1. 试验材料及仪器

本试验所需主要试剂和原料见表 2-8 和表 2-9。

主要试验材料规格及生产厂家　　　　　　表 2-8

试剂	分子式（化学式）	化学分子量(g/mol)	密度(g/mL)	试剂规格	生产厂家
浓硫酸	H_2SO_4	98.08	1.84	分析纯	国药集团化学试剂有限公司
浓盐酸	HCl	36.46	1.17	分析纯	国药集团化学试剂有限公司
甲苯	C_7H_8	92.14	0.87	分析纯	上海埃彼化学剂有限公司
四氢呋喃	C_4H_8O	72.11	0.89	分析纯	富宇试剂
偶氮二异丁腈	$C_8H_{12}N_4$	164.2	1.1	分析纯	天津市大茂化学试剂厂
氯化镍	$NiCl \cdot 6H_2O$	237.7		分析纯	国药集团化学试剂有限公司
五氧化二磷	P_2O_5	141.9	2.39	分析纯	国药集团化学试剂有限公司
铝粉	Al	26.98	2.7	分析纯	国药集团化学试剂有限公司
无水乙醇	C_2H_6O	46.07	0.79	分析纯	国药集团化学试剂有限公司

除此之外，本试验还需三口瓶、烧杯、去离子水、$0.22\mu m$ 混合纤维膜等。

主要试验仪器型号、生产厂家及主要功能　　　　　表 2-9

名称	型号	厂家	备注
分析天平	TY20002 型	江苏常熟双杰测试仪器厂	物料称量
恒温干燥箱	HG101-1A 型	南京实验仪器厂	干燥成干凝胶
电阻丝炉		浙江上虞市道墟立明公路仪器厂	去除杂质
红外压片机		德国布鲁克 Bruker 公司	粉体压片
红外模具		天津天光光学仪器有限公司	压片
真空干燥箱	DZF	上海一恒科学仪器有限公司	干燥粉体
扫描电子显微镜	S3500N 型	日本 Hatchi 公司	表观形貌分析
真空泵	YC7144	上海酷瑞泵阀制造有限公司	抽真空
超声波清洗机	KQ2200DB	昆山超声仪器有限公司	超声分散
热重分析仪	SDTQ600	上海精密科学仪器有限公司	官能团的损失
紫外分光光度计	UV-5500	上海精密仪器仪表有限公司	分散性能的测试

2. 试验过程

本试验通过偶氮引发剂 AIBN 与 CNT 之间的自由基反应，制备出氰基改性的 CNT-AIBN，然后再采用 Al-NiCl·$6H_2$O-THF 还原体系还原氰基得到了氨基化改性的 CNT-NH_2。此反应的反应条件温和，反应时间较短，而且还不会破坏 CNT 的结构。相应流程图如图 2-13 所示。

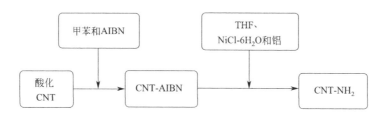

图 2-13 CNT 的氨基化共价修饰的流程图

预处理一：分析天平称取一定量的 CNT 浸渍于 2mol/L 的盐酸溶液中（CNT 与 HCl 按 5mg：1mL 投料），将三口瓶置于油浴锅中加热至 100℃，回流 30min[图 2-14（a）]。静置 24h，倒掉上清液，加足量去离子水稀释至溶液 pH 大于 6，然后用真空泵连接带有滤膜的抽滤瓶抽滤。刮掉滤饼上的黑色固体。设置干燥箱的温度 50℃，干燥 4h，磨细、备用。

预处理二：分析天平称取一定量的 AIBN 浸渍在无水乙醇中（AIBN：无水乙醇＝1：10），将烧杯放在水浴锅中，50℃水浴加热使得 AIBN 溶解，滤去不溶物，滤液用冰盐浴冷却，过滤就可得到重结晶的 AIBN[图 2-14（b）]，在五氧化二磷存在的条件下减压干燥备用。

(a)　　　　　　　　　　　　　　　　　(b)

图 2-14 试验装置及现象图

（a）油浴锅回流酸化处理装置；（b）AIBN 的重结晶现象

氨基化试验过程：

（1）分析天平准确称取 200mg 酸化 CNT 于三口瓶中，量取 320mL 甲苯加入，并把三口瓶放在槽式超声波中超声 2h。

（2）磁力搅拌条件下，加入 19.2gAIBN，持续通入 N_2 15min 除氧后，在 75℃温度条件下磁力搅拌 5h。

（3）反应所得的产物用甲苯洗涤 4～5 遍。调节干燥箱的温度 50℃，干燥 12h。得 AIBN 改性的 CNT-AIBN，在研钵中磨细备用即可。

（4）往三口瓶中加入 300mgCNT-AIBN 和 250mLTHF，在超声波清洗仪中超声分散 2h。

（5）2h 后在三口瓶中加入 35.7gNiCl·6H$_2$O，持续分散 30min，并通 N$_2$15min。

（6）上述反应结束后，往三口瓶中加入 2.7g 铝粉，反应立即发生放热，反应 15min 后，用 300mLTHF 稀释过滤。得到的固体混合物倒入烧杯中，加入 3mol/L 的稀硫酸溶解 Ni（O）。

（7）得到的溶液真空抽滤，产物用去离子水冲洗至 pH 大于 6。调节干燥箱的温度 50℃，干燥 12h，产物磨细，装袋备用。

3. 试验结果与分析

（1）SEM 微观形貌

图 2-15 为原样的 CNT、腈基改性的 CNT-AIBN、氨基功能化的 CNT-NH$_2$ 的 SEM 图。显然，原样的 CNT 表面附有少量细小的颗粒，两端闭合，由于 CNT 分子间范德华力的作用，多以团聚缠绕形式存在，导致分散性较差，限制了 CNT 优异性能的发挥。腈基化处理后 CNT-AIBN 尺寸变得较小，有了一定的分散性，表面存在了一些缺陷，但总体结构还算完整。与原样的 CNT 相比，CNT-NH$_2$ 表面颗粒减少，氨基功能化后 CNT 的长度变短，分散性有一定改善，局部表面有了破损，一些位置的管壁层被腐蚀打开，且 CNT-NH$_2$ 有被分割成段的现象；同时仍存在一定程度的团聚现象，表明 CNT 表面氨基官能团的数量相对较少。

(a) (b) (c)

图 2-15　不同阶段 CNT 的 SEM 图

(a) 原样 CNT；(b) 腈基改性的 CNT-AIBN；(c) 氨基功能化的 CNT-NH$_2$

（2）FT-IR 分析

图 2-16 为 CNT 氨基化处理前后 CNT 的红外吸收光谱对比图，横坐标表示波值，纵坐标表示透光度。由图可以看出，3492cm^{-1} 处为-NH 基团的伸缩振动吸收峰，表明 CNT 上存在氨基。但峰较宽，可能是由于水分子的振动吸收峰与-NH$_2$ 的振动吸收峰产生了重叠。3064cm^{-1} 和 2358cm^{-1} 处分别为-CH$_2$ 的对称伸缩和反对称伸缩吸收峰，1514cm^{-1} 处的吸收峰为 C-N 键的伸缩振动峰。由此证实，已成功制得 CNT-NH$_2$。

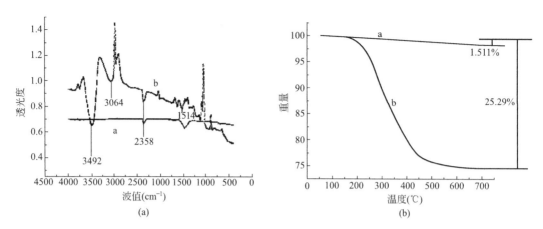

图 2-16　氨基化处理前后 CNT 的 FT-IR 图及其热重曲线图
（a）氨基化处理前后 CNT 的 FT-IR 图（a-原样 CNT；b-氨基化修饰后）；
（b）热重曲线（a-原样 CNT；b-氨基化修饰后）

（3）TG 热重分析

图 2-16（b）中 a 线、b 线分别为原样 CNT 和 $CNT-NH_2$ 的热失重曲线。从图 2-16（b）可以看出，在 0℃～700℃范围内，原样的 CNT 的失重为 1.511％，而 $CNT-NH_2$ 的失重为 25.29％。原样 CNT 的失重主要是由于水分的损失以及杂质的损失造成的，$CNT-NH_2$ 的失重包括杂质、水分以及羟基官能团的损失，而剩下的 23.779％左右的失重则是由 CNT 上的氨基（$-NH_2$）官能团所引起的。

（4）静置沉降分析

称取一定量的原样 CNT、CNT-COOH、$CNT-NH_2$ 粉体溶于无水乙醇中，放入超声波清洗机中超声分散 30min，放入比色瓶中，肉眼观察 6h、12h、18h、24h。CNT、CNT-COOH、$CNT-NH_2$ 分散液的沉淀情况。图 2-17 为 CNT、CNT-COOH、$CNT-NH_2$ 分散液在静置 6h、12h、18h、24h 的照片。

从图 2-17 不难看出，原样的 CNT 由于长径比大、比表面积大，分子间存在较强的范德华力，较易产生纳米微粒间的强团聚和缠绕而不易分散，原样的 CNT 在 6h 开始出现团聚，18h 完全分层。CNT 表面功能化之后，譬如羧基化、氨基化等，表面存在的活性基团不但可以改善 CNT 的亲水性，还能使其更好地分散到水等介质中，且分散后不易聚集，稳定性较好。

2.3.3　Fenton/UV 氧化共价修饰法

1. 试验材料及仪器

纳米导电填料 MCNT：天然气经镍催化裂解制备获得，购自中国科学院成都有机化学有限公司，相应的主要性能指标见表 2-10。

成都有机化学有限公司 MCNT 的主要物理性能指标　　　　　　　　表 2-10

直径 D（nm）	长度 L（μm）	纯度（wt%）	灰分（wt%）	比表面积（m²/g）	电导率（s/cm）
20～30	10～30	＞95	＜1.5	＞110	＞10^2

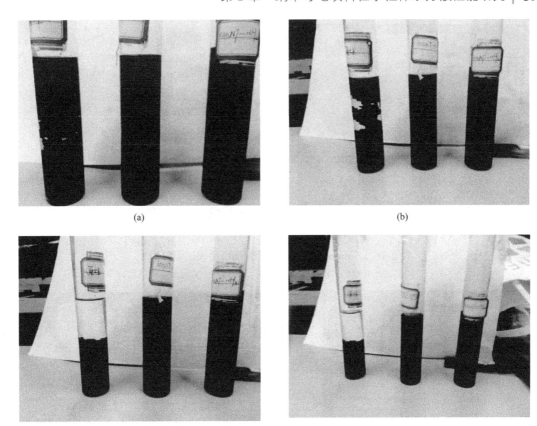

图 2-17　不同静置时间后 CNT、CNT-COOH、CNT-NH$_2$ 分散液照片

(a) 6h；(b) 12h；(c) 18h；(d) 24h

其他主要的试剂包括：①硫酸亚铁，化学式 FeSO$_4$·7H$_2$O，含量 98.0%～101.0%，购自天津市永大化学试剂有限公司；②过氧化氢，化学式 H$_2$O$_2$，质量分数≥30%，购自天津市广成化学试剂有限公司；③盐酸，化学式 HCl，质量分数 36%～38%，购自烟台三和化学试剂有限公司；④聚羧酸减水剂，固含量 20%，中国建筑材料科学研究院研制；⑤蒸馏水，市售。

主要试验仪器包括：①KQ2200DB 型槽式超声处理清洗器，如图 2-18(a) 所示，2L 可排水，超声功率 100W，超声频率 40kHz，温度调节范围 0～100℃，可调时间 0～99min，江苏昆山超声仪器有限公司生产。②PHS-3C 型数字酸度计，如图 2-18(b) 所示，测量范围 pH 档（0.00～14.00），mV 档（－1999～＋1999），准确度等级：0.01 级，输入阻抗≥1×10^{12}Ω，上海彭顺科学仪器有限公司生产。③FA1004B 型电子天平，频率 50Hz，最大称量 100g，精度 0.1mg，上海精密科学仪器有限公司生产。④2XZ-0.5 型旋片真空泵，如图 2-19(a) 所示，抽气速率为 0.5L/s，转速为 400 转/min，临海市精工真空设备厂生产；相应真空抽滤装置如图 2-19(b) 所示。⑤RF-530LPC 傅里叶红外光谱仪，由 PerkinElmer 公司出产，如图 2-20(a) 所示。⑥WD-9403C 紫外透射反射仪，由北京市六一仪器厂出品，如图 2-20(b) 所示。⑦755B 型紫外线分光光度计，由上海精密科学仪器有限公司制造。⑧离心仪，由德国 Sorvall ST 16R 制造。

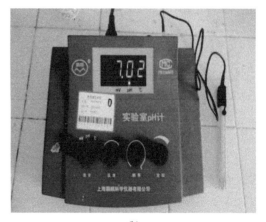

(a)　　　　　　　　　　　　　(b)

图 2-18　Fenton/UV 氧化共价修饰法主要试验仪器 1

（a）KQ2200DB 型槽式超声处理清洗器；（b）PHS-3C 型数字酸碱度计

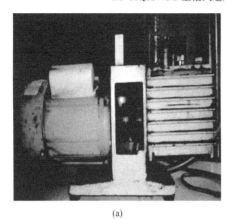

(a)　　　　　　　　　　　　　(b)

图 2-19　Fenton/UV 氧化共价修饰法主要试验仪器 2

（a）XZ-0.5 型旋片真空泵；（b）真空抽滤装置

(a)　　　　　　　　　　　　　(b)

图 2-20　Fenton/UV 氧化共价修饰法主要试验仪器 3

（a）RF-530LPC 型傅里叶红外光谱仪；（b）WD-9403C 型紫外透射反射仪

2. 试验过程及表征方法

（1）Fenton 试剂配置：

1）配制 n $H_2O_2:Fe^{2+}=12$,$C(Fe^{2+})=0.3mol/L$ 的 Fenton 试剂所需的 $FeSO_4$ 和 H_2O_2 的质量，经计算，所需 $M(FeSO_4)=31.278g$，$M(H_2O_2)=153.044g$，蒸馏水 $V=225mL$。

2）用电子天平称取 $FeSO_4$ 31.278g，放入大烧杯中，再用小烧杯称取 H_2O_2 153.044g，由于 H_2O_2 与 $FeSO_4$ 反应十分剧烈，因此先向大烧杯中加入少许蒸馏水，使 $FeSO_4$ 充分溶解形成溶液，然后再将 H_2O_2 缓慢地加入 $FeSO_4$ 中，边加边用玻璃棒搅拌，使产生的热量及时散去。

3）待 H_2O_2 完全加入后，再将剩下的蒸馏水加至溶液中，即配成 n $H_2O_2:Fe^{2+}=12$,$C(Fe^{2+})=0.3mol/L$ 的 Fenton 试剂。

4）将配置好的溶液用盐酸调至 pH=3，配置好的溶液呈深黄色。

（2）Fenton 试剂对 MCNT 修饰处理：

1）分别向配好的试剂里加入 3g MCNT，并用玻璃棒搅拌均匀，搅拌后的溶液由于 MCNT 分散在其中呈黑色；再将其分别在 30℃ 和 60℃ 的温度下超声振荡，超声振荡时间设置为 3h，超声功率为 99W，超声过程中为避免溶液蒸发，影响试验结果，需在每个烧杯口处罩上保鲜膜，超声完成后，将烧杯放在阴暗处静置 10h，使 MCNT 与试剂充分反应。

2）将充分反应后的 MCNT 进行过滤，获取处理后的 MCNT。考虑到 MCNT 颗粒很小，一般的滤纸不能达到过滤的效果，且容易堵塞，所以需要使用滤膜（孔径 $45\mu m$，规格 50mm），并配合使用真空泵，以提高过滤速度。过滤时要注意，滤膜要贴紧漏斗底部避免漏气，要及时更换滤膜，将滤膜上的 MCNT 刮下放入烧杯中并再次加入蒸馏水，重新过滤多次直至滤液呈中性，最后将滤膜上的 MCNT 刮下放入烧杯中。

3）将装有过滤好的 MCNT 烧杯放在电磁炉上烘干，烘干时要注意电磁炉的功率，防止因温度过高，对 MCNT 的性能造成一定的影响，烘干过程中要用玻璃棒不断搅拌，以防局部温度过高，造成烧杯的开裂。

4）将烘干好的 CNT 取出，放入研钵中研细，再放入密封袋中，贴好标签。

5）将研磨好的超声处理温度分别为 30℃、60℃ 的 CNT 放入紫外光线照射仪中进行 365nm 的反射光照射，以进一步提高 CNT 的分散性，照射时间分别选用 30min、60min、90min。照射完成后，分别放进密封袋中，贴好标签。

（3）MCNT 修饰效果评价：

1）用红外光谱仪对试样进行试验分析，检测不同处理条件下 OH· 的携带情况，由此判断其分散性。

2）将上层分散液分别放入比色皿中，每隔一段时间观察一次沉降情况。用离心机对 MCNT 分散液进行离心处理，并对其上清液进行分光度测试。

3. 试验结果及讨论

（1）FT-IR 结果

Fenton 处理好的 MCNT 由于表面嵌上羟基或羧基，会明显改善其在水性物质中的分散性，因此，通过观察红外光谱图可以查看官能团的引进情况，进而了解 Fenton 试剂对

MCNT 的修饰效果。

图 2-21 表示不同超声温度和紫外光线照射时间的 CNT 红外光谱图，图中 B 为超声温度为 60℃、紫外照射时间为 30min 的光谱图，图中显示在波数为 1100～1150 之间出现峰值，在波数为 2350 左右的位置图谱稳定性较差，出现振动峰，可能是产生了碳碳三键，在波数为 3400 左右出现弱吸收峰，证明引入了少许的羟基官能团。图中 C 为超声温度 30℃、紫外照射 1h 的光谱图曲线出现倒峰，可能是背景处理不得当，使试验结果出现误差。图中 D 为超声温度 60℃、紫外照射 1.5h 的光谱图，其图谱与 B 的趋势基本一致，只是在波数为 1650 左右有个不明显的吸收峰，说明引入了一些羟基。图中 E 为超声温度 60℃、紫外照射 1h 时的光谱图，可以看出它除了在波数为 3420 左右的吸收峰外还在波数为 1650 左右也有一个很小的吸收峰，说明它除了引入了大量的羟基官能团外还引入了少量的羧基官能团，能够很好地对 CNT 进行表面修饰。图中 F 为超声温度 30℃、紫外照射 30min 时的红外光谱图，由图可知，其在 3400 也引入了大量的羟基，修饰 CNT 的效果也很好。综上可知：在超声处理温度为 60℃时，由 D、E、F 号对比可知在紫外处理为 1h，即 F 号的 CNT 修饰效果最好，在超声处理温度为 30℃时，由 A、B 号对比可知紫外处理为 30min，即 A 号 CNT 修饰效果最好。显然，超声温度为 60℃、紫外照射 1h 时超声温度 30℃、紫外照射 30min 时，CNT 表面能够携带大量的 OH 和少许的羧基，MCNT 的分散性最佳。

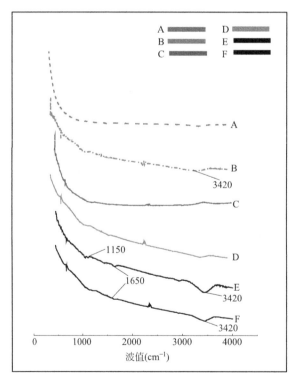

图 2-21 不同超声温度和紫外线照射时间的 CNT 红外光谱图

A—KBr；B—超声温度 60℃、紫外照射 30min；C—超声温度 30℃、紫外照射 1h；D—超声温度 60℃、
紫外照射 1.5h；E—超声温度 60℃、紫外照射 1h；F—超声温度 30℃、紫外照射 30min

（2）离心分层时间结果

CNT 的分散好坏可以用吸光度和离心时间判断，若 CNT 分散性好，则离心时间长，上清液对光的吸收更好，即吸光度也较大，反之，若分散性不好，则 CNT 会沉在底部，离心时间缩短，上清液对光的吸收也少，即吸光度较小。将超声振荡后的 CNT 置于 5000rpm 的转速下离心处理，每隔 10min 停下来观察离心情况。观察溶液的匀度和沉降情况，并将离心后的液体在 350nm 的可见光下进行分光度检测，结果见表 2-11。由表可知，在紫外线照射 60min、超声温度为 60℃时，溶液离心所需时间最长为 30min，分光度最好为 0.410，其次是在紫外照射时间为 30min，超声温度为 30℃时离心时间为 20min，分光度为 0.382。CNT 的分散效果比较差，可能是因为 CNT 在长时间保存时遭到污染，引入了杂质，所以对紫外照射时间为 60min，超声温度为 60℃的 CNT 中加入了 1g 减水剂设置了对照组，结果发现，经减水剂处理的 CNT 在 90min 后才开始出现分层，上清液为均匀黑色，分光度为 0.866。

离心分散和分光光度计检测结果　　　　　　　　　　　　　　　　　表 2-11

紫外照射时间(min)	超声温度(℃)	分层情况和分光度计检测结果	分散结果
30	30	离心液 20min 后分层，上层离心液的分光度为 0.382	分散性较好
60	30	离心液 10min 后分层，上层离心液的分光度为 0.281	分散性较差
30	60	离心液 10min 后分层，上层离心液的分光度为 0.290	分散性较差
60	60	离心液 30min 后分层，上层离心液的分光度为 0.410	分散性较好
90	60	离心液 10min 后分层，上层离心液的分光度为 0.312	分散性一般
60	60	离心液 90min 后分层，上层离心液的分光度为 0.866	分散性最好

CNT 分散性的好坏还可以用其在水中是否分散均匀来判断，若能得到均匀黑度的溶液，则说明分散度良好，按试验方案中数据将处理好的 CNT 分别选取 0.1g 溶于 100g 水中，超声振荡处理 30min，分别取上清液倒入比色皿中，每隔一段时间观察 CNT 的分散均匀性。5d 后各分散液的均匀性如图 2-22 所示。由图 2-22 可知，A 呈黑色均匀色度，在水中分散性最好，B 和 C 也能表现均匀的黑度，但其底部有些微沉降产生，分散性比较好，D 和 E 的悬浮液颜色最浅，并且有明显沉降现象，说明 CNT 分散性最差。所以在 60℃下超声处理、紫外线照射 1h 时 CNT 分散性最好。

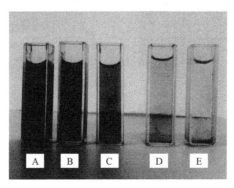

图 2-22　5d 后各分散液的分散情况

A—超声 60℃、紫外照射 1h，减水剂处理；B—超声 60℃、紫外照射 1h；C—超声 30℃、
紫外照射 30min；D—超声 60℃、紫外照射 90min；E—超声 30℃、紫外照射 1h

2.4 电场诱导法对纳米导电填料分散性研究

国内外许多学者尝试通过施加一定的直流或交流电场，使得导电纤维（高长径比的 CNF、CNT 等）电偶极化，成为电偶极子，进而受电场力作用的纤维将产生规则运动并趋向于沿电场线方向排布，在有机基体中形成良好的导电网络结构，制备出具有良好传导性能的复合材料。对纳米导电填料改性水泥基体块材的制备，同样可在硬化后的水泥基体上尝试对 CNF/CNT 挥发性有机溶剂［如无水乙醇（EtOH）、丙酮（ACE）、二甲基甲酰胺（DMF）、三氯甲烷（CHL）等］悬浮液施加 DC 或 AC 交流电场，使 CNF/CNT 在低黏度的溶剂中沿电场线方向排布，待溶剂挥发后，再于 CNF/CNT 薄层上制备一层水泥基体作为下层 CNF/CNT 薄层的基底，如此反复，直至制备出一定层数及尺寸的 Sandwich 状 CNF/CNT 水泥基导电块材。

2.4.1 原材料与试验仪器

所用的 MCNT 的物理性能指标同 2.2.1 节，所用的 SAA 为阴离子型的 SDBS，性能指标同 2.2.1 节；有机溶剂包括无水乙醇（EtOH），分析纯 AR，市售；二甲基甲酰胺（DMF），分析纯 AR，天津大茂化学试剂厂生产。超塑化剂为 MPEG-500；试验其他原材料均同 2.2.1 节。

仪器设备包括：试模材质为 PCB 绝缘板材，共 24 个尺寸均为 40mm×20mm×20mm（长度向自中线向外各 5mm 处预留 2mm 宽的电极插槽）的阵列，具体如图 2-23（a）所示；XFS-8 型功率信号发生器，可调频率范围为 6Hz～100kHz，天津无线电厂生产，如图 2-23（b）所示；YE5872 型功率放大器，额定输出功率 810W，江苏联能电子技术有限公司生产；DHG-9240A 型电热恒温鼓风干燥箱，上海一恒科仪公司生产；其余所用仪器同 2.2 节。

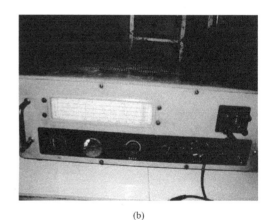

(a)   (b)

图 2-23　电场诱导工艺仪器设备

(a) 绝缘试模；(b) XFS-8 型功率信号发生器

2.4.2　分散过程与试验结果

制备方法一：首先在预嵌有一对间距 10mm 镀铜铁网电极的 20 个绝缘试模的底部浇筑一层近 5mm 厚的水泥浆体（依照现行国家标准《水泥胶砂强度检验方法（ISO 法）》GB/T 17671 的成型方法，W/C 为 0.40、SF 掺量为 10%）；等硬化后，依照 2.2.1 节 MCNT 悬浮液制备方法将 0.5g 的 MCNT 通过 15min 磁力搅拌及 30min 的槽式超声处理分散于 100mL 的 EtOH 中形成 MCNT 悬浮液。然后分别用针管吸取 5mL 的 MCNT 悬浮液均匀滴于硬化后的水泥基体面上，利用功率信号发生器及功率放大器组合实现 10kHz 的频率，30V 的 AC 电场，作用 3h，之后移至 45℃ 的烘箱中让 EtOH 完全挥发掉，再于 MCNT 薄层上制备一层水泥基体作为下层 MCNT 薄层的基底，如此反复，直至制备出 4 层水泥基底、3 层 MCNT 薄层的层状 MCNT 水泥基导电复合材料。利用 XFS-8 型信号发生器及功率放大器作用制备 4 层水泥基底、3 层碳纳米管薄层复合材料，如图 2-24（a）所示。用 QJ23a 电桥测得 Sandwich 状 MCNT/CC 的 ρ_c 为 89.5 $\pm$9.73kΩ · cm。

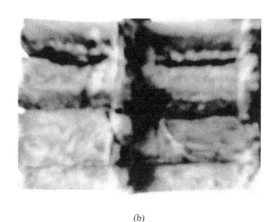

(a)　　　　　　　　　　　　　　　　　　(b)

图 2-24　电场诱导成型的 MCNT/CC 实物图
(a) AC 30V，10kHz；(b) AC 380V，50Hz

制备方法二：首先在预嵌有一对间距 10mm 铜板电极的 20 个绝缘试模的底部浇筑一层近 5mm 厚的水泥浆体；等硬化后，依照 2.4 节 MCNT 悬浮液制备方法将 0.5g 的 MCNT 通过 15min 磁力搅拌及 30min 的槽式超声处理分散于 100mL 溶有 5.0g SDBS 的 DMF 中形成 MCNT 分散悬浮液。然后分别用针管吸取 5mL 的 MCNT 悬浮液均匀滴于硬化后的水泥基体面上，直接通过动力电源提供的频率 50Hz、AC 电压 380V 的电场作用 3h，之后移至 45℃ 的烘箱中让 DMF 挥发掉，再于 MCNT 薄层上制备一层水泥基体作为下层 MCNT 薄层的基底，如此反复，直至制备出 4 层水泥基底、3 层 MCNT 薄层的 Sandwich 状 MCNT 水泥基导电复合材料，如图 2-24（b）所示。相应用电阻电桥测得层状 MCNT/CC 的 ρ_c 为 47.3$\pm$6.18kΩ · cm。

显然，利用 AC 电场诱导方法使 MCNT/CC 的电阻性能（MCNT 掺量相对于溶剂量近为 0.5g/mL）得到较显著的改善，尤其是方法二（相应的 ρ_c=47.3kΩ · cm），且离散度也得到良好的改善（只有 $\pm$6.18kΩ · cm）。然而，无论是方法一还是方法二，相应成型的 MCNT/CC 试件质地疏松多孔，尤其是各水泥基体间夹的 MCNT 薄层，复合材料明显呈各向异性（图 2-24），相应的力学强度反而降低，尤其是垂直于 MCNT/CC 试件长度方向的强度，不利于水泥基复合材料作为最基本的结构材料应用。

2.5 SAA 探头式超声分散及高速匀浆法对纳米导电填料分散性能研究

探头式声化学反应器也称变幅杆式声化学反应器，这种设备是将超声换能器驱动的声变幅杆的发射端（也称探头）直接浸入烧瓶或烧杯的反应液体中，使声能直接进入反应体系，而不必通过清洗槽的反应器壁进行传递，如图 2-25(a) 所示。超声细胞粉碎器是一种很有效的声化学反应器，声强通常可以大于 $100W/cm^2$，由于变幅杆端面的辐射声强一方面可通过改变输入换能器的电功率控制，另一方面可通过调换所使用的金属探头，因此探头式（Tip）超声细胞粉碎器可在反应液中形成强大而均匀的冲击波和微射流，将改善微粒的表面形态，提高微粒在溶胶体系中的均匀性。

(a)   (b)

图 2-25　超声分散工艺仪器设备
（a）探头式超声波处理器；（b）带冷却循环水的高速剪切乳化机

带冷却循环水的高速剪切乳化机主要由高速电动机、调速器、玻璃（或不锈钢）容器、循环冷却系统四大部分组成，电动机下端是由联轴节联接不锈钢刀轴，调速器可在 0～20000rpm 区间内根据需要转速进行无级自由选择调节。反对称斜弯旋刀能使液流产生三个分速度：轴向速度、径向速度与切向速度，它通过电机驱动旋刀在容器内进行劈裂、碾碎、掺合等流体搅拌和高速机械剪切，对物料产生良好的细碎、匀化、乳化、分散、强烈搅拌、湿润等效果，最终使物料悬浮液（乳化液）体系中的分散相颗粒分散、均匀，降低分散颗粒的尺寸和提高分散颗粒分布均匀性，如图 2-25(b) 所示。作为一种对材质无特殊要求、性能稳定、使用简便、安全可靠而又低能耗、低成本的均质分散装置，高速剪切乳化机已广泛应用于科研、医疗、制药、食品工业等方面的研究。

同时，2.2 节的试验结果显示 4 种 SAA（SAS、PAA、Tx100 及 CTAB）单独或组合对 MCNT 的分散效果还较差，应再尝试寻找更为有效的 MCNT 分散剂。近几年的相关研究表明，阴离子型的十二烷基苯磺酸钠（Sodium Dodecyl Benzenesulfate，SDBS）、高分子链的阿拉伯胶（Arabic Gum，AG）甚至生物型的脱氧胆酸钠（Sodium Deoxycholate，SDC）对纳米导电填料 MCNT 在水性体系中的分散具有更好的作用。

十二烷基苯磺酸钠（SDBS）是一种成本较低，合成工艺成熟，应用领域广泛，性能又非常出色的 SAA，同时具有起泡力强，去污力高（包括天然纤维上颗粒污垢、蛋白污垢、油性污垢等），良好的湿润、乳化性能，易与各种助剂复配等特点。阿拉伯树胶粉（AG）是从金合欢树和阿拉伯胶树的枝干分泌出来，并在空气中自然凝固而成的树胶。它是由阿拉伯半乳糖寡糖、多聚糖和蛋白糖混合而成的水溶性高分子聚合体，它在水中可逐渐溶解成呈酸性的黏稠状液体，是一种天然乳化剂、增稠剂及悬浮稳定剂，在五千年前的古埃及，就将它用于化妆品增稠剂或墨汁颜料稳定剂。脱氧胆酸钠（SDC）是一种乳化能力较强的生物表面活性剂，不仅能对动物体内的胆固醇、胆红素和脂溶性维生素等分子起增溶的作用，还能促进胆汁中脂溶性维生素的吸收。SDC 的母体结构为甾族环系疏水性骨架，而其尾链为角甲基、羟基或羧基，在水溶液中易离解为相应的-COOH，它是带负电的阴离子，有很强的亲水性，即形成一个疏水性的凸面和亲水性的凹面，故整个分子具有两亲性。

因此，在这先结合 SAA 与探头式超声细胞粉碎器 Tip 超声将大团聚状的 MCNT 解聚、分散于水中，实现 MCNT 在水性中良好的均质、乳化、分散效果；进而采用在高速组织捣碎匀浆机中高速剪切搅拌使 MCNT 悬浮液与水泥浆料实现良好的复合，减少 MC-NT 悬浮液加入水泥基体后重新团聚的可能性，实现 MCNT 在基体中的均匀分布与良好的界面结合效应。

2.5.1　原材料与仪器

所用的 MCNT 的物理性能指标同 2.2.1 节。所用的 SAA 包括阴离子型的十二烷基苯磺酸钠（SDBS），白色粉末，分子量 346，分析纯 AR，国药上海化学试剂公司生产；非离子型的阿拉伯树胶粉（AG），淡黄色粉末，分子量 22 万左右，分析纯 AR，国药上海化学试剂公司生产；曲拉通 x100（Tx10A），无色黏稠液体，分子量 646.9，实测密度为 $1.08g/cm^3$，分析纯 AR，国药集团进口（美国 Sigma-Aldrich 公司生产）分装；生物 SAA 脱氧胆酸钠（SDC），白色黏性粉末，分子量 594.7，分析纯 AR，国药集团进口（美国 Sigma-Aldrich 公司生产）分装。超塑化剂为 MPEG-500 型，指标同 2.2.1 节；试验其他原材料均同 2.2.1 节，均无粗、细骨料。

试验仪器有：JY92-II 型超声波细胞粉碎机及带隔声箱的超声换能器，宁波新芝生物科技股份有限公司生产，功率调节范围 0～650W（实际可调的最小功率为 40W），随机变幅杆 $\phi 6$ 或 $\phi 8$，占空比 1%～99%，工作频率 20～24kHz（自动调整），破碎容量范围 0.5～500mL；JJ-2 型高速组织捣碎匀浆机，功率 120W，定时范围 0～60min（或常开），调速范围 0～12000rpm，最大搅拌容量 1000mL，上海金鹏分析仪器有限公司生产；TGL-16G 自动平衡离心机，最高转速 6000rpm，最大相对离心力 2325（×g），定时范围 0～99min，容量 40mL×6 角转子或 10mL×24 角转子（选配），北京医用离心机厂生产；QJ23a 型直流电阻电桥，杭州富阳精密仪器厂生产；其余试验所用仪器同 2.2 节。

2.5.2 纳米导电填料水分散液制备及表征方法

先将 0.20g 的 SAA 固体粉末或液体（质量通过密度与体积的乘积获得）加入装有 20mL DSW 的烧杯中，磁力搅拌至完全溶解；然后再将 0.02g 或 0.05g 的 MCNT 加入各 SAA 溶液中［尽量保持 w(MCNT)：w(SAA) = 0.05～0.2］；磁力搅拌 15min（转速 400rpm），移至超声波细胞破碎仪中，相应的超声制度为 40W 的超声功率、持时 90s、间歇 10s，总共 90 个循环，形成 10 种 MCNT 分散悬浮液，各个 MCNT 悬浮液项目编号见表 2-12。对静置 3h 后的各 MCNT 悬浮液黑度观察后（以保证 SAA 充分的吸附），吸取 1.0mL 的 MCNT 悬浮液移至 10mL 的离心管中，稀释 10 倍形成 10mL 的新鲜 MCNT 悬浮液，对称放置于离心机中，用 5000rpm 离心速度离心，每隔 10min 停下来观察 1 次，观察各项目新鲜 MCNT 悬浮液的黑度均匀度、沉降等情况，记录相应各项目悬浮液分层开始的时间。剩余的所有项目悬浮液都用薄膜封杯口静置，肉眼观察 MCNT 在不同 SAA 溶液中的分散效果。

分别按项目 1bSB、2bAG、4bSD 及 13bSBTA 悬浮液中各成分混合比例制得 MCNT 分散相液（其中，MCNT 掺量均取为水泥质量的 0.2%，DSW 掺量为水泥质量的 40%，此处 DSW 用量为试验总用水量的 4/5）；移至高速匀质机中，依照 2.3.3 节中类同步骤掺加后续原材料，手动捣匀后，由小而大调速，直至 16,000rpm，高速搅拌 15min，浇筑成型分别用于力学与电学性能测试的 MCNT/CC 试件。并同时混合浇筑成型相应的 Plain/C 试件。24h 拆模，标准养护至 28d 龄期。不过这里超塑化剂取为具有一定消泡作用的 MPEG-500（掺量为 0.8%），相应也不再使用 TBP 消泡剂。

分别采用三点弯曲法、轴心受压法测试 Plain/C、MCNT/CC 试件的力学性能，并通过式（2-1）、式（2-2）获得试件的 f_t 及相应 f_c。同样，对经力学性能测试压碎后项目 2bAG、13bSBTA 的 MCNT/CC 试件进行取样，丙酮浸泡，表面喷金处理，用 SEM 观察 MCNT 在水化产物中分散状况与形貌。将各组用于电学性能测试的试件放到烘干箱中在 45℃烘 24h 后表面用绝缘漆封装，利用精确度相对更高的惠斯通（Wheastone）电桥测量其电阻性能。并通过式（2-3）获得相应的 ρ_c 及 σ_c。

2.5.3 结果与讨论

4 种不同 SAA（SDBS、AG、Tx10A、SDC）单独或组合作用下的 MCNT 悬浮液静置 3h 后黑度均显示出良好的均匀稳定性，之后通过离心加速液固分离法及生存时间法观察，各 SAA 分散 MCNT 的能力却显出一定的差异。经过离心分层及静置 60d 相应 10 种稀释、原质 MCNT 悬浮液项目的黑度均匀稳定性情况分别如表 2-12 及图 2-26（a）所示。静置 60d 后，分别吸取 5mL 项目 13bSBTA、1bSB、2bAG、3bTA、4bSD 及 43bSDTA 的原质 MCNT 悬浮液上层液，移至 5mL 石英比色皿中观察，相应 6 项目悬浮液的上层液黑度对比度如图 2-26（b）所示。

不同 SAA 对 MCNT 的分散稳定能力（离心分层及 60d 内静置观察）　　表 2-12

项目及内容	各项目 MCNT 悬浮液黑度均匀、稳定情况
1aSB N. 02SB. 2	经磁力搅拌、Tip 超声处理后,离心 70min 后稀释的悬浮液仍保持黑度均匀;24h 后悬浮液黑度均匀;相应原 MCNT 悬浮液的黑度静置 60d 后仍保持均匀稳定
1bSB N. 05SB. 2	稀释的 MCNT 悬浮液在离心 60min 后开始分层;相应原悬浮液经静置 50d 后黑度开始变得有点不均匀,并有少量 MCNT 沉降
2aAG N. 02AG. 2	稀释的 MCNT 悬浮液在离心 50min 后开始分层;相应原悬浮液静置 45d 后黑度开始不均匀,有 MCNT 团聚沉降
2bAG N. 05AG. 2	稀释的 MCNT 悬浮液在离心 40min 后开始分层;相应原悬浮液静置 35d 后黑度开始不均匀,明显有 MCNT 团聚沉降
3aTA N. 02TA. 2	稀释的 MCNT 悬浮液在离心 40min 后开始分层;相应原悬浮液静置 35d 后黑度开始不均匀,明显有 MCNT 团聚沉降
3bTA N. 05TA. 2	稀释的 MCNT 悬浮液在离心 30min 后开始分层;相应原悬浮液静置 28d 后黑度开始明显不均,大量 MCNT 团聚沉降至杯底
4aSD N. 02SD. 2	稀释的 MCNT 悬浮液在离心 50min 后呈不均匀、分层;相应原悬浮液静置 50d 后黑度开始不均匀,有少量 MCNT 团聚沉降
4bSD N. 05SD. 2	稀释的 MCNT 悬浮液在离心 40min 后呈不均匀、分层;相应原悬浮液静置 35d 后黑度开始不均匀,有 MCNT 团聚沉降至杯底
13bSBTA N. 05SB. 15TA. 05	离心 80min 后稀释的 MCNT 悬浮液仍保持黑度均匀;24h 后悬浮液黑度均匀;原悬浮液黑度静置 60d 后仍保持良好的均一稳定性
43bSDTA N. 05SD. 15TA. 05	稀释的 MCNT 悬浮液在离心 50min 后呈现不均匀;相应原悬浮液静置 45d 后黑度开始变得不均匀,杯底有少量 MCNT 沉降

注:项目 13bSBTA(N. 05SB. 15TA. 05)＝0.05g MCNT＋0.15g SDBS＋0.05g Tx10A＋20mL DSW,各种材料的简称 N、SB、TA、AG、SD 分别代表 MCNT、SDBS、Tx10A、AG 和 SDC,后面跟的数字是相应的质量掺量,其余类推。

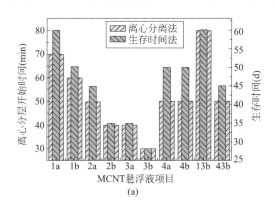
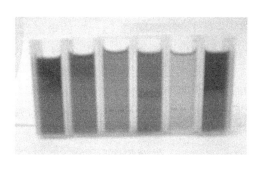

图 2-26　MCNT 分散液离心及静置法开始分层的时间图及静置 60d 后的 MCNT 上层悬浮液照片
（a）离心及静置法开始分层的时间；（b）静置 60d 后的 MCNT 上层悬浮液照片
（从左至右分别为 SDBS/Tx10A、SDC/Tx10A、AG、SDC、Tx10A 及 SDBS）

从表 2-12 及图 2-26 可以看出,在经过近 2.5h 的探针式超声处理后,4 种 SAA 的单独或组合对不同掺量的 MCNT 均显示出较好的增溶及分散能力。SAA 对 MCNT 分散效果随着 SAA 种类的不同、MCNT 的掺量高低而不同。在单种 SAA 作用下，无论是较低的 MCNT 掺量（DSW 的 0.1%）还是较高的 MCNT 掺量（DSW 的 0.25%），阴离子型的 SDBS 对 MCNT 增溶及分散均显示出最好的效果，相应离心分离开始分层时间（T_c）分别为 70min、60min，静置生存时间（T_s）分别为 60d、50d；非离子型的 Tx10A 对 MCNT 增溶及分散的效果最差，相应 T_c 分别为 40min、30min，T_s 分别为 35d、28d；相应单种 SAA 分散能力次序为：Tx10A≤AG≤SDC≤SDBS。虽然 Tx10A 对 MCNT 的分散效果很差，但在阴离子与非离子 SAA 组合作用（质量比 3∶1）下，SDBS 与 Tx10A 组合对较高的 MCNT 掺量都显示出优异的增溶及分散效果，相应 T_c 为 80min，T_s 为 60d，分散效果比单种 SDBS 或 Tx10A 作用下的效果均要好许多；SDC 与 Tx10A 组合对 MCNT 的增溶及分散效果较好，相应 T_c 为 50min，T_s 为 45d，且比单种 SDC 或 Tx10A 分别作用下的效果要好些，但比 SDBS 与 Tx10A 组合的差很多。相应各项目通过离心分层及静置生存时间具体的试验结果也如图 2-26（a）所示；SDBS/Tx10A、SDC/Tx10A、AG、SDC、Tx10A 及 SDBS 六项目对应 MCNT 悬浮液在静置 60d 后上层液形貌如图 2-26（b）所示。

相比于 AG、Tx10A 或 SDC，阴离子型的 SDBS 相对较长的烷基疏水链及烷链上的苯环拥有良好的疏水作用及空间位阻作用，可很好地包覆吸附于 MCNT 表面，同时，个头较小的亲水基团磺酸根离子（SO_3^{2-}）在水溶液中发生电离，可以显著地增加 MCNT 表面的负电量，进而使得 SDBS 对 MCNT 拥有良好的溶解、分散能力。

分子量达 22 万多的 AG 是一种高分子长链混合物，在油-水界面具有良好的乳化、吸附能力，古代埃及就用 AG 做油墨颜料的悬浮剂及稳定剂，且黏度较低，因而能通过分子长链的包覆改善 MCNT 的亲水性与分散性，进而 AG 表现出对 MCNT 具有较好的分散及稳定性。但不含苯环的超长分子链对表面光滑、疏水性的 MCNT 吸附能力有限，进而 AG 对 MCNT 分散效果相比于 SDBS 还是较差。

非离子 SAA 可以很好地吸附石墨类物质，且 Tx10A 疏水链上含苯环，空间位阻较大，Tx10A 对 MCNT 拥有较好的分散能力。但 Tx10A 只有 8 个碳原子的烷基疏水链（SDBS 是 12 个），同时 Tx10A 的聚氧乙烯醚亲水基团个头较大，在水中几乎不电离；另外，高黏性也可能会阻碍了 Tx10A 对 MCNT 的分散效果。

SDC 是类固醇类生物表面活性剂，它的甾族环系母体凸面结构为疏水性骨架，而其凹面尾链为两个羟基亲水基团。Kim 等人的研究表明：含两个羟基的 SDC 比含三个羟基的胆酸钠（SC）疏水性要强，相应地对颗粒的吸附量要大于 SC。SDC 大而刚性的甾族环能很好地吸附于 MCNT 表面，而两个羟基亲水基团个头较小，SDC 对 MCNT 显示出较好的分散效果。然而相比于 SDBS，SDC 对 MCNT 的分散能力还是要差些，这可能是由于这种类固醇类的 SAA 自身较低的分散能力以及羟基亲水基团相对较少的电离量。

SDBS 与 Tx10A 以 3∶1 比例混合时，阴离子型的 SDBS 可以与非离子型的 Tx10A 很好地相容，协调联合，在水性体系中形成混合溶胶。一方面 SDBS 与 Tx10A 的聚合烷链上均有苯环，可以像 π-形状那样混合堆积，平躺在纳米管表面，这将极大地提高 SAA 分子对纳米管的覆盖度与锚接力；另一方面，阴离子型的 SDBS 可使得 MCNT 表面负电量增加，通过静电排斥效应平衡 MCNT 表面的电荷，因此，SDBS 与 Tx10A 的组合使用分散 MCNT 效果比各自单独使用效果明显要好，如图 2-26 所示。当 SDC 与 Tx10A 以 3∶1

比例混合时，一方面，虽然生物型的 SDC 与非离子型的 Tx10A 均拥有疏水性的环结构，但 SDC 刚性且平面型的类固醇甾族环对吸附 MCNT 表面的机理主要是通过空间填充方式，不同于拥有苯环的 Tx10A 的吸附方式，这可能会一定程度妨碍相应的组合效应；另一方面，SDC 的亲水羟基在水中电离成羧基，其与 Tx10A 的聚氧乙烯醚基间可以氢键形式结合，形成空间扩散层，从而一定程度上改善 MCNT 的分散性及稳定性。最终 SDC 与 Tx10A 的组合使用分散 MCNT 效果是两种因素相互均衡的结果，比各自单独使用效果要好一些。

表 2-13 为项目分别为 1bSB、2bAG、4bSD 及 13bSBTA 对应 MCNT/CC 及 Plain/C 试件的 f_t 与 f_c。表 2-14 为相应各组试件的 ρ_c 及 σ_c。

四组 MCNT/CCs 及 Plain/C 试件的抗折与抗压强度　　　　表 2-13

项目号	抗折强度 f_t(MPa)	相对幅度(%)	抗压强度 f_c(MPa)	相对幅度(%)
Plain/C	2.99±0.231	—	32.5±5.07	—
1bSB	3.53±0.136	18.06	37.1±3.59	14.2
2bAG	3.18±0.308	6.35	33.8±4.46	4.0
4bSD	4.05±0.357	35.45	42.1±4.81	29.5
13bSBTA	3.86±0.111	29.09	39.3±3.06	20.9

四组 MCNT/CCs 及 Plain/C 试件的体积电阻率及对应的电导率　　　　表 2-14

项目号	体积电阻率 ρ_c(kΩ·cm)	电导率 σ_c(S/cm)	σ_c 相对提高倍数
Plain/C	795.3±107.20	1.257×10^{-6}	—
1bSB	21.32±1.47	4.691×10^{-5}	37.320
2bAG	145.31±16.73	6.882×10^{-6}	5.475
4bSD	41.0±3.76	2.437×10^{-5}	19.384
13bSBTA	7.9±0.81	1.264×10^{-4}	100.568

从表 2-13 中 MCNT/CC 的力学性能研究表明：通过高效 SAA 表面修饰及近 2.5h 的 Tip 超声破碎分散，少量性能优异的 MCNT 在 DSW 中得到很好的分散，并通过高速匀质复合到水泥基体中成型的 MCNT/CC，相应 MCNT/CC 试件的 f_t 与 f_c，相比于空白 Plain/C 试件都有一定的提高。用 SDC 分散的 MCNT/CC 试件（对应项目 4bSD）的 f_t 与 f_c 最高，分别为 4.05±0.357MPa、42.1±4.81MPa，提高幅度分别达 35.45%、29.5%，但离散度均为最大。这可能是一方面，SDC 拥有大而刚性的甾族环平面型骨架，嵌附于 MCNT 表面不仅能较好地改善 MCNT 表面疏水状态，且能使 MCNT 在水泥基体中发挥较好的桥联、纤维拔出作用，复合材料的力学性能能得到较大的改善；而另一方面，SDC 凹面的亲水二羟基与水化产物界面相容性较差，一定程度损害其结构，进而成型的 MCNT/CC 力学性能离散度较大。用 AG 分散的 MCNT/CC 试件（对应项目 2bAG）的 f_t 与 f_c 最低，分别为 3.18±0.308MPa、33.8±4.46MPa，提高幅度分别只有 6.35%、4.0%。显然，AG 不含苯环的超长烷链包覆 MCNT 表面能力有限，分散能力也不及含环结构的 SDC 或 SDBS，进而相应 MCNT/CC 试件宏观性能提高幅度也有限。用 SDBS 与 Tx10A 组合分散的 MCNT/CC 试件（对应项目 13bSBTA）的 f_t 与 f_c 与用 SDC

分散的 MCNT/CC 试件相接近，提高幅度分别为 29.09%、20.9%，且离散度有明显的降低。这一方面，由于 SDBS 与 Tx10A 均拥有苯环，两者组合对 MCNT 表面吸附能力较强；另一方面，SDBS、Tx10A 与水泥水化产物具有较好的相容性，而水泥超塑化剂 MPEG-500 亲水基为氧乙烯醚基与羧基，使得 MCNT 与水化产物拥有良好的结合界面，因而 MCNT/CC 试件拥有较高的力学强度及均匀性。

从表 2-14 中 MCNT/CC 的电阻性能研究表明：经过高效 SAA 表面修饰、较长时间 Tip 超声分散，及高速匀质机剪切搅拌，少量的 MCNT 的掺入就使得 MCNT/CC 试件的 σ_c 得到明显的提高。相比于 Plain/C 试件近 800kΩ·cm 的电阻率（$\rho_c = 795.3 \pm 107.20$kΩ·cm、$\sigma_c = 1.257 \times 10^{-6}$S/cm），用 SDBS 分散的 MCNT/CC 试件（对应项目 1bSB）的 ρ_c 一下子降至近 20kΩ·cm，相应的离散度也由原来的 100kΩ·cm 以上，降至不到 1.5kΩ·cm，σ_c 提高幅度超过一个数量级；显然 SDBS 对 MCNT 具有良好的分散效果，使得 MCNT 与水泥基体界面相容，并在其中形成较好的网络通路。而用 AG 分散的 MCNT/CC 试件（对应项目 2bAG）的 ρ_c 却只有五倍多的降低（$\rho_c = 145.31$kΩ·cm），相应的离散度也没有明显的改善（± 16.73kΩ·cm）；一方面，这可能是相比于 SDBS、SDC，AG 本身对 MCNT 的分散效果较差，相应的网络通路相对较少；另一方面，AG 超长的分子链包敷于导电纤维 MCNT 表面，虽可能一定程度改善了 MCNT 的亲水性，但也降低了相互物理搭接或通过隧道效应搭接的 MCNT 纤维间导通能力。当 SDBS 与 Tx10A 组合分散 MCNT 时，相应 MCNT/CC 试件（对应项目 13bSBTA）的 ρ_c 降低的幅度更大，只有 7.9kΩ·cm，相应离散度也有进一步的降低（± 0.81kΩ·cm），电导率 σ_c 超过 Plain/C 试件的 2 个数量级之多。显然，SDBS 与 Tx10A 组合对 MCNT 具有更好的分散效果，使 MCNT 与水泥基体具有更好的结合界面，并在水化产物中形成良好的网络通路。

图 2-27、图 2-28 分别为项目 2bAG 及 13bSBTA 对应 MCNT/CC 试样中的 SEM 形貌图。首先从四幅 SEM 照片图看出，没有额外添加 TBP 溶液消泡，而通过较长时间的 Tip 超声、静置，以及超塑化剂 MPEG-500 自身的抑泡、消泡功效，水泥的水化产物并没有呈现分散体系黏度大、而高速搅拌时易引入气泡而疏松多孔，反而质地密实，相互结合紧密。从图 2-27（a）可以看出，除了一两处 MCNT 的局部团聚，几乎所有的水化产物"浑然"一体，没有明显的 Ca(OH)$_2$ 晶体存在，表明高分子 AG 与水泥水化产物具有天然的相容性，偶尔有一些独立 SF 球状凹坑遗留在水化产物中，事实上，SF 拥有火山灰效应，还能一定程度改善水泥水化产物的结构，使基体成为一个密实而均匀的整体；然而从图 2-27（a）的局部放大图 [图 2-27（b）] 看出，用 AG 分散的 MCNT 还是存在一定的局部团聚、集束现象，产生一些孔洞、MCNT 聚集体等微观缺陷，这些缺陷将可能损害 MCNT 与水泥基体间必要的粘结能力，进而不利于 MCNT 在基体中性能的发挥。同时也进一步验证了经过 AG 表面修饰的 MCNT 在水溶液中的分散效果及在基体中网络分布性较差，相应的宏观性能也没有较大的改善。

图 2-28（a）为经过 SDBS 与 Tx10A 表面修饰的 MCNT/CC 纳米复合材料在微观尺度的形貌，偶尔可见几个独立的 SF 球状颗粒散布于水化产物中起到微填充作用，大多数钙矾石、Ⅰ型水化产物都相互连结在一起，形成一个"宏观"均匀、无定形的整体，质地致密而均匀。MCNT 填料在基体中均匀分布，形成良好的网络体系对相应纳米复合材料的

宏观性能具有决定性的作用，从图 2-28（b）中看到，经过 SDBS 与 Tx10A 修饰的 MCNT 表面很好地裹上一薄层水泥水化产物，很好地分布于水泥基体间，在微裂缝间很好地充分发挥长径比高的纤维拔出，牵线搭桥效应，形成网络通路［见图 2-28（b）中箭头所示］，因而相应的 MCNT/CC 试件的力学及电阻性能得到显著提高。

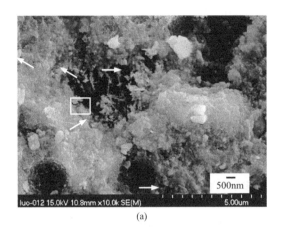
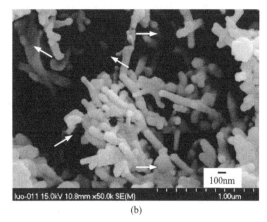

(a)　　　　　　　　　　　　　　　　(b)

图 2-27　MCNT/CC 试样（用 AG 分散，MCNT 掺量为 0.2%）的 SEM 图

(a) 较低倍；(b)（a）图局部放大区（箭头—MCNT）

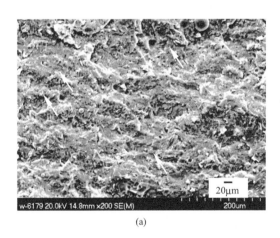
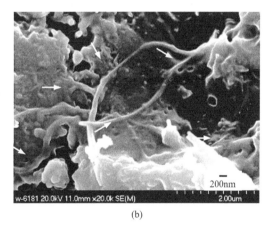

(a)　　　　　　　　　　　　　　　　(b)

图 2-28　MCNT/CC 试样（用 SDBS&TX10 组合分散，MCNT 掺量为 0.2%）的 SEM 图

(a) 低倍数（微米级）；(b) 较高倍数（箭头—MCNT）

利用 4 种 SAA（SDBS、AG、SDC 及 Tx10A），结合 2.5h 探头式超声处理，以及后续高速匀质搅拌尝试使 MCNT 在水及水泥基体中具有较好的分散。相应 10 种 MCNT 悬浮液生存时间、离心分离时间观察结果表明：4 种 SAA 单独对 MCNT 均显示出较好的增溶及分散能力，但随 SAA 种类不同其能力也有较大的差别（次序为：Tx10A≤AG≤SDC ≤SDBS），SDBS 对 MCNT 分散效果很好，相应较低、较高掺量（0.1%、0.25%）的 MCNT 悬浮液离心 T_c 分别为 70min、60min，静置 T_s 分别为 60d、50d；Tx10A 与 SD-BS 组合（项目 13bSBTA）分散效果更佳。进一步对其中 4 种项目对应的 MCNT/CC 力学强度、电阻性能，以及相应 2 种试样的 SEM 观察结果表明：项目 13bSBTA 的 MCNT/

CC 试件的 f_t、f_c 及 σ_c 均有较大的改善，幅度分别为 29.09%、20.9%、100.568，且离散度也有明显的降低；对应的试样 SEM 形貌质地均匀，MCNT 于水泥基体中分散良好。

本章参考文献

[1] S. Iijima. Helicial microtubes of graphitic carbon[J]. Nature. 1991,354(7):56-58.

[2] S. Rodney,F. Ruo,J. Tersof,et al. Radial deformation of carbon nanotubes by Van der Walls forces [J]. Nature. 1993,364:514-516.

[3] M. F. Yu,O. Lourie, M. J. Dyer,et al. Strength and breaking mechanism of multiwalled carbon nanotubes under tensile load. Science. 2000,(287):637-640.

[4] 阴强,李爱菊,孙康宁,等. Fenton 试剂对碳纳米管表面改性研究[J]. 人工晶体学报,2009,38(006): 1481-1484.

[5] 肖会刚. 水泥基纳米复合材料压阻特性及其自监测智能结构系统[D]. 哈尔滨:哈尔滨工业大学,2006.

[6] 李伟,成荣明,徐学诚,陈奕卫,孙明礼. 羟基自由基对多壁碳纳米管表面和结构的影响[J]. 无机化学学报,2005,2(2):21-25.

[7] 崔春月,马东,郑庆柱. Fenton 改性多壁碳纳米管对亚甲基蓝的吸附性能研究[J]. 中国环境科学,2011,31(12):1972-1976.

[8] 辛建华,阴强,刘咏宇,甘丽华,袁俊春,谢阳志. Fenton 试剂 pH 值对碳纳米管及其增强酚醛树脂/石墨复合材料性能的影响[J]. 东华理工大学学报,2011,34(2):251-254.

[9] J. Makar,J. Beaudoin. Carbon nanotubes and their application in the construction industry[J]. 2004.

[10] Yakovlcv G,Keriene J,Gailius A,et al. Cement based foam concrete reinforced by carbon nanotubes [J]. Mater Sci,2006,12(2):147-151.

[11] Ys de Ibarra, J J Gaitero, I Campillo. Analysis by atomic force microscopy of the effects on the nanoindentation hardness of cement pastes by the introduction of nanotube dispersions [J], TNT,2005.

[12] 王宝民,宋凯. 碳纳米管水泥基复合材料研究进展[J]. 低温建筑技术,2011,5:1-4.

[13] S. Wansom. Yields new findings on cement research[J]. Chemicals & Chemistry. 2011.

[14] 罗健林,段忠东. 表面活性剂对碳纳米管在水性体系中分散效果的影响[J]. 精细化工,2008,8: 56-59.

[15] 李庚英,王培铭. 表面改性对碳纳米管/水泥基复合材料导电性能及机敏性的影响[J]. 四川建筑科学研究. 2007,33(6):133-144.

[16] D. D. L. Chung. Self-monitoring structural materials[J]. Materials Science and Engineering. 1998,22: 57-78.

[17] 赵稼祥. 炭纤维复合材料在基础设施上的应用与展望[J]. 炭素技术. 2001,113(2):27-32.

[18] 关新春,韩宝国,欧进萍,巴恒静. 表面氧化处理对碳纤维及其水泥石性能的影响[J]. 材料科学与工艺,2003,11(4):343-346.

[19] 韩宝国,关新春,欧进萍. 碳纤维水泥石电阻测试方法研究[J]. 玻璃钢/复合材料. 2003,6:6-9.

[20] 韩宝国,关新春,欧进萍. 碳纤维水泥石压敏传感器电极的实验研究[J]. 功能材料. 2004,35(2): 262-264.

[21] Sihai Wen, D. D. L. Chung. Electric polarization in carbon fiber-reinforced cement[J]. Cement and Concrete Research. 2001,31:141-147.

[22] 韩宝国,喻言,关新春,欧进萍. 碳纤维水泥基压敏传感器数据采集系统的设计[J]. 仪表技术与传感

器,2005,7:56-58.

[23] 吴冰,姚武,吴科如. 用交流阻抗法研究碳纤维混凝土导电性[J]. 材料科学与工艺,2001,19(1):76-79.

[24] 候作富,李卓球,唐祖全. 碳纤维导电混凝土的交直流电性能对比研究[J]. 混凝土,2002,150(4):32-34.

[25] Pu-Woei Chen,D. D. L. Chung. Carbon-fiber-reinforced concrete as an intrinsically smart concrete for damage assessment during dynamic loading[J]. American Ceramic Society. 1995,78(3):816-818.

[26] 毛起炤,杨元霞,沈大荣,李卓球. 碳纤维增强水泥压敏性影响因素的研究[J]. 硅酸盐学报. 1997,25(6):734-737.

[27] Mao Qizhao,Chen Pinhua,Zhao Binyuan,Li Zhuoqiu. A Study on thecompression sensibility and mechanical model of carbon fiber reinforced cement smart material[J]. Acta Mechanica Solida Sinica. 1997,10:338-344.

[28] Zhen Mei,D. D. L. Chung. Effects of temperature and stress on the interface between concrete and its carbon fiber epoxy-matrix composite retrofit,studied by electricalresistance measurement[J]. Cement and Concrete Research. 2000,30:799-802.

[29] 毛起炤,陈品华,赵斌元,李卓球,沈大荣. 小应力下碳纤维增强水泥的压敏性和温敏性[J]. 材料研究学报,1997,11(3):322-324.

[30] Sihai Wen,D. D. L. Chung. Carbon fiber-reinforced cement as a strainsensing coating[J]. Cement and Concrete Research. 2001,31:665-667.

[31] 宋显辉,郑立霞,李卓球. 碳纤维水泥变形传感器研制[J]. 测控技术,2004,23(2):22-24.

[32] 郑立霞,宋显辉,李卓球. 碳纤维增强水泥压敏效应和温敏效应的解耦[J]. 武汉理工大学学报,2004,28(4):533-536.

[33] 张华,陈小华,张振华,邱明. 接枝羟基对有限长碳纳米管电子结构的影响[J]. 物理化学学报,2006,22(8):1101-1105.

[34] 黄龙男,张东兴,吴思刚,赵景海. 碳纤维增强混凝土的拉敏特性及梁构件的机敏监测[J]. 材料工程,2005,2:26-30.

[35] 张巍,谢慧才,刘金伟,施斌. 碳纤维机敏混凝土梁弹性应力自监测实验研究[J]. 东南大学学报,2004,34(5):647-650.

[36] 韩宝国. 压敏碳纤维水泥石性能、传感器制品与结构[D]. 哈尔滨工业大学博士学位论文,2005.

[37] 李伟,成荣明,徐学诚,陈奕卫,孙明礼,何为凡. 红外光谱研究 Fenton 试剂对多壁碳纳米管表面的影响[J]. 化学物理学报. 2005,18(3):255-259.

[38] 吴小利,岳涛,陆荣荣,朱德彰,朱志远. 碳纳米管的表面修饰及 FTIR,Raman 和 XPS 光谱表征[J]. 光谱学与光谱分析. 2005,25(10):141-148.

[39] S. W. Lee,B. S. Kim,S. Chen,Y. S. Horn,P. T. Hammond. Layer-by-layer assembly of all carbon nanotube ultrathin films for electrochemical application[J]. J Am Chem Soc. 2009,131:671-679.

[40] D. S. Yu,L. M. Dai. Self-assembled graphene/carbon nanotube hybrid films for supercapacitors[J]. J Phys Chem Lett,2010,(1):467-470.

[41] K. J. Loh,J. Kim,J. P. Lynch, et al. Multifunctional layer-by-layer carbon nanotube- polyelectrolyte thin films for strain and corrosion sensing[J]. Smart Mater Struct,2007,16(2):429-438.

[42] M. N. Zhang,L. Su,L. Q. Mao. Surfactant functionalization of carbon nanotubes (CNTs) for layer-by-layer assembling of CNT multi-layer films and fabrication of gold nanoparticle/CNT nanohybrid[J]. Carbon,2006,44:276-283.

[43] 陈宗淇,戴闽光. 胶体化学[M]. 北京:高等教育出版社,2002.

［44］ 罗健林,张春巍,李秋义,金祖权,侯东帅,张鹏,张纪刚,王鹏刚. GO 及纳米矿粉协同分散 CNT 改性纳米建筑材料及其制备方法与应用. 授权日 2019-12-17,ZL 201710656212. 9.

［45］ J. L. Luo,C. W. Zhang,Z. D. Duan,B. L. Wang,L. Sun,D. S. Hou,Q. Y. Li,J. G. Zhang,K. L. Chung,Z. Q. Jin,P. Zhang. Surfactants assisted processing of carbon nanotube cement-based nanocomposites:microstructure,electrical conductivity,and mechanical properties［J］. Nanosci Nanotechn Lett,2018,10(2):237-243.

［46］ S. C. Chen,J. L. Luo,X. L. Wang,Q. Y. Li,L. C. Zhou,C. Liu,C. Feng. Fabrication and piezoresistive/piezoelectric sensing characteristics of carbon nanotube/PVA/nano-ZnO flexible composite［J］. Scientif Rep,2020,10(1):1-12.

［47］ 罗健林. CNT 水泥基复合材料制备及功能性能研究［D］. 哈尔滨工业大学博士学位论文,2009.

［48］ 熊芳馨. 纳米自组装多层膜的制备及电化学性质的研究［D］. 武汉工程大学博士学位论文,2011.

［49］ 庄馥隆. 基于层层自组装的纳米碳管柔性应变传感器研究［D］. 上海交通大学博士学位论文,2010.

第3章 压阻型纳米水泥基智能块材及结构监测技术

3.1 引言

在水泥基中添加一些炭黑、碳纤维、微米级导电填料引起了学者们的广泛关注。这种复合材料不仅在增强、阻裂、增韧等方面拥有独特的优势，而且还呈现出一定的智能自感知性。它可制作成本征传感器件，嵌到土木大型结构的关键部件中，"实时、长期、在位"监测其所承受的应力及可能的损伤。然而，水泥的主要水化产物钙矾石的尺度一般为几百个纳米，相应微纤维增强水泥材料在纳米尺度仍有诸多缺陷。

晶粒尺度为 1~100nm 的凝聚态固体纳米材料是一种处在原子簇和宏观物质交界的过渡区域，包括金属、非金属、有机、无机和生物等多种颗粒材料，它涵盖的范围很广，从纳米尺度颗粒、原子团簇，到纳米丝、纳米棒、纳米管、纳米电缆，再到以纳米颗粒或纳米丝、纳米管等为基本单元在一维、二维和三维空间组装排列成具有纳米结构的纳米组装体系。随着物质的超细化，其表面电子结构和晶体结构发生明显变化，将产生宏观物质材料所不具有的一系列特殊的物理、化学性质。纳米材料的晶粒尺寸、晶界尺寸、缺陷尺寸均处在 100nm 及其以下，其尺寸可与电子的德布罗意波长、超导相干波长及激光玻尔半径相比拟，存在明显的小尺寸效应、表面效应、量子效应和宏观量子隧道效应，从而使得材料的力、电、热、磁、光敏感特性与表面稳定性等均不同于常规微粒。事实上，由于纳米分散相具有大的表面积和强的界面相互作用，纳米层面复合将使纳米复合材料表现出不同于一般宏观复合材料的传统性能，还可能具有原组分不具备的特殊性能与功能，为制备高性能、多功能复合材料提供了新的途径和新的思路。

纳米材料在水泥基中的应用研究始于 20 世纪 90 年代。在混凝土中掺入纳米颗粒后可以使水泥材料更加密实，早期强度提高，韧性增强，并可显著提高材料的耐久性。因为混凝土的强度、渗透性与耐久性除了受其本身的化学组成的影响外，主要是由孔隙率、孔隙特征和微裂缝等因素决定。事实上，纳米级导电填料也已成为各种基体材料理想的增强体，并能赋予复合材料导电及智能性能。因此，纳米导电填料可很好地替代微米级导电填料充当水泥混凝土材料的导电增强体，发展一种拥有单一或多项功能的水泥基智能块材。

3.2 纳米炭黑水泥基智能块材制备及对结构监测性能研究

3.2.1 纳米炭黑水泥基智能块材制备

纳米导电填料，纳米喷雾炭黑（NCB）是纳米级的微细颗粒。组合减水剂助分散与机械搅拌工艺将 NCB 分散于水泥基体系，制备纳米炭黑水泥基智能块材（CCN）。研究 CCN 的压阻传感特性及机理、环境作用与应变感知特性耦合特性、多轴应变状态下力电理论模型、混凝土结构基体本构关系对监测性能影响特性、基于 CCN 传感器的自监测智能结构系统及其工程应用。

1. 原材料与试验仪器

纳米导电填料，纳米喷雾炭黑（NCB）为枝链状结构的微细颗粒，平均粒径为 115nm，烧失量为 15g/kg，BET 比表面积为 $32m^2/g$，购自辽宁天宝能源股份有限公司，NCB 掺量从 5％到 25％。水泥用哈尔滨水泥厂生产的天鹅牌 P. O. 425R 标号的早强硅酸盐水泥，试验所用砂为河砂，水为自来水。分散剂为天津产的 UNF 非引气型高效减水剂，为了促进 NCB 的分散需要高速搅拌，为此，掺加消泡剂磷酸三丁酯来减少高速搅拌产生的较多气泡。试验所用搅拌仪器为 JJ-5 型行星式胶砂搅拌机，购自无锡建仪有限公司。JWY-30F 型稳压直流电源；K 型热电偶，市售。带有温控箱的试验机。

2. 纳米炭黑水泥基智能块材（CCN）制备

首先将 UNF 减水剂和磷酸三丁酯消泡剂溶于水中，水胶比统一取为 0.5，然后加入 NCB 高速搅拌 10min，待 NCB 完全溶于水后，加入水泥继续高速搅拌 5min，最后加入砂子（如需要）高速搅拌 5min。搅拌完毕后把拌和物倒入刷过油的尺寸为 40mm×40mm×50mm 的试模，然后于高频振动台上振动成型。电极为铜网做成，在 CCN 试块成型前预先安于试模中。CCN 试件 1d 后拆模，标准养护 28d 进行电学性能。CCN 的实时电阻值通过参比电阻端电压及采集卡同步采集法获得。

3.2.2　纳米炭黑水泥基智能块材（CCN）电学性能

空白水泥砂浆的电阻率为 160kΩ·cm。掺有 NCB 的 CCN 电阻率随 NCB 掺量的增加而逐渐下降，在渗流阈值为 7.22％之后有明显下降，相应 CCN 的电导以隧道效应为主，如图 3-1(a) 所示。

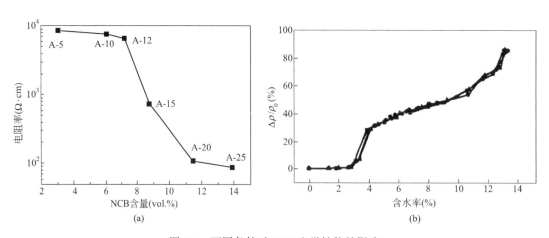

图 3-1　不同条件对 CCN 电学性能的影响

（a）CCN 的电阻率对数与 NCB 体积掺量关系图；（b）CCN 的电阻率随含水率变化曲线

同时研究了湿度、温度对掺有 15％NCB 的 CCN 电学性能的影响[图 3-1(b)]，发现，含水率对 CCN 的电阻率有较大影响，分为两个阶段，在含水率低于 3% 时，CCN 电阻率随含水率增长很小。随着含水率的进一步增长，CCN 电阻率随含水率快速升高，在饱和含水率（12.9%）时，电阻率增长了 86%。

图 3-2(a) 显示了 4 个代表性含水率状态下 CCN 电阻率随测试时间的变化曲线，在低含水率情况下，电阻率随测试时间基本维持不变。在较高含水率时，电阻率在刚开始 10s 测试时间内急剧增长，之后开始缓慢上升，并趋于稳定。同时不难看出，含水率越大，电阻率增长幅度越大。当 CCN 试件处于饱和含水率 12.9% 时，其电阻率在测试时间内增长了 4.5%。众所周知，水泥基复合为多孔材料，其水化产物孔隙内的电介质溶液中存在着诸多 Ca^{2+}、SO_4^{2-}、OH^- 等离子。当存在外加电场时，会出现明显的极化现象，溶液内的离子向两端电极处迁移聚集，形成与外加电场方向相反的内电场，电阻率增大；电荷沿 NCB 链导电通路内泄漏，内电场会发生降低。电阻率随时间的变化过程同时作用，最后趋于平衡。由于离子迁移与含水率正相关，而电荷泄漏与导电通路（NCB 掺量）正相关。当含水率很低时，离子迁移很微弱，因此极化效应可忽略，电阻率能保持恒定。

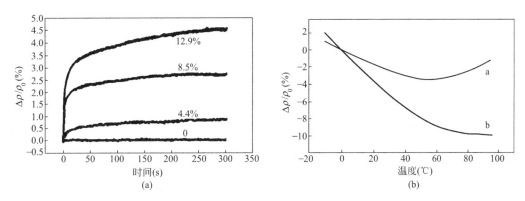

图 3-2　含水率及温度条件对 CCN 的电阻率的影响

（a）不同含水率情况下 CCN 的电阻率随测试时间变化曲线；（b）CCN 电阻率随温度变化曲线

温度对 CCN 电阻率的影响主要通过两个方面：一是受热膨胀从而引起 NCB 粒子间距增大，使得电阻率升高；二是受热诱发波动电压，造成电阻率降低。本试验所用传感器的热膨胀系数为 1.65×10^5，灵敏度为 55.5。根据这两个数据可以计算出热膨胀引起应变部分的影响并排除掉，进一步得到非应变部分并作为温度补偿。图 3-2(b) 为 CCN 电阻率受温度变化影响曲线，为便于比较，图 3-2(b) 中电阻率变化率均以 0℃ 电阻率为基准。图 3-2(b) 中曲线 a 为直接测量结果，包括了热波动电压和热膨胀因素的影响；曲线 b 仅为热波动电压的影响。a 曲线在 50℃ 前随温度升高缓慢下降，当温度继续升高热膨胀主导了主要电阻率变化，电阻率随温度逐渐上升。b 曲线在 50℃ 前基本为线性，整体呈现单调下降趋势。根据已有研究来看，NCB 粒子间势垒上有两种电场源：固定的外加电场和热量诱发的热波动电压。因此根据隧道效应提出以下公式描述复合材料导电性与温度的关系：

$$\sigma = \sigma_0 \exp\left[\frac{-T_1}{T + T_0}\right] \tag{3-1}$$

其中 σ_0、T_1、T_0 均为与材料有关的常量。从公式中可以看出复合材料的电阻率与温度为指数关系，这与 b 曲线较匹配。

图 3-3 为不同温度下 CCN 传感器的压阻传感性能图，从图中发现 CCN 的压阻性能曲线在各个温度变化下并没有发生太大变化，其电阻率随应变增加而线性单调下降，灵敏度约为 55。这说明在一定环境温度范围内，CCN 传感器的压阻传感性能受温度影响较小，仅需对其做初始电阻的温度补偿即可。

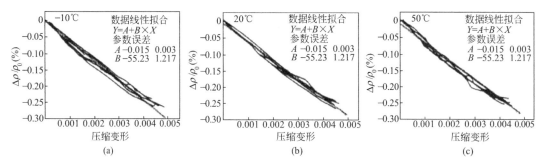

图 3-3 不同温度下 CCN 传感器的传感性能图
(a) 10℃；(b) 20℃；(c) 50℃

3.3 碳纳米管水泥基智能块材制备及对结构监测性能研究

3.3.1 MCNT 水泥基智能块材制备

所用 MCNT 的物理性能指标同 2.2 节。用阳离子型 CTAB 作为 MCNT 的分散剂（相对于水泥质量掺量为 1.0%，下同）；MC，用于分散水泥颗粒及增加分散体系的稳定性（掺量为 0.4%）。MPEG-500，水泥超塑化剂（掺量为 0.8%）。TBP 溶液，消泡剂（掺量为 0.16%）。试验用水均为 DSW，水泥为天鹅牌 P.O.42.5R 早强型普通硅酸盐水泥。分别制备五组 MCNT/CC 试件，MCNT 掺量分别为 0.1%、0.2%、0.5%、1.0% 及 2.0%，相应命名为 NFC1、NFC2、NFC3、NFC4 及 NFC5，空白 Plain/C 试件命名为 NFC0。水灰比（W/C）均采用 0.46。所有试件成型时均无粗、细骨料。

各组 MCNT/CCs 以及空白 Plain/C 试件成型方法同 2.3 节的成型、养护方法。试件尺寸及电极的埋置位置和方位与 2.3 节相同。

3.3.2 湿含量对 MCNT 水泥基智能块材电阻性能的影响

试件养护 28d 后，将各组试件移至烘箱中，在 45℃烘干至恒重，冷却至室温。在室温条件下，各 MCNT/CCs 试件不同含水率（wrc_n）通过用精度 0.01g 的电子秤测量不同水浸泡时间后擦干表面水分试件的质量（m_w），再与烘干后试件初始质量（m_0）相比较而得出。

$$wrc_n = 100 \times \frac{m_w - m_0}{m_0} \tag{3-2}$$

然后，采用直流惠斯通（Wheatstone）半桥模式，通过测量试件并联到已平衡的两个相同阻值标准电阻（R_{s1}、R_{s2}）组成的半桥一个臂上存在的不平衡输出电压（ΔU_{12}）来计算获得试件的实时体积电阻（R_v）。R_v 为测试电路接通 60s 后采集的电阻值。具体方法如下：

由电桥特性可知：其平衡（半桥测量时 $\Delta U_{12}=0$）条件如式（3-3），若桥臂中一个臂的电阻发生变化，将失去平衡，产生信号输出电压增量 ΔU_{12} 为：

$$\Delta U_{12} = \frac{R_1 \cdot R_2}{R_1 + R_2} \left(\frac{\Delta R_1}{R_1} - \frac{\Delta R_2}{R_2} \right) U \tag{3-3}$$

当 $R_{s1}=R_{s2}$，$k_{B1}=k_{B2}$ 时，则：

$$\Delta U_{12} = k_{dc} \left(\frac{k_B R_{s1} \cdot R_v}{k_B R_{s1} + R_v} - k_B R_{s1} \right) / k_B R_{s1} = k_{dc} \left(\frac{R_v}{k_B R_{s1} + R_v} - 1 \right) \tag{3-4}$$

于是相应并联上去的 R_v 值为：

$$R_v = -k_B R_{s1} \left(\frac{k_{dc}}{\Delta U_{12}} + 1 \right) \tag{3-5}$$

式中　　　k_B——惠斯通电桥平衡后的实际灵敏系数，与桥压、平衡电阻等参数有关，具体由测试系统自动给出；

R_{s1} 或 R_{s2}——标准电阻值（Ω），在此，R_{s1}（R_{s2}）均取为 120Ω；

k_{dc}——桥臂系数，在此，对于桥臂电阻值相同的半桥，k_{dc} 为 0.5；

ΔU_{12}——是不平衡输出电压（V）。

之后可依据 2.2 节式（2-3）计算相应 MCNT/CC 试件的实时电阻率（ρ）。

图 3-4 为 NFC0、NFC5 组 MCNT/CC 试件在四种有代表性含水率（对应的浸泡时间分别为 0、10min、1h、24h、4d）时的电阻变化率随测试时间的变化曲线。

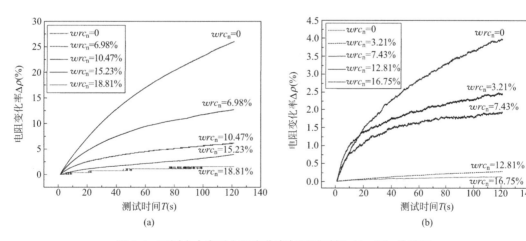

图 3-4　不同含水率时电阻变化率与测试时间（$\Delta \rho$-T）关系图
(a) NFC0；(b) NFC5

从图 3-4 可以看出，当 NFC0 组 MCNT/CC 试件的含水率很低（$wrc_n=0$）时，其电阻率在测试过程中虽然有些升高，但呈现锯齿形缓慢上升，持续测试 120s，相应的增幅不到 2%，此时极化效应对电阻性能影响较小。随着 wrc_n 的增长，NFC0 组的电阻率不再保持稳定，而是随测试时间增长而持续增长，尤其是当 wrc_n 超过 15% 时。在饱和含水率（wrc_n＝18.81%）处，相应的电阻率增幅达 26%，极化现象十分明显。在 NFC5 组试件的含水率很低（wrc_n＝0）时，电阻率随测试时间几乎没有增长，呈平直线。而含水率 wrc_n 为 3.21% 时，电阻率的提升幅度也很小，只有不到 0.3%，此时几乎没有极化现象发生。但当含水率达 7.43% 时，电阻率增长了 1.94%，而含水率饱和时（wrc_n＝16.75%），电阻率持续增长到 3.99%。这表明即使 NFC5 组试件拥有良好的导电性，但水分掺入引起相应电阻测试时的极化现象还是不可忽略。

由 3.2 节的讨论可知，极化过程中能量消耗主要来自于偶极矩转向离子迁移聚集。其中偶极矩转移是一个瞬态的过程，而离子迁移聚集需要时间。水泥基复合材料的孔隙溶液中存在的离子在外电场作用下迁移聚集形成极化现象的过程中，同时存在两个过程：（1）离子在外电场作用下向电荷相反的电极方向移动聚集，形成与外电场方向相反的内电场；（2）削弱内电场的电荷泄漏。这两个过程发挥着相反的作用，相应材料极化过程就是这两个因素同时作用最后趋于平衡的过程。

微孔水溶液中离子的迁移聚集能力随湿含量增加而增强，因此引起的极化程度与湿含量直接有关，对于同一种复合材料，湿含量越大，极化越显著，所以无论是 NFC0 组空白试件还是 NFC5 组 MCNT/CC 试件，其湿含量越高则离子迁移能力越强，电阻随测试时间增长的幅度越大。而电荷泄漏是通过导电粒子或纤维形成的导电通路进行的，因此 MCNT 掺量越大，电荷泄漏越迅速，极化现象与 MCNT 掺量呈反比关系，相应 NFC5 组 MCNT/CC 试件的电阻率在测试过程中增长幅度就小得多。

各组 MCNT/CCs 试件的初始电阻率（ρ_0）随不同浸泡时间对应的试件含水率（wrc_n）的变化如图 3-5 所示。

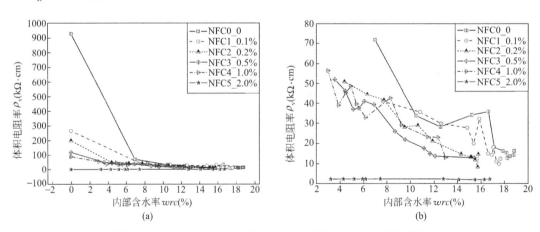

图 3-5　各组 MCNT/CCs 及 Plain/C 试件的 ρ_0-wrc_n 的关系图

（a）包含 wrc_n＝0；（b）不包含 wrc_n＝0

从图 3-5 可以看出，各组 MCNT/CC 试件烘干后的 ρ_0 有明显的不同，未掺入 MCNT 的 NFC0 试件的 ρ_0 高达 927.54kΩ·cm，而随着少量 MCNT 掺量（wt）的增加，试件的 ρ_0 明显下降：由 NFC0 的近 930kΩ·cm 下降到 NFC3 的 119.00kΩ·cm，当 wt 为 2%，NFC5 试件的 ρ_0 只有 1.83kΩ·cm，几乎变为导体。而仅经过 10min 的浸泡，原高于 100kΩ·cm 的 ρ_0 都降到 100kΩ·cm 以下，且随着后期的继续浸泡，各组试件的 ρ_0 基本呈现逐步降低趋势，这从不包含 wrc_n＝0 的图中亦可看出。水泥基材料是一种包括固、液、气态组分的复杂多孔体，导电水分子进入多孔的 MCNT/CC 试件内部，试件 wrc_n 对 ρ_0 有显著的影响，尤其是水分扩散梯度很大时；且 wrc_n 越大，ρ_0 相对越低。这是因为对多孔性水泥基材料来说，离子迁移能力与孔隙含水量直接相关，水分越少，离子移动阻力越大，速度越慢，相应孔隙水溶液的电阻越大；水分越多，则孔隙水溶液的电阻越小。但 wt 为 2% 的 NFC5 组试件的 ρ_0 一直维持在 1.83kΩ·cm 左右，几乎没有变化。说明此时导电水分子渗入与否对其导通能力几乎没有影响，导电优良的 MCNT 的 wt 已超过相应渗滤阈值，MCNT 相互搭接，形成了完整的网络通路，因而 MCNT/CC 试件的 wrc_n 变化对其 ρ_0 的影响很小。

水泥基材料致密程度对材料本身的电阻影响也较大。对于多孔性水泥基材料，微孔隙水溶液中的离子在电场作用下将作定向运动，形成电流。而孔的尺寸对电荷及分子的迁移有着显著的影响，在尺寸较小的孔隙中，离子和离子之间的作用力要比在尺寸较大的孔中大，离子迁移的阻力也大，相应宏观表现孔隙水溶液电阻也就越大，图 3-5 中各组 MCNT/CCs 试件在相同的初始浸泡时间（10min）的 wrc_n 随着 wt 的增加而逐渐减小，而饱和浸泡时间（4d 后）的 wrc_n 随着 wt 的增加亦逐渐减小，这表明 Plain/C 试件的孔隙率较大，密实度较小，而纳米纤维 MCNT 的掺入对多孔水泥基材料具有一定的填充效应，能改善相应的孔分布及孔结构。

上述结果表明：要保证电阻测试的稳定性与准确性，最好同时保持极低的湿含量和较高的 MCNT 掺量（良好的导电能力）。因此，为将 MCNT/CC 发展成为拥有良好又稳定的应力自感知机敏特性的传感元件，需要对 MCNT 掺量较高，拥有良好的导电性能的 MCNT/CC 试件进行封装，隔绝外在水分影响，肖会刚等人提出采用环氧树脂隔湿封装具有良好的效果。故在进行电学性能相关试验前，对所有的 MCNT/CC 试件烘干，并用绝缘漆对其封装绝湿，以保证电阻测量的稳定性与准确性。

3.3.3　温度对 MCNT 水泥基智能块材电阻性能的影响

由 3.3.1 节的研究结果可知，较高 MCNT 掺量的 MCNT/CC 试件在很低的湿含量时没有极化效应，电阻率在测量过程中不会随测试时间增长而增长，也就不用考虑环境湿含量对 MCNT/CC 试件电阻性能的影响。因此，本节以干燥后用耐 120℃ 温度以上、F 级亚胺环氧绝缘漆密封的 NFC5 组试件为研究对象，试件制作所用原材料和成型、干燥、密封等方法均与 3.3.1 节相同。不同之处在于本节在试件成型时，将一 K 型热电偶预埋在部分试件中心，用来测量相应试件中心处的温度。

温度对 NFC5 组 MCNT/CC 试件电阻率影响的试验方法如下：首先测量内置热电偶的试件在室温环境下的温度，采用 QJ23a 型携带式单臂电桥测定对应的初始电阻值。然后将试件放于高温（低温）温控箱内，调节温控箱使其缓慢升（降）温，每到预定的温度，便恒温直至热电偶所测温度和温控箱显示温度基本一致，即表示试件内外温度已经一致，没有了温度梯度和内应力的影响，此时所测 ρ 即为试件在该温度时的 ρ。温度变化范围为 -15℃～85℃。

图 3-6 为 NFC5 组 3 个 MCNT/CC 试件的电阻率随温度逐渐升高、逐渐降低的变化图。

从图 3-6 可以看出，各个试件的电阻率随环境温度升高基本呈下降的趋势（随温度降

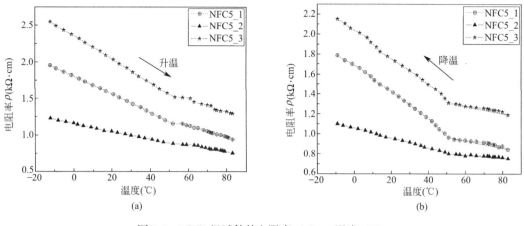

图 3-6　NFC5 组试件的电阻率（ρ）vs 温度（T）
(a) 升温过程；(b) 降温过程

低呈逐渐上升的趋势），且相应电阻率与温度的关系图可分为两个阶段，在一般建筑结构经受的环境温度范围（$-10℃\sim 50℃$）内，各试件的电阻率随温度升高（降低）而呈近似线性下降（上升）。同时，虽然各个 MCNT/CC 试件电阻率值不一样，随温度变化幅度也不完全一样，但各试件在温度升高或降低过程变化斜率几乎一样，因此，在这个温度范围内，将可利用电阻率与温度呈单调线性特性，较好地实现 MCNT/CC 试件用作传感元件时所需要的温度补偿。相应 NFC5-1、NFC5-2 及 NFC5-3 试件的电阻率分别可按 $0.00118kΩ/℃$、$0.00065kΩ/℃$ 及 $0.00133kΩ/℃$ 变化计算。当温度超过 50℃后，电阻开始上升，虽然电阻率仍在下降，但无论是升温过程还是降温过程，电阻率的变化幅度均减缓。

在温度变化过程中，两个因素同时影响着 MCNT/CC 的电阻。一方面，温度升高，MCNT 表面上的电子和空穴热运动加剧，电子和空穴具有更大的势垒能量，部分处于能带中的电子吸收能量后被激发成为载流子，电子和空穴隧穿的概率增大、跃迁得更加频繁，隧道电流逐渐增加，原来处于绝缘态的、悬挂在导电骨架上的部分导电"簇"被导链导通，产生附加的导电通路，导电网络有增强的趋势，相应 MCNT/CC 试件的电阻率逐渐减小，表现为负温（NTC）效应。

另一方面，随着温度的升高，MCNT/CC 试件产生热膨胀，而水泥基体的热膨胀系数约为 $15×10^{-6}℃$，而 MCNT 的热膨胀系数约为 $4×10^{-6}℃$。两者热膨胀系数的差异将引起导电纤维 MCNT 间距被拉大，从而导致 MCNT 纤维间势垒高度和宽度均有增大的趋势，由隧道效应理论可知这会引起试件电阻率的升高；同时在细微观层面上，水泥基材料是非均质的，因此由于热膨胀的缘故，在 MCNT 与水泥基的界面处出现内应力，进而引起 MCNT 与水泥基体的相对错位，致使部分导电网络通路断开，导致试件电阻率又有增大的趋势，虽然铜网电极的存在对其有一定程度的约束减弱作用，表现为正温（PTC）效应。

在温度变化过程中，两种截然相反的效应将同时影响 MCNT/CC 电阻率的变化，且随温度范围不同，占主导地位的因素不同。因此，在测试温度范围内，出现试件电阻率随温度持续线性下降而后缓慢下降的变化趋势,从试验结果看,NTC 效应占了相对主导地位,由于温度引起 MCNT 表面电子能量改变对电阻率的变化贡献更大。

3.3.4　MCNT 水泥基智能块材 DCI-V 与 AC 阻抗特性

试件制作所用的原材料 MCNT、CTAB、FDN、TBP 溶液、DSW、水泥及硅灰的性能指标均同 3.3 节。分别制备 5 组 MCNT/CC 试件及一组空白 Plain/C 试件。相应 5 组 MCNT/CC 及参比试件的编号、各材料的掺量及配合比见表 3-1。所有试件均无粗、细骨料。

MCNT/CC 试件编号及材料配合比（水泥质量为 1）　　　　　表 3-1

项目编号	MCNT(%)	CTAB(%)	TBP(vol.%)
DAC0	0	0	0
DAC1	0.1	0.2	0.13
DAC2	0.2	0.2	0.13
DAC3	0.5	1.0	0.13
DAC4	1.0	1.0	0.30
DAC5	2.0	1.5	0.30

注:$w(SF)=10\%$;$w(FDN)=1.0\%$;$W/C=0.46$。

各组 MCNT/CCs 及 Plain/C 试件成型时所用的仪器同 3.3 节。相应试件尺寸、电极埋置方式、养护与封装隔湿方法也均同 3.3 节。测试过程中所用的仪器包括:DC 稳压电源,指标参数见 2.3 节;XFS-8 型 AC 功率信号发生器,指标参数见 3.3 节;用标准、可调电阻及电容组成的自制交流电容电桥;可调电阻及可调电容若干,市售;负反馈放大器,市售;HP-54600 型双踪示波器,带宽 100MHz,美国惠普公司生产;SG-1501 型函数信号发生器,频率范围为 0.1Hz～150MHz,深圳市朗普电子科技有限公司生产;万用表等。

用 w-600 型直流稳压电源、XFS-8 型交流功率信号发生器分别作为 DC、AC 电路电源,采用四电极法连接 MCNT/CC 试件。相应 DC(AC)端口电压值(有效值)用连接内对电极的万用表测得,DC(AC)串联电路的电流值(有效值)用连接外电极的精确到微安的万用表测得。然后,通过式(3-6)、式(3-7)分别求得相应的 DC 电阻率(ρ),平均电场密度(E):

$$\rho=\frac{U \cdot A}{I \cdot L} \tag{3-6}$$

$$E=U/L \tag{3-7}$$

式中　ρ——MCNT/CC 试件的电阻率(kΩ·cm);

U,I——DC 电压(V)、电流(mA);

A,L——内对电极的面积及间距(这里的 A,L 分别为 2cm×3cm,2cm);

E——施加的电场密度(V/cm)。

用功率信号源供电,相应的功率很小,可较好地规避大电流使试件迅速升温而产生虚假的阻抗。在不同频率(f)下的 AC 阻抗模值($|Z|$)可根据式(3-8)求得:

$$\dot{Z}=\dot{U}/\dot{I}=|U|\cdot e^{j\omega t}/|I|\cdot e^{j(\omega t-\varphi)}=|Z|\cdot e^{j\varphi} \tag{3-8}$$

式中　$\dot{Z}$、$\dot{U}$、$\dot{I}$——交流阻抗、电压、电流的有效值；

　　　$|Z|$、$|U|$、$|I|$——相应的模值；

　　　　　ω——圆频率；

　　　　　φ——阻抗幅角。

同时，水泥基材料可等效为电容与电阻的串联或并联电路元件。所以为进一步探讨更高频率（f）下 MCNT/CC 的阻抗响应，在此选 DAC2 组 MCNT/CC 试件作为研究对象，采用 AC 电桥法，通过直流电源、负反馈放大器、函数信号发生器组合发出不同频率（f）的交流电压信号，连接到利用标准、可调电阻器及电容器自制的一个 AC 电容电桥上，再通过双踪示波器来检测幅值与相位差平衡条件，进而获得不同 f 下 DAC2 组 MCNT/CC 试件的不同电阻、电容值。最后通过式（3-9）转换到 Nyquist 图对应的横、纵坐标量，从而绘出相应的阻抗谱图。

$$\mathrm{Re}(Z)=R \qquad \mathrm{Im}(Z)=-j\,\frac{1}{2\pi f\cdot c} \tag{3-9}$$

式中　　Z——复数阻抗（Ω）；

　　　　R——测得的电阻值（Ω）；

　$\mathrm{Re}(Z)$——等效电阻，阻抗实部；

　　　　f——频率；

　　　　c——测得的电容值（F）；

　$\mathrm{Im}(Z)$——电抗，阻抗虚部。

1. DCI-V 伏安特性

图 3-7(a) 为 5 组不同 MCNT 掺量的 MCNT/CCs 及 Plain/C 试件的 DCI-V 关系曲线图。图 3-7(b) 为 ±2.5V 范围内相应各试件 DCI-V 局部放大图。

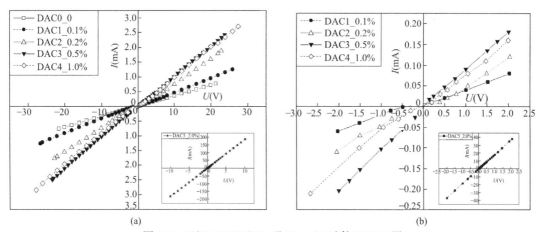

(a)　　　　　　　　　　　　　　　(b)

图 3-7　五组 MCNT/CCs 及 Plain/C 试件 DCI-V 图

(a) ±30V；(b) ±2.5V 局部放大图

从图 3-7(a) 可以看出，在超出 ±2.5V 电压（U）范围外，每组 MCNT/CC 的电流（I）几乎与电压（U）呈线性比例，极化电阻并没有随外加电场增大而显著增大，这主要是因为极化效应主要与水泥水化产物微孔内存留的电解质有关，而 MCNT/CC 试件都经过了烘干隔湿处理，相应极化电阻得到明显的降低。

各组 MCNT/CC 试件 DCI-V 关系图的斜率随着导电 MCNT 掺量的增加而持续升高，且当 MCNT 掺量从 1.0% 变到 2.0% 时，相应的斜率急剧升高，DAC5 组 MCNT/CC 的最大的斜率近 19mA/V。然而，当 U 在 ±2.5V 范围内[图 3-7(b)]，DCI-V 关系图却存在较明显的非线性特征，为更清晰地看到在 ±2.5V 范围内 I-V 关系图的非线性特征，绘出 E 在 ±2.0V/cm 范围内，相应的 ρ-E 关系曲线图，如图 3-8 所示。

从图 3-8 可以看出，随着 E 的改变，ρ 值跳跃波动性很大，尤其是 $E \approx 0$ 值附近，最高值能比正常值高 4 倍之多。虽然相关研究表明：采用低电压或低电流可有效地减少极化效应的影响，但当采用过低的电压或电流测试时，而 MCNT 掺量又较低时，复合材料内部存在的绝缘势垒较多、较宽，而电场能量很低，相应供给 MCNT 表面自由电子的跃迁能量有限，相应电导能力表现不稳定。而随着 MCNT 掺量的增加，ρ 值和离散度均变得更低、更小，DAC5 组 MCNT/CC 的 ρ 最大的离散度不到 0.125kΩ·cm。这可能是由于 MCNT 复合水泥基材料的导电性显著提高后，相应在低电压区测试平稳度也得到了相应的改善。

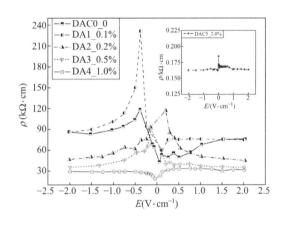 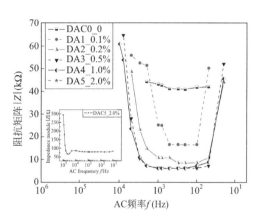

图 3-8　5 组 MCNT/CCs 及 Plain/C　　　　图 3-9　5 组 MCNT/CCs 及 Plain/C
试件 DCρ-E 图　　　　　　　　　　试件 AC|Z|-f 图

2. AC 阻抗特性

图 3-9 为在不同 AC 频率（f）下，5 组 MCNT/CCs 及参比试件的 AC 阻抗模（|Z|）特性图。与此同时，采用 AC 电容电桥对 DAC2 组试件进行阻抗测试，相应阻抗响应谱（Nyquist）图如图 3-10 所示。

从图 3-9 可以看出，MCNT/CC 及 Plain/C 试件的阻抗模值（|Z|）对供电频率（f）很敏感：不同 f 值可从 20Hz 频率时的 52.1kΩ 迅速降至 200Hz 时的 6.29kΩ，8kHz 时就达到 64.7kΩ。所有组试件的|Z|均拥有相似的"U"形变化规律：在低、高频率时值很大，在中间频率时为一低而平缓的平台，且 MCNT 掺量越高，平台越低、越宽、越平缓。图 3-10 显示，在较低频时 DAC2 组试件复阻抗 Z 很大，快速降至 10^4 Hz 频率左右时有一缓平台，之后又发展为一上升的半弧，再之后 Z 值又持续降低。与图 3-9 的|Z|-f 关系图相对照，不难发现图 3-9 中各组试件的|Z|-f 图均位于图 3-10 中的 A、B 区段形成的近似"U"区间。

图 3-11 为水泥基复合材料典型交流阻抗谱。Ford 指出，虽然电流在水泥基复合材料内

部传输可通过水泥钙矾石（C-S-H）凝胶自身、相互搭接的导电填料及导电填料与 C-S-H 凝胶间三种途径来实现，最终的导电性能是这三种因素相互权衡的结果，但不同的 AC 频段起主要作用的因素并不同。区段 A 主要与水泥基体中孔结构中含有的扩散作用相关，而区段 B 是主要由测试时电极作用引起的，区段 C 和 D 才与掺入的导电材料及水泥基本结构体有关。图 3-9、图 3-10 中各组试件的区段 A 均存在一缓平台，这是由于加入的 SF 产生的火山灰效应，与水泥钙质水化产物中的 $Ca(OH)_2$ 进一步反应，改善了水泥基体的微孔结构，孔径减小，相应离子迁移能力降低而导致的。同时，MCNT 纤维对水泥基体也有一定的微纳米填充效应，减小、减少可能的微孔数量及相应的孔径尺寸，进而在区段 A 呈现：MCNT 掺量越高，平台相对越低、越宽、越平缓。而区段 B 的 $|Z|$ 或 Z 的快速上扬是由于镀铜铁网电极在 AC 电场作用下，表面发生了明显的电化学极化现象而引起的。显然，区段 A、B 都与导电纤维 MCNT 掺量无直接的关系，而是与基体孔结构的扩散作用及电极作用有关，相应图 3-9 中 DAC1～DAC4 组试件的 $|Z|$-f 图均表现出相似的"U"形规律。

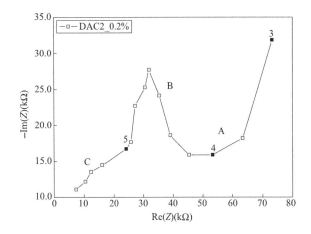 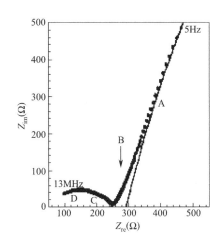

图 3-10　不同特征频率下 DAC2 组试件 Nyquist 图　　图 3-11　水泥基复合材料典型交流阻抗谱

图 3-11 中 DAC2 组试件区段 C 的 Z 随 f 增加呈现明显下降趋势。这是因为，在高频率情况下，阻抗容抗性虚部将明显降低，几乎可接近导通状态，进而拥有良好场发射能力及高长径比的 MCNT 将使覆盖于其表面的薄双电层内迁移电流越来越强，MCNT 表面的自由电子和空穴获得更大的势垒能量，部分处于能带中的电子吸收能量后将被激发成为载流子，场发射隧穿概率增大，载流子在薄双电层间跃迁，形成隧穿电流通路，于是与导电填料有关的区段 C 相应的 Z 随 f 增加而持续降低。

MCNT 掺量为 2.0% 的 DAC5 组试件的 $|Z|$-f 图与其他各组试件有明显不同，其 $|Z|$ 值多在很低的 0.079kΩ 附近，直到 $8×10^4$ Hz 才开始拥有较高的 $|Z|$ 值，且最大值也只有 0.293kΩ。这是因为，MCNT 掺量超过渗滤阈值后，MCNT 相互物理搭接的机会大为增加，MCNT 间的绝缘势垒变得很少，导电性能优良的 MCNT 纤维物理搭接产生的导电作用几乎可完全掩盖由相应基体孔结构扩散作用而产生的导电作用，相应在 f 小于 $8×10^4$ Hz 时 MCNT/CC 一直表现出良好的导电性能。然而，随着进入主要由测试电极作用控制的 B 区段，其铜网电极表面存在的极化双电层会一定程度阻碍其电流迁移，相应 $|Z|$ 呈现一定的上扬。

3.3.5　MCNT 水泥基智能块材的电学渗滤阈值

　　MCNT/CC 试件制作所用的原材料、成型所用仪器、试件尺寸、电极埋置方式、养护与封装隔湿方法均同 3.3 节。水泥超塑化剂为 MPEG-500，水灰比 W/C 均为 0.50，以保证 MCNT 掺量 5.0％时对应试件的成型和易性。相应 6 组 MCNT/CC 及 Plain/C 试件的编号、各材料的掺量及配合比见表 3-2。采用 DC 四电极法测试各组 MCNT/CCs 及空白 Plain/C 试件的电阻率，相应试件成型与电阻率测试时所用的仪器亦同 3.3 节。

MCNT/CC 试件编号及材料配合比（水泥质量为 1） 　　　　　　　　表 3-2

编号	MCNT(%)	MCNT(vol.%)	CTAB(%)	MPEG-500(%)	TBP(%)
NM0	0	0	0	0.8	0
NM1	0.1	0.155	0.5	0.8	0.13
NM2	0.2	0.309	0.5	0.8	0.13
NM3	0.5	0.769	1.0	1.0	0.26
NM4	1.0	1.526	1.0	1.0	0.26
NM5	2.0	3.007	1.5	1.2	0.40
NM6	5.0	7.193	1.5	1.2	0.40

注：w（SF）=10％；W/C=0.50。

　　6 组 MCNT/CC 及 Plain/C 试件的 ρ 与 V_f，ρ 与 $V_f^{-1/3}$ 的关系曲线如图 3-12、图 3-13 所示。

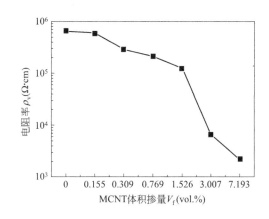

图 3-12　MCNT/CC 的电阻率 $vs.$ MCNT 体积掺量（ρ-V_f）

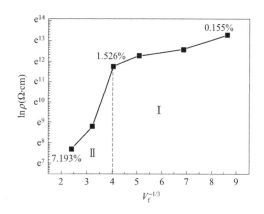

图 3-13　MCNT/CC 的 $\ln\rho$-$V_f^{-1/3}$ 图

　　从图 3-12、图 3-13 可以看出，MCNT 体积掺量（V_f）为 0vol.％的 DAC0 组空白试件的 ρ 达 638.5kΩ.cm，而 V_f 从 0.155vol.％增加到 1.526vol.％，相应 ρ 的下降缓慢，仍然维持在 100kΩ.cm 以上。随着 V_f 继续增加，ρ 突然有明显的下降，从 1.526vol.％到 3.007vol.％时，ρ 从 125.27kΩ.cm 迅速降至 6.512kΩ.cm；且 V_f 超过 3.007vol.％，达到 7.193vol.％，ρ 下降趋势重新变得平缓，相应 ρ 只有 2.178kΩ.cm。MCNT/CC 复合材料几乎变成了优良导体。一般地，复合材料的渗滤区是指导电填料掺量范围，在相应复

合材料的传导性随着掺量变化而显著变化，且相应导电特性会从原来的绝缘体、介电体转变为导体，相应的临界掺量为渗滤阈值，且掺量超过渗滤阈值后，复合材料电阻率不再对导电填料掺量敏感。因此，在本节采用的制备工艺，考察的 MCNT 掺量条件下，相应的 1.526vol. % 就是 MCNT/CC 的渗滤阈值。

显然，复合材料的电阻率随导电填料掺量多少而变化极大，其导电性能发生了很大改变。事实上，影响复合材料传导性的主要因素为接触电阻及导电通路的数量，然而，这两个因素在某种意义上来说是相互矛盾的。当 MCNT 掺量低于渗滤阈值时，低掺量的 MC-NT 易获得较好的分散性，有利于分布网络的形成，而却不利于 MCNT 纤维相互物理接触；更多 MCNT 纤维掺量可能有利于物理接触机会的增加，却会形成一些局部缠绕团聚体，不利于分布网络的形成。相应平衡结果是：相比于 DAC0 试件，导电填料 MCNT 的增加并没有使得 NM1~NM3 各组 MCNT/CC 的 ρ 有明显的降低。当 V_f 超过渗滤阈值后，MCNT 团聚体在基体中越来越多，有利于 MCNT 导电聚体的相互接触，且在整个水泥基体中会形成整体簇状分布网络，进而 NM5、NM6 组 MCNT/CC 试件的 ρ 开始显著降低，不到 $10k\Omega \cdot cm$，显示出良好的传导性。当 V_f 在渗滤阈值（1.526vol. %）附近时，MCNT 导电团聚体之间距离比较接近而又不至物理接触，MCNT 纤维表面的电子可通过隧道效应在其间形成跃迁电流。

Ezquerra 等人认为：当复合材料的导电机理符合隧道效应理论时，相应的复合材料电阻率是导电填料间隙宽度的指数函数，见式(3-10)。而同时当导电填料在基体材料中的分布是离散、无规则状，导电填料平均间距与导电填料体积掺量（V_f）的 $-1/3$ 呈线性比例，相应复合材料的电阻率应与导电填料 V_f 的 $-1/3$ 次方呈线性关系，见式(3-11)。

这是因为由 Simmons 的普适性隧道效应方程（式(5-5)）可推导出：

$$\rho = \frac{2}{3}(2m\varphi)^{-1/2}(e/h)^{-2}\exp[(4\pi/h)(2m\varphi)^{1/2}S] \tag{3-10}$$

对式(3-10)两边取对数，有：

$$\ln(\rho) = (4\pi/h)(2m\varphi)^{1/2}S - \ln\{[3(2m\varphi)^{1/2}/2](e/h)^2\} \tag{3-11}$$

式中 ρ——复合材料的电阻率；

   m——电子质量；

   e——电子电荷量；

   h——普朗科常数；

   φ——间隙势垒；

   S——间隙宽度；

   U——电压。

由图 3-13 可以看出，当 MCNT 掺量在渗滤阈值（1.526vol. %~7.193vol. %）附近时，MCNT/CC 的 ρ 将随 $V_f^{-1/3}$ 而急剧变化，但并不呈线性关系。这表明：虽然在渗滤阈值附近，宏观隧道效应对 MCNT/CC 传导行为起着主要作用，但 MCNT/CC 复合材料的导电机理并不是单一的机理可以完全解释的，其导电行为往往是渗滤理论、有效介质理论、宏观隧道效应理论和场致发射理论等导电机理综合作用产生的。同时，MCNT 纤维在水泥基体中并不完全是均匀、无规则的分布，拥有高长径比、较强库仑吸引力的 MC-NT 纤维间不可避免地出现了一定程度的局部团聚，进而影响其宏观隧道效应的发挥。

由于导电纤维复合水泥基材料可以较好地用电阻与电容并联的电路等效模式来表征，相应 MCNT/CC 试件在不同 MCNT 纤维掺量及分散连接状况下表现出的二维导电机理可用图 3-14 的三种典型模式来表示。

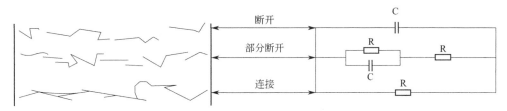

图 3-14　MCNT/CC 材料二维导电模式示意图

3.3.6　MCNT 水泥基智能块材对结构监测性能

1. MCNT 水泥基智能块材对单调加载结构监测性能

MCNT/CC 试件制作所用的原材料、成型所用仪器、试件尺寸、电极埋置方式、养护与封装隔湿方法均同 3.4 节。相应 5 组 MCNT/CC 及具有相同 W/C 参比试件的编号、各材料的掺量及配合比亦见 3.4 节的表 3-2。

测试过程中所用的仪器除 3.4 节所列的外，还有 WE-300B 型、量程 120kN 的材料试验机，长春试验机厂生产；LMS SCADAS Ⅲ 型动态信号数据自动采集系统，比利时 LMS 公司生产，相应数据采集主机及连接的电脑如图 3-15 所示；WYJ-3A30V 型数显双路输出 DC 稳压电源，浙江乐清市苹果仪器有限公司生产；BLR-1 型电阻应变拉压式传感器，上海科迪仪表有限公司生产；测电压（V12 标准接口）的鱼尾线；采用 Wheastone 桥路时连接所需五芯以上的屏蔽线；导线及标准电阻若干，市售。测试方案示意图如图 3-16 所示。

图 3-15　LMS 数据采集主机及电脑

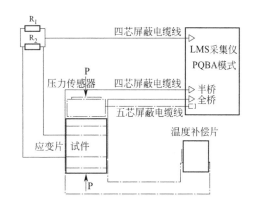

图 3-16　测试方案示意图

相应采用 LMS 仪器 PQBA（Progammable Quad Bridge Amplifier）模块中 Wheastone 桥路中的全桥模式测应变式压力传感器的应变，相应连接示意图如图 3-17 所示。MCNT/CC 试件的纵向应变分别通过沿垂直纵向粘贴在试件两侧表面的应变片来获取，测试片与温度补偿片以 Wheastone 半桥模式连接到 LMS 的 PQBA 接口上，如图 3-16 所示，进而实现在加载过程中同步采集 MCNT/CC 试件的应变值。

图 3-17 压力、应变、电压同步采集连接图

MCNT/CC 试件所受的压应力通过压力传感器读数与试件的受压面积相比获得；加载方向与 MCNT/CC 试件的电阻测试方向平行。电阻采集均采用四电极法，在 DC 稳压电路中引入一个标准电阻作参比电阻，与 MCNT/CC 试件串联，稳压电源提供 DC 电压，串联的标准电阻及 MCNT/CC 试件的端电压通过相应鱼尾线接到 LMS 仪器相应的 V12 通道（图 3-17）来实现在加载过程中同步采集试件电阻值。采用 3V 的电压，在 MCNT/CC 试件加载前，预通电 10min 消除可能的极化影响。再通过式（3-12）推导来获得其 MCNT/CC 试件电阻（R_v）的实时变化规律：

$$\Delta R_{nc} = \left(\frac{U_{nc}(t)}{U_{sr}(t)} - \frac{U_{nc}(t_0)}{U_{sr}(t_0)} \right) R_{sr} \tag{3-12}$$

式中 ΔR_{nc}——MCNT/CC 试件电阻变化量（kΩ）；

  $U_{nc}(t)$——MCNT/CC 试件两端的电压值（mV）；

  $U_{sr}(t)$——参比电阻两端的电压值（mV）；

  $U_{nc}(t_0)$——MCNT/CC 试件两端电压初始值（mV）；

  $U_{sr}(t_0)$——参比电阻两端的电压初始值（mV）；

  R_{sr}——参比电阻的阻值（kΩ），这里为 1.0kΩ。

通过式（3-13）计算获得相应各组 MCNT/CC 试件电阻率的相对变化率（$\Delta\rho$）：

$$\Delta\rho = 100 \times \frac{R_v - R_v^0}{R_v^0} \cdot \frac{S}{L} \tag{3-13}$$

式中 R_v、R_v^0——MCNT/CC 试件电阻的实时测量和初始值（kΩ）；

  S——内对电极的截面积（cm²），这里取 2cm×3cm；

  L——内对电极间距（cm），这里取 2cm。

对试验后的 Plain/C 及 NM1～NM6 组 MCNT/CC 试件的断裂面处进行取样，丙酮浸泡，测试前试样表面进行离子溅射喷金处理，用 S-4700 型 SEM 观察各组 MCNT/CC 试样的微观形貌。

单调荷载作用下 6 组 MCNT/CCs 及 Plain/C 组试件应力应变（σ-ε）关系曲线如图 3-18(a) 所示；对应的 $\Delta\rho$ 随 σ 变化关系图（$\Delta\rho$-σ）如图 3-18(b) 所示。

从图 3-18(a) 可以看出，各组 MCNT/CC 试件的应力-应变曲线的初始斜率（即弹性模量）以及对应的峰值应力均高于 Plain/C 试件，相应的峰值纵向应变均维持在 2550～

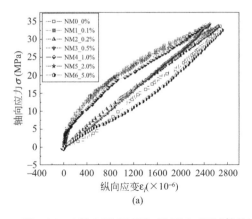 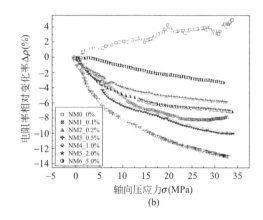

图 3-18　6 组 MCNT/CCs 及 Plain/C 试件的应力应变（σ-ε）关系图就及其压阻曲线（$\Delta\rho$-σ）图

(a) 6 组 MCNT/CCs 及 Plain/C 试件的应力应变（σ-ε）关系图；(b) 压阻曲线（$\Delta\rho$-σ）图

$2650\mu\varepsilon$ 之间，而当所受的应力为 10MPa 时，各组 MCNT/CC 试件相对应的应变却呈现较大的差异：NM1、NM3 与 NM4 组试件的应变基本为 $500\mu\varepsilon$ 左右，NM2 与 NM5 组试件的应变相近，在 $800\mu\varepsilon$ 左右，而 NM0 组试件的应变在 $1000\mu\varepsilon$ 左右，这是由于少量高性能的 MCNT 较好地分散于基体中时，对相应的复合材料的力学性能具有一定的增强作用。而掺量为 5.0％的 NM6 组试件虽然初始刚度稍高于 NM0 组，但后续有一定的弱化降低，相应应力为 10MPa 对应的应变近 $1200\mu\varepsilon$，这是因为 MCNT 掺量较高时，在水性体系水泥基体中分散效果差，反而不利于力学性能的提高。这些现象从各组试样的 SEM 显微结构图也可得到验证。

从图 3-18(b) 可以看出，NM0 组空白试件的电阻率除了压应力刚加上时稍微有点降低外，其后一直呈上升趋势，且变化杂乱不连续，显然 Plain/C 试件的 ρ 变化率并不能反映其自身的应力状态。而掺有少量 MCNT 的 MCNT/CC 试件的 ρ 随着压应力增加均呈现一定降低，均表现出较好的压阻特性；随着后期大量裂缝迅速开展，而使得相应试件 ρ 下降的趋势较前面阶段变缓。

然而，各组 MCNT/CC 试件的 $\Delta\rho$ 最大降低幅度可从只有 -3％左右，到近 -13％不等。事实上，各组 MCNT/CC 试件的 $\Delta\rho$-σ 曲线斜率的大小与它们的导电机理有着密切的关系。由于 MCNT 纤维在水泥基体内的分布并不是完全均匀的，所以其纤维之间距离和接触形态等不尽相同，导致 MCNT/CC 的导电机理往往是由几种机理同时作用的，随 MCNT 掺量不同占控制地位的机理也不同。NM1 组试件的 $\Delta\rho$ 在前期加载阶段，随着压力的增加而逐渐降低，但在加载后期，相应 $\Delta\rho$ 的趋势反而有一定的反向上升，这可能是由于进入塑性阶段，虽然试件内部压缩变形，MCNT 相互之间的间距减小，有利于 MCNT 通过其良好的场发射效应进行隧穿导电，但同时大量裂缝开展使分散得较开、少量的 MCNT 相互搭接的机会大为减少，从而最终表现出一定的上升趋势。相应 MCNT 掺量升至 0.2％的 NM2 组试件虽然 $\Delta\rho$ 降低幅度减小了些，但到后期两种因素平衡的结果使得其 $\Delta\rho$ 没有上升趋势。

MCNT 掺量在 0.5％的 NM3 组试件的 $\Delta\rho$ 随 σ 增加而持续增加，最大的 $\Delta\rho$ 达到 -12.98％，呈现出最佳的压阻性能。这是因为 MCNT 掺量接近渗滤阈值时，复合材料电阻率会因掺量的微小变化而急剧改变，导电行为由隧道效应控制，由隧道效应方程可知较小应力就能够引起电阻率的较大改变，因此其斜率比较高。于是，在外加压力作用下，由 MCNT 掺量变化引起的 MCNT 纤维间距最终将导致复合材料电阻率的显著变化。当 MCNT 掺量达到渗流阈值 1.0% 时，相应 NM4 组试件的 $\Delta\rho$ 反而有一定的降低，最大只有 -10%，这是因为有些 MCNT 纤维开始相互搭接，由纤维插入/拔出效应而形成的渗滤导电行为开始起主要作用。随着 MCNT 掺量的继续增加至 2.0%，虽然其 $\Delta\rho$ 仍是随着 σ 增加而降低，但相应 $\Delta\rho$ 的降低幅度明显比 NM3 组试件的小很多，相应后期也平缓许多，NM5 组试件的 $\Delta\rho$ 最大变化幅度降至 -5.82%。此时，MCNT 纤维在基体内部已相互搭接，形成较为完善的导电网络，虽然 MCNT 导电聚团间也存在部分较大的 MCNT 间隙，即隧道效应，但主要是接触电阻随压力增加而减小，隧道效应电流已经对应力的敏感度降低，因此相应试件的 $\Delta\rho$-σ 曲线斜率降低。当 MCNT 掺量增至 5.0% 时，NM6 组试件的 $\Delta\rho$ 随 σ 变化幅度进一步降低，当然变化均匀度也得到提高。此时已成为优良导体的 MCNT/CC 试件的电导由 MCNT 纤维间的接触电阻控制。外加压力会引起 MCNT 纤维间接触形态如距离、接触面积的变化，进而造成相应 ρ 的下降。

2. MCNT 水泥基智能块材对循环加载结构监测性能

土木工程结构在服役期间往往经受不同频率的行人、风雨、车辆碾压等小而重复的活荷载作用，因此要尝试发展 MCNT/CC 复合材料为相应内嵌式监测传感元件，需要对 MCNT/CC 试件在弹性受力范围内的重复荷载作用下的应力、应变感知特性进行研究。依据单调荷载作用下不同 MCNT 掺量的 MCNT/CC 试件的全程压阻特性曲线。

（1）试件制备与测试方法

所用碳纳米管均为 MCNT，相应的物理性能指标及形貌见 2.2 节；所用 SAA 为 SDBS 与 Tx10A 的组合，相应的性能指标均见 2.5 节；水泥、硅灰 SF、试验用水 DSW 及超塑化剂 MPEG-500 相应的性能指标均见 2.5 节，同样无粗、细骨料。另外还有 AT-MCNT，相应制备方法及性能指标见 2.5 节。碳纤维（CF）、聚丙烯腈 PAN 基相应的性能指标见表 3-3。纳米级炭黑(CB)为喷雾炭黑，辽宁抚顺金桥炭黑厂生产，相应的性能指标见表 3-4。

碳纤维（CF）的主要性能指标   表 3-3

直径 $D(\mu m)$	长度 $L(mm)$	拉伸强度 $\sigma(GPa)$	理论延伸率(%)	电阻率 $\rho_c(\Omega \cdot cm)$	理论密度 $\rho(g/cm^3)$
7	6.0	400	2.1	2.5×10^{-3}	1.79

喷雾型碳黑（CB）的主要性能指标   表 3-4

形态	直径 $D(nm)$	碘吸附量(g/kg)	DBP 吸收值$(cm^3/100g)$	BET 比表面积(m^2/g)
球颗粒	123	15	120	32

共制备 5 组 MCNT/CC，相应 MCNT 掺量分别为 0.1%、0.2%、0.5%、1.0% 及 2.0%；并同时制备 MCNT 与 CF、CB 组合复合到水泥基体材料（分别为 CFMNT/CC、CBMNT/CC）、AT-MCNT 复合水泥基材料（ATMNT/CC）及相同 W/C 的参比试件（Plain/C）；具体试件编号及材料的配合比见表 3-5。制备工艺同 2.5 节，只是最后将混匀浆料装入尺寸为 50mm×30mm×40mm 的预嵌有两对平行电极的试模中成型，此处的电

极为经过扎孔、打毛的紫铜箔，一组三个。之后振实抹平，24h 后拆模，将所有试件浸没在水中养护（为尽可能减少自来水对电极的锈蚀影响，在这里水均用 DSW，水温保持室温）至 28d 龄期。在 45℃烘 48h 后，对所有试件进行绝缘漆浸渍/封装处理（这里所用的为 F 级亚胺环氧绝缘漆，并在浸渍前将露出的电极进行包封）。

8 组 MCNT/CC 与 Plain/C 试件梁编号及材料配合比（水泥质量为 1）* 　　表 3-5

编号	$w(\%)$			编号	$w(\%)$			
	MCNT	SDBS	Tx10A		MCNT/AT-MCNT	CF/CB	SDBS	Tx10A
RNd1	0.1	0.30	0.10	RNd1Fd5	0.1	0.5	0.75	0.25
RNd2	0.2	0.45	0.15	RNd1Cd5	0.1	0.5	0.75	0.25
RNd5	0.5	0.75	0.25	RANd5	0.5	0	0.75	0.25
RN1	1.0	0.9	0.3	RPC0	0	0	0	0
RN2	2.0	0.9	0.45					

*$W/C=0.45$；w（MPEG-500）$=0.8\%$；w（SF）$=10\%$。

试验仪器同 3.6.1 节，只是试验机换为 WDW-100E 型微机控制电子式万能试验机〔济南试金集团生产，如图 3-19（a）所示〕。该试验机可采用编程的三角波循环控制加载，相应微机控制采集软件界面如图 3-19（b）所示。

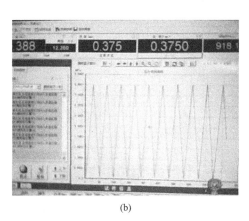

(a)　　　　　　　　　　　　　　　　　　　(b)

图 3-19　WDW-100E 型微机控制电子式万能试验机操作图

(a) 微机控制电子式万能试验机；(b) 微机控制采集软件界面

具体测试方案为：沿电阻测试方向（径向）进行单轴力控制加压，最小荷载均取为 0.3kN（近似为 0 荷载，保证不虚压的同时，也避免实际加、卸荷时压头对试件产生可能的冲击）；荷载循环次数（n）均为 10 次。考察两种加载速率（sd）：sd 为 0.25kN/s，相应的最大载荷 F_{max} 取为 12kN；sd 为 0.1kN/s，考虑到对于相同荷载，加载速率不同时变形发展程度不同，加载速率慢，测得的应变值相对偏大，相应的最大载荷 F_{max} 取为 10kN。实际加在 MCNT/CC 试件上的荷载大小通过应变式压力传感器连接到 LMS 仪器的 PQBA 接口同步采集（Wheastone 全桥模式），相应压力、应变、电压同步采集时具体连接方法均同图 3-16 所示。

（2）两种加载速率下、重复荷载作用下 MCNT/CC 试件的压敏性能

无论是较低加载速率还是较高加载速率，重复荷载作用下未掺加导电纤维的 RPC0 组

空白试件的电阻率（ρ）不仅变化幅度小，且杂乱无规律，均没有随着 σ 或 ε_l 变化而呈可能的压阻机敏效应。图 3-20 是在 sd 为 0.1kN/s、F_{max} 为 10kN、n 为 10 的循环荷载条件下 RNd5 组 MCNT/CC 试件的轴向应力（σ）、电阻率相对变化率（$\Delta\rho$）随加载时间（T）的变化图，以及纵向应变（ε_l）、$\Delta\rho$ 的时程变化图。图 3-21 是在 sd 为 0.25kN/s、F_{max} 为 12kN、n 为 10 的循环荷载条件下，RNd5 组试件 σ、$\Delta\rho$ 的时程变化图，以及 ε_l、$\Delta\rho$ 的时程变化图。

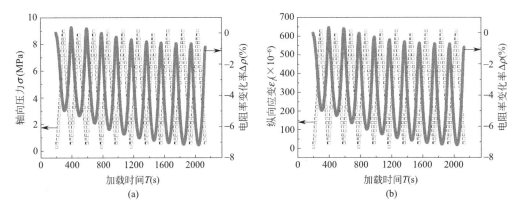

图 3-20　循环荷载下 RNd5 组试件的 σ、$\Delta\rho$ 及 ε_l、$\Delta\rho$ 随 T 变化图（sd=0.1kN/s、F_{max}=10kN）

(a) σ、$\Delta\rho$ 随 T 变化图；(b) ε_l、$\Delta\rho$ 随 T 变化图

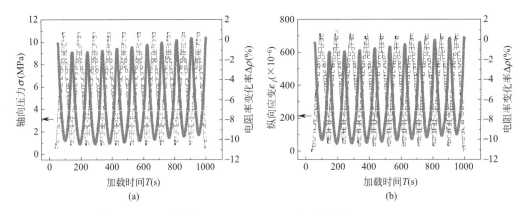

图 3-21　循环荷载下 RNd5 组试件的 σ、$\Delta\rho$ 及 ε_l、$\Delta\rho$ 随 T 变化图（sd=0.25kN/s、F_{max}=12kN）

(a) σ、$\Delta\rho$ 随 T 变化图；(b) ε_l、$\Delta\rho$ 随 T 变化图

从图 3-20（sd=0.1kN/s）可以看出，MCNT 掺量为 0.5% 的 MCNT/CC 试件的最大纵向应变（$\varepsilon_{l\,max}$）降至 $600\mu\varepsilon$ 之内，并与 σ 基本呈比例关系，显然高性能 MCNT 的掺入对相应复合材料的刚度有一定提升作用。RNd5 组试件的 ρ 初始值随着 n 的增加有稍微下降的趋势，$\Delta\rho$ 之于 σ、ε_l 的灵敏度系数也呈增大趋势。每个循环周期内，RNd5 组试件的 $\Delta\rho$ 随着 σ、ε_l 上升、下降呈较显著而均匀的变化，最大降幅近 7.5%。

由图 3-21 可以看出，在较高的加载速率（sd=0.25kN/s）下，RNd5 组试件 ε_l 的时程曲线相对更均匀、平稳些，并随 σ 近乎线性变化。RNd5 组试件的 $\Delta\rho$ 随着 σ、ε_l 上升、下降同样呈较显著而均匀的变化，最大降幅近 -10.5%。虽然 ρ 初始值稍稍不同，但每个

n 内 $\Delta\rho$ 的改变幅度也基本保持不变。因此，虽然较低加载速率时，RNd5 组试件 ρ 初始值随 n 增加而逐渐下降，而较高速率时，ρ 初始值渐次上升，两种加载速率下，MCNT/CC 试件的 σ-ε_l 关系，$\Delta\rho$ 随 σ、ε_l 变化趋势有一定的差异，但两种情况下，试件的 $\Delta\rho$ 随 σ、ε_l 的变化均有较均匀而显著的变化，且灵敏度系数也较大，无论是加载段，还是卸载段，均表现出良好的压敏效应。

相对而言，较高加载速率下，复合材料的 ε_l、$\Delta\rho$ 随加、卸载呈现更为均匀稳定的变化，$\Delta\rho$ 之于 σ 或 ε_l 灵敏度系数相对更高些，因此，以下就仅讨论 sd 为 0.25kN/s、F_{max} 为 12kN、n 为 10 的循环荷载条件下，各组试件在重复荷载作用下的应力、应变感知特性。

（3）重复荷载作用下 MCNT/CC 试件的应力、应变感知特性

图 3-22～图 3-29 分别是在 $sd=0.25$kN/s、$F_{max}=12$kN、$n=10$ 条件下，MCNT 掺量分别为 0.1%、0.2%、1.0%、2.0% 的四组 MCNT/CCs，以及 ATMNT/CC、CFMNT/CC、CBMNT/CC 试件的 σ、$\Delta\rho$ 随 T 的变化图，以及 ε_l、$\Delta\rho$ 随 T 的变化图。

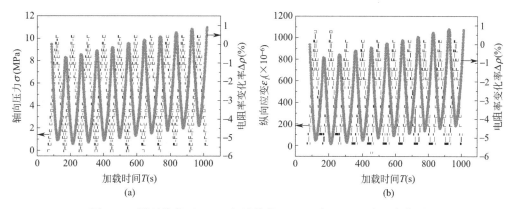

图 3-22　循环荷载下 RNd1 组试件的 σ、$\Delta\rho$ 及 ε_l、$\Delta\rho$ 随 T 变化图

(a) σ、$\Delta\rho$ 随 T 变化图；(b) ε_l、$\Delta\rho$ 随 T 变化图

MCNT 掺量为 0.1% 的 MCNT/CC 试件（图 3-22）的 ε_l 时程曲线不时有跳跃、间断点，不能较好地随 σ 呈比例变化，有的 ε_l 甚至超过 $1000\mu\varepsilon$。RNd1 组试件的电阻率（ρ）随着 σ、ε_l 虽然在每个循环周期内具有较均匀的变化规律（相应的变化幅度基本均为 5%），但随着 n 的增加，初始 ρ 增大，$\Delta\rho$ 改变幅度呈逐渐减小的趋势。也即相应的力—电压敏曲线随 n 的增加出现"上移"的现象，由于 $\Delta\rho$ 之于 ε_l 的灵敏度是相比于循环荷载开始的零初始值的，所以实际的灵敏度是先升高而后逐渐减小的，灵敏度由首个循环周期的 47.6 升至第二个循环的 55.2，然后逐渐下降至第十个循环的 45.3。

由图 3-23 可以看出，RNd2 组 MCNT/CC 试件的 ε_l 时程曲线变化均匀，与 σ 具有较好比例关系，相应的 $\varepsilon_{l max}$ 也降至 $900\mu\varepsilon$ 以下，虽然不是完全的弹性线性关系，但仍可看出复合材料的重复力学性能较好。在每个循环周期内 σ、ε_l 的卸载段，RNd2 组试件的 ρ 存在一些跳跃、间断点，但不影响整体较显著的变化趋势。试件的 ρ 在第一个循环周期内就有较明显的变化，最大降幅达到近 -7.5%，但到第二个循环时，不仅 ρ 初始值降低，相应 $\Delta\rho$ 改变幅度也减小至 -7%；随着 n 的增加，初始 ρ 又开始缓慢增大，相应 $\Delta\rho$ 改变幅度也呈现逐渐减小的趋势，相应 $\Delta\rho$ 之于 ε_l 的灵敏度基本是逐渐减小的。

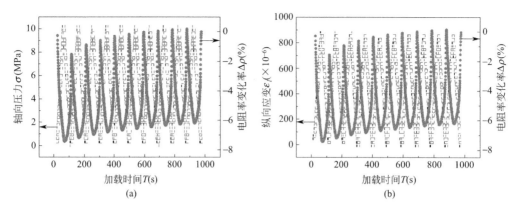

图 3-23　循环荷载下 RNd2 组试件的 σ、$\Delta\rho$ 及 ε_l、$\Delta\rho$ 随 T 变化图

（a）σ、$\Delta\rho$ 随 T 变化图；（b）ε_l、$\Delta\rho$ 随 T 变化图

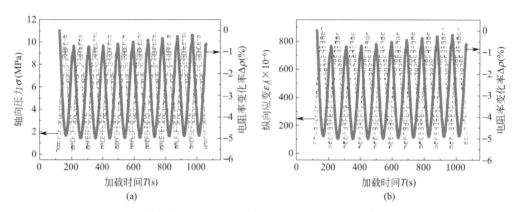

图 3-24　循环荷载下 RN1 组试件的 σ、$\Delta\rho$ 及 ε_l、$\Delta\rho$ 随 T 变化图

（a）σ、$\Delta\rho$ 随 T 变化图；（b）ε_l、$\Delta\rho$ 随 T 变化图

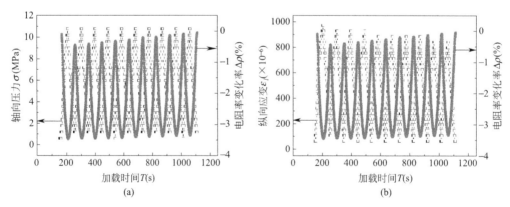

图 3-25　循环荷载下 RN2 组试件的 σ、$\Delta\rho$ 及 ε_l、$\Delta\rho$ 随 T 变化图

（a）σ、$\Delta\rho$ 随 T 变化图；（b）ε_l、$\Delta\rho$ 随 T 变化图

MCNT 掺量为 1.0% 的 MCNT/CC 试件（图 3-24）的 $\varepsilon_{l\max}$ 又回到 $850\mu\varepsilon$ 以上，ε_l 不能较好地随 σ 呈比例变化。虽然 RN1 组试件的 ρ 在每个 n 的初始值几乎都有些不同，

相应 $\Delta\rho$ 改变幅度反而比 RNd5 组试件的小很多，不到 5%，但 ρ 时程曲线呈较均匀的变化，相应 $\Delta\rho$ 之于 ε_l 的灵敏度也基本维持在 51.72。由图 3-25 可以看出，RN2 组 MCNT/CC 试件的 ε_l 时程曲线不时有跳跃、间断点，不能较好地随 σ 呈比例变化，有的 $\varepsilon_{l\max}$ 接近 $1000\mu\varepsilon$，有的却只有 $850\mu\varepsilon$。RN2 组试件的 ρ 随着 σ、ε_l 虽然在每个循环周期内具有较均匀的变化规律，但变化幅度很小，最大值不到 -3.5%。这些现象表明，在重复荷载作用下，较高 MCNT 掺量的 RN1 及 RN2 组 MCNT/CC 试件的应力、应变感知能力反而较低 MCNT 掺量的试件的差，与单调荷载作用下 MCNT/CC 试件压阻特性曲线具有相似的现象。一方面，虽然改进了分散工艺，但较高 MCNT 掺量在水泥基体中仍不可能完全分散开来，另一方面，较高掺量时，反而主要是 MCNT 的接触电阻随着压力增加而减小，相应应力、应变感知性能反而不佳。

掺有 0.5% AT-MCNT 的 RANd5 组试件（图 3-26）的 σ、ε_l 时程曲线较好，虽 $\varepsilon_{l\max}$ 近 $1000\mu\varepsilon$，两者仍呈比例关系。每个循环周期内，RANd5 组试件的 ρ 随着 σ、ε_l 上升、下降也呈现均匀的变化规律，只是 $\Delta\rho$ 改变幅度较小，维持在 -4.0% 左右，这可能是 MCNT 表面经过酸氧化处理，一方面亲水性得到改善，与水泥基粘结性能加强，使得复合材料呈现出较好的重复力学性能；另一方面却削弱了 MCNT 电学性能，不利于 AT-MCNT/CC 复合材料的应力、应变感知能力。

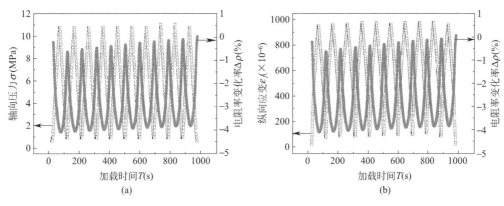

图 3-26　循环荷载下 RAN5 组试件的 σ、$\Delta\rho$ 及 ε_l、$\Delta\rho$ 随 T 变化图
（a）σ、$\Delta\rho$ 随 T 变化图；（b）ε_l、$\Delta\rho$ 随 T 变化图

将上述各组试件对应的 σ、$\Delta\rho$ 随 T 的变化图，以及 ε_l、$\Delta\rho$ 随 T 的变化图与 RNd5 组 MCNT/CC 试件的（图 3-21）相比发现，RNd5 组复合材料不仅呈现出良好的重复力学性能：ε_l 时程曲线变化均匀，与 σ 具有良好的比例关系，相应的 $\varepsilon_{l\max}$ 也降至近 $700\mu\varepsilon$；而且具有良好的应力、应变感知特性：ρ 随着 σ、ε_l 上升、下降均呈显著而均匀的变化规律，$\Delta\rho$ 之于 ε_l 的灵敏度系数也很高，最小的也达到 136.12；且 $\Delta\rho$ 改变幅度大致相同，基本维持在 -10.5%，与文献 [35] 中 $\Delta\rho$ 随 σ 变化幅度基本相近。

3.4　微/纳米导电混杂填料水泥基智能块材制备及结构监测研究

采用 3.2 节类似工艺制备酸氧化处理的 AT-MCNT、混掺有碳纤维 CF、纳米炭黑 CB

的复合材料，之后研究其压阻传感性能，并与相应 MCNT/CC 试件的结果进行对比、分析，以考察混杂导电纤维或微粒对 MCNT/CC 复合材料压阻性能的影响。发现：掺有 0.5% AT-MCNT 的 RANd5 组试件的 $\Delta\rho$ 改变幅度只有 -4.0% 左右，这与酸氧化处理能改善 MCNT 的亲水性，却削弱其电学性能有关。混杂掺有 0.5% 的 CF 及 0.1% MCNT 的 RNd1Fd5 组试件的 σ-ε_l 变化趋势较差，其 $\Delta\rho$ 改变幅度只有 -4.5%，这是由于同为高长细比、高模量的憎水性纤维，同时掺加到基体中，反而增加了相互进一步缠绕团聚的可能性。相比于同 MCNT 掺量的 RNd1 组试件，混杂加掺 0.5% CB 的 CBMNT/CC 试件具有更好的力学性能（ε_l 随 σ 变化趋势较好），更显著的压阻特性（$\Delta\rho$ 随着加、卸载呈均匀而明显的变化，灵敏度系数也较高，基本维持在 78.75 以上）。这可能是由于 CB 与 MCNT 为同质同源的纳米材料，球颗粒状 CB 与纤维管状 MCNT 在基体中互补性强，呈现出较好的复合效应。

掺有 0.5% AT-MCNT 的 RANd5 组试件（图 3-27）的 σ、ε_l 时程曲线较好，虽 $\varepsilon_{l\max}$ 近 $1000\mu\varepsilon$，两者仍呈比例关系。每个循环周期内，RANd5 组试件的 ρ 随着 σ、ε_l 上升、下降也呈现均匀的变化规律，只是 $\Delta\rho$ 改变幅度较小，维持在 -4.0% 左右，这可能是 MCNT 表面经过酸氧化处理，一方面亲水性得到改善，与水泥基粘结性能加强，使得复合材料呈现出较好的重复力学性能；另一方面却削弱了 MCNT 电学性能，不利于 AT-MCNT/CC 复合材料的应力、应变感知能力。

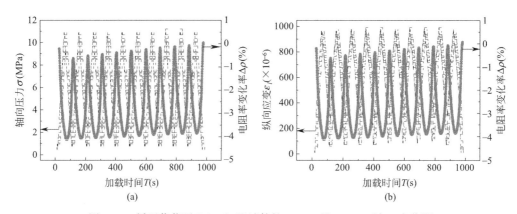

图 3-27　循环荷载下 RANd5 组试件的 σ、$\Delta\rho$ 及 ε_l、$\Delta\rho$ 随 T 变化图
(a) σ、$\Delta\rho$ 随 T 变化图；(b) ε_l、$\Delta\rho$ 随 T 变化图

混杂掺有 0.5% 的 CF 及 0.1% 的 MCNT 的 RNd1Fd5 组试件（图 3-28）的 ε_l 随 σ 变化趋势较差，离散、跳跃点较多，有的 ε_l 甚至近 $1100\mu\varepsilon$，不能较好地随 σ 呈比例变化，力学性能不稳定。CFMNT/CC 试件的 $\Delta\rho$ 随着 σ、ε_l 变化时程曲线与 RNd1 组 MCNT/CC 试件相似，相应 $\Delta\rho$ 改变幅度约为 -4.5%，随着 n 的增加，初始 ρ 增大，$\Delta\rho$ 之于 ε_l 的灵敏度呈逐渐减小的趋势。显然微米级的 CF 掺入并没有进一步改善 MCNT/CC 纳米复合材料的力学、压阻性能，这是由于同为高长细比、高模量的憎水性纤维，同时掺加到水性水泥基体中，反而增加了相互进一步缠绕团聚的可能性。

由图 3-29 可以看出，混杂掺有 0.5% 的 CB 及 0.1% 的 MCNT 的 RNd1Cd5 组试件 ε_l 随 σ 变化趋势较好，$\varepsilon_{l\max}$ 也降至 $900\mu\varepsilon$ 以内。虽然每个 n 内的 ρ 初始值有一定的上升或

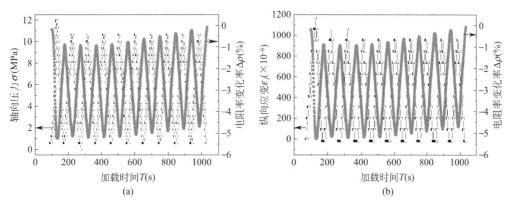

图 3-28　循环荷载下 RNd1Fd5 组试件的 σ、$\Delta\rho$ 及 ε_l、$\Delta\rho$ 随 T 变化图

(a) σ、$\Delta\rho$ 随 T 变化图；(b) ε_l、$\Delta\rho$ 随 T 变化图

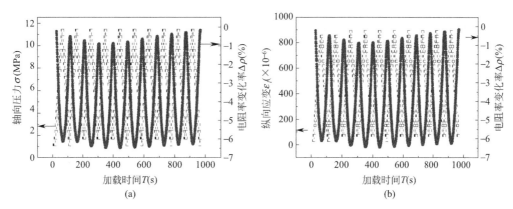

图 3-29　循环荷载下 RNd1Cd5 组试件的 σ、$\Delta\rho$ 及 ε_l、$\Delta\rho$ 随 T 变化图

(a) σ、$\Delta\rho$ 随 T 变化图；(b) ε_l、$\Delta\rho$ 随 T 变化图

下降，几乎都不同，然而 CBMNT/CC 复合材料的 $\Delta\rho$ 时程曲线具有均匀而明显的变化，改变幅度大致相同，$\Delta\rho$ 之于 ε_l 的灵敏度系数也较高，基本维持在 78.75 以上。显然，相比于同 MCNT 掺量的 RNd1 组试件，CBMNT/CC 试件具有更好的力学性能，更显著的压阻特性。这可能是由于 CB 与 MCNT 为同质同源的纳米材料，且 CB 为球颗粒状、MCNT 为纤维管状，两者在水泥基体中互补性强，进而呈现出较好的复合效应。

　　然而，将上述各组试件对应的 σ、$\Delta\rho$ 随 T 的变化图，以及 ε_l、$\Delta\rho$ 随 T 的变化图与 RNd5 组 MCNT/CC 试件的（图 3-21）相比发现，RNd5 组复合材料不仅呈现出良好的重复力学性能：ε_l 时程曲线变化均匀，与 σ 具有良好的比例关系，相应的 $\varepsilon_{l\max}$ 也降至近 $700\mu\varepsilon$；而且具有良好的应力、应变感知特性：ρ 随着 σ、ε_l 上升、下降均呈显著而均匀的变化规律，$\Delta\rho$ 之于 ε_l 的灵敏度系数也很高，最小的也达到 136.12；且 $\Delta\rho$ 改变幅度大致相同，基本维持在 -10.5%，与文献［35］中 $\Delta\rho$ 随 σ 变化幅度基本相近。

本章参考文献

［1］　S. Iijima. Helicial microtubes of graphitic carbon[J]. Nature. 1991,354(7):56-58.

[2] W. A. Heer, A. Chatelain, D. A. Ugrate. Carbon nanotube field-emission electron source[J]. Science. 1995,270:1179-1180.

[3] J. Cumings, A. Zettle. Low friction nanoscale linear bearing realized from multiwall carbon nanotubes [J]. Science. 2000,289:602-604.

[4] D. Puglia, L. Valentini, I. Armentano, J. M. Kennv. Effects of single-walled carbon nanotube incorporation on the cure reaction of epoxy resin and its detection by Raman spectroscopy[J]. Diamond Related Mater. 2003,12:827-832.

[5] Y. Ren, F. Li, H. M. Cheng, K. Liao. Fatigue behaviour of unidirectional single-walled carbon nanotube reinforced epoxy composite under tensile load[J]. Adv Compos Lett. 2003,12 (1):19-24.

[6] J. Ajayan, M. Pubckel, L. S. Schadler, et al. Single-walled carbon nanotube-polymer composites: strength and weakness[J]. Adv Mater. 2000,12(10):750-753.

[7] X. Y. Gong, J. Liu, S. Baskaran, et al. Surfactant-assisted processing of carbon nanotube/polymer composites[J]. Chem Mater. 2000,12:1049-1052.

[8] D. Penumadu, A. Dutta, G. M. Pharr, et al. Mechanical properties of blended single-wall carbon nanotube composites[J]. J Mater Res. 2003,18(8):1849-1853.

[9] L. S. Schadler, S. C. Giannaris, P. M. Ajayan. Load transfer in carbonnanotube epoxy composites[J]. Appl Phys Lett. 1998,73(26):38-42.

[10] J. Jang, J. Bae, S. H. Yoon. A study on the effect of surface treatment of carbon nanotubes for liquid crystalline epoxide-carbon nanotube composite[J]. J Mater Chem. 2003,13:676-681.

[11] X. T. Zhang, J. Zhang, Z. F. Liu. Conducting polymer/carbon nanotube composite films made by in situ electropolymerization using an ionic surfactant as the supporting electrolyte[J]. Carbon. 2005,43: 2186-2191.

[12] E. Flahaut, A. Peigney, C. Laurent, et al. Carbon nanotube-metal-oxide nanocomposites: microstructure, electrical conductivity and mechanical properties[J]. Acta Mater. 2000,48:3803-3812.

[13] J. W. Ning, J. J. Zhang, Y. B. Pan, J. K. Guo. Surfactants assisted processing of carbon nanotube-reinforced SiO_2 matrix composites[J]. Ceram Int. 2004,30:63-67.

[14] T. Seeger, T. Kohler, T. Frauenheim, et al. Nanotube composites novel SiO_2 coated nanotubes[J]. Chem Commun. 2002,1:34-35.

[15] 范锦鹏,赵大庆. 多壁碳纳米管-氧化铝复合材料的制备及增韧机理研究[J]. 纳米技术与精密工程, 2000,2(3):182-186.

[16] G. L. Hwang, K. C. Hwang. Carbon nanotube reinforced ceramics[J]. J Mater Chem. 2001,11: 1722-1725.

[17] J. Makar, J. Beaudoin. Carbon nanotubes and their application in the construction industry. Proceedings 1st International Symposium on Nanotechnology in Construction[J]. Royal Society of Chemistry,2004:331-341.

[18] G. Y. Li, P. M. Wang, X. H. Zhao. Mechanical behavior and microstructure of cement composites incorporating surface-treated multi-walled carbon nanotubes[J]. Carbon. 2005,(43):1239-1245.

[19] S. Y. Ibarra, J. J. Gaitero, E. Erkizia, et al. Atomic force microscopy and nanoindentation of cement pastes with nanotube dispersions[J]. Physica Status Solidi A. 2006,(203):1076-1081.

[20] S. Wansom, N. J. Kidner NJ, L. Y. Woo, et al. AC-impedance response of multi-walled carbon nanotube/cement composites[J]. Cem Concr Compos. 2006,26:509-519.

[21] G. Y. Li, P. M. Wang, X. H. Zhao. Pressure-sensitive properties and microstructure of carbon nanotube reinforced cement composites[J]. Cem Concr Compos. 2007,29:377-382.

[22]　王永龄. 功能陶瓷性能与应用[M]. 北京:科学出版社,2003.

[23]　阎鑫,胡小玲,等. 雷达波吸收剂材料的研究进展[J]. 材料导报,2001,(1):62-64.

[24]　D. D. L. Chung. Cement reinforced with short carbon fibers:a multifunctionalmaterial[J]. Composites:Part B. 2000,31:511-526.

[25]　韩宝国,关新春,欧进萍. 钢纤维水泥基材料吸波性能实验与隐身效能分析[J]. 功能材料,2006,10 (37):1683-1688.

[26]　Y. S. Xu,D. D. L. Chung. Cement-based materials improved by surface treated admixtures[J]. J ACI Mater. 2000,97(3):333-342.

[27]　韩宝国. 碳纤维水泥基复合材料压敏性能的研究[D]. 哈尔滨工业大学硕士学位论文,2001:12-19.

[28]　韩宝国. 压敏碳纤维水泥石性能、传感器制品与结构[D]. 哈尔滨工业大学博士学位论文,2005: 8-10.

[29]　B. G. Han,J. P. Ou. Embedded piezoresistive cement-based stress/strain sensor[J]. Sens Actuators A. 2007,138:294-298.

[30]　韩宝国,关新春,欧进萍. 碳纤维水泥石压敏传感器电极的实验研究[J]. 功能材料,2004,35(2): 262-264.

[31]　吴冰,姚武,吴科如. 用交流阻抗法研究碳纤维混凝土导电性[J]. 材料科学与工艺,2001,19(1): 76-79.

[32]　毛起焰,杨元霞,沈大荣,李卓球. 碳纤维增强水泥压敏性影响因素的研究[J]. 硅酸盐学报,1997,25 (6):734-737.

[33]　M. Q. Sun,Q. P. Liu,Z. Q. Li,Y. Z. Hu. A study of piezoelectric properties of carbon fiber reinforced concrete and plain cement paste during dynamic loading[J]. Cem Concr Res. 2000,30:1593-1595.

[34]　Z. Mei,D. D. L. Chung. Effects of temperature and stress on the interface between concrete and its carbon fiber epoxy-matrix composite retrofit,studied by electrical resistance measurement[J]. Cem Concr Res. 2000,30:799-802.

[35]　韩宝国,关新春,欧进萍. 碳纤维水泥基材料导电性与压敏性的试验研究[J]. 材料科学与工艺, 2006,14(1):1-4.

[36]　韩宝国,关新春,欧进萍. 纳米氧化钛与碳纤维水泥石的电阻率及压敏性[J]. 硅酸盐学报,2004,32 (7):884-887.

[37]　张巍,谢慧才,曹震. 碳纤维水泥净浆外贴碳布电极的试验研究[J]. 混凝土与水泥制品,2002,4: 32-34.

[38]　X. L. Fu,D. D. L. Chung. Contact electrical resistivity between cement and carbon fiber:its decrease with increasing bond strength and its increase during fiber pull-out[J]. Cem Concr Res,1995,25(7): 1391-1396.

[39]　S. H. Wen,D. D. L. Chung. Electric polarization in carbon fiber-reinforced cement[J]. Cem Concr Res. 2001,31:141-147.

[40]　S. H. Wen,D. D. L. Chung. Enhancing the Seebeck effect in carbon fiber reinforced cement by using intercalated carbon fibers[J]. Cem Concr Res. 2000,(30):1295-1298.

[41]　S. H. Wen,D. D. L. Chung. Uniaxial tension in carbon fiber reinforced cement,sensed by electrical resistivity measurement in longitudinal and transverse directions[J]. Cem Concr Res. 2000,30: 1289-1294.

[42]　赵廷超,黄尚廉,陈伟民. 机敏土建结构中光纤传感技术的研究综述[J]. 重庆大学学报,1997,20(5): 104-109.

[43]　欧进萍,匡亚川. 内置胶囊混凝土的裂缝自愈合行为分析和试验[J]. 固体力学学报,2004,25(2):

320-324.

[44] 匡亚川,欧进萍.内置纤维胶液管钢筋混凝土梁裂缝自愈合行为试验和分析[J].土木工程学报,2005,38(4):53-59.

[45] 匡亚川.具有裂缝自修复功能的智能混凝土及其结构构件研究[J].哈尔滨工业大学博士学位论文,2006.

[46] 欧进萍,关新春,李惠.应力自感知水泥基复合材料及其传感器的研究进展[J].复合材料学报,2006,23(4):1-8.

[47] 刘忆,刘卫华,等.纳米材料的特殊性能及其应用[J].沈阳工业大学学报,2000,(1):21-24.

[48] M. F. Fu, J. G. Xiong, G. Q. Song. Study and application of nano-materials in concerte. Cem Concr Res. 2005,13(1):48-51.

[49] 叶青.纳米 SiO_2 与硅粉的火山灰活性的比较[J].混凝土,2000,(13):19-22.

[50] G. Y. Li. Properties of high-volume fly ash concrete incorporating nano-SiO_2[J]. Cem Concr Res. 2004,34(6):1043-1049.

[51] H. Li, H. G. Xiao, J. Yuan, J. P. Ou. Microstructure of cement mortar with nano-particles[J]. Composites Part B. 2004,35:185-189.

[52] H. Li, H. G. Xiao, J. P. Ou. A study on mechanical and pressure-sensitive properties of cement mortar with nanophase materials[J]. Cem Concr Res,2004,34:435-438.

[53] 肖会刚.水泥基纳米复合材料压阻特性及其自监测智能结构系统[D].哈尔滨工业大学博士学位论文,2006.

[54] H. Li, H. G. Xiao, J. P. Ou. Effect of compressive strain on electrical resistivity of carbon black-filled cement-based composites[J]. Cem Concr Compos,2006,28:824-828.

[55] H. G. Xiao, H. Li. A study on the application of CB-filled cement-based composites as a strain sensor for concrete structures. Proceedings of SPIE-Smart Structures and Materials-Sensors and Smart Structures Technologies and Civil, Mechanical, and Aerospace Systems. V6174 Ⅱ San Diego, USA,2006.

[56] H. Li, H. G. Xiao, J. P. Ou. Electrical property of cement-based composites filled with carbon black under long-term wet and loading condition[J]. Compos Sci Technol,2008,68:2114-2119.

[57] 罗健林,段忠东,赵铁军.纳米碳管水泥基复合材料的电阻性能[J].哈尔滨工业大学学报(自然科学版),2010.42(8):1237-1241.

[58] J. Liu, M. Shao, X. Chen, et al. Large-scale synthesis of carbon nanotubes by an ethanol thermal reduction process[J]. J Am Chem Soc. 2003,125(27):8088-8089.

[59] 孙胜伟.多层石墨烯复合水泥基材料的多功能与智能特性[D].哈尔滨工业大学博士学位论文,2017.

[60] 丁思齐.场致隧道效应压敏材料及其智能交通探测系统[D].大连理工大学博士学位论文,2016.

[61] 张立卿.水泥基材料纳米改性机制与复合静电自组装纳米填料改性[D].大连理工大学博士学位论文,2018.

第4章　压阻型纳米智能薄膜及结构监测技术

4.1　引言

薄膜类传感器是利用现代薄膜制备技术，在基体上沉积薄膜应变电阻，其具有精度高、蠕变性好、抗干扰力强等性能，薄膜压力传感器厚度低至几百纳米到几十微米，可直接在被测零件表面制膜而不影响设备内部环境；与结构贴合紧密，可切实反映结构细致变形；制作简单。目前已被广泛应用于航空航天、机械制造、土木采矿等相关领域的应变测量。

与几种常用的应变薄膜传感器相比，压阻式应变传感器具有精确度高、线性度好等特点，能够很好地满足结构健康检测的需要。压阻式应变传感器利用的是材料本身的压阻效应，是指材料在力（位移）的作用下电阻发生变化的现象，是一种机械能和电能之间的转换。在压阻式应变传感器使用的材料中，金属应变片因其使用成本低、灵敏度高等特点很受大家的青睐。但是随着使用时间的推移人们发现，由于金属的阻值小，同样的电压下，驱动电流很大，会造成能源的大量损失；在不同的使用环境中，由于应变片自身材质的缺点会造成自身发热现象，而导致应变片本身温度很高，零点漂移现象明显；由于金属应变片应变系数较低，当结构应变较小时分辨率低，很难准确检测应变的实际变化情况。

与普通薄膜相比，纳米薄膜具有许多普通薄膜所不具有的性能，如巨电导、巨磁电阻效应、巨霍尔效应、可见光发射等的独特性能。这是因为纳米填料具有许多独特的性质，如量子尺寸效应、小尺寸效应、表面效应、界面效应、宏观量子隧道效应、高化学催化活性和光电化学性能等，这些优越性能使其作为传感材料时比其他材料具有更好的质量和更长的使用寿命。比如 LMCNT 纳米填料具有高弹性、低质量密度、大长径比（通常＞1000）的特点。

纤维增强聚合物（FRP）复合材料具有较高的负荷水平，但同时重量又轻，可作为新型工程材料。然而，FRP 在使用过程中需要从根本上考虑其疲劳寿命和力学性能的退化，因此迫切需要开发一种实用有效的传感器，用于监测 FRP 表面应力/应变及结构损伤发展。

4.2　丝网印刷法制备 MCNT 纳米智能薄膜

组合表面活性剂修饰超声分散、高强度剪切混合和真空除泡处理技术，将不同掺量的导电 MCNT 分散在环氧树脂基体中形成 MCNT 纳米智能浆料。同时，丝网印刷技术具有成本低、操作简单等优点，适用于大面积制备薄膜。这里，进一步通过丝网印技术将这种 MCNT 纳米智能浆料涂刷在 GFRP 板材表面，制成一种用于 GFRP 板材应变监测的压阻式薄膜传感器。

4.2.1 原材料与试验仪器

1. 原材料

MCNT 的主要物理性能指标见表 4-1，购自中国科学院成都有机化工有限公司。非离子表面活性剂 Triton x100（Tx100，进口分装，购自上海化学试剂有限公司）。环氧树脂，E-51 型，购自山东天茂化工有限公司；环氧反应稀释剂（AGE），购自辽宁大连联盛贸易有限公司。固化剂为 Tyfos-Part B，购自 FYFE 有限责任公司（美国）。偶联剂，KH-560γ 型，购自哈尔滨化工研究所；消泡剂，Byk-141 型，购自 Byk Chemie 公司。

MCNT 的主要物理性能指标 表 4-1

直径 D(nm)	长度 L(μm)	MCNT 质量含量(%)	BET 比表面积(m^2/g)	导电性(S/m)
10～20	30	≥95	100～300	1.60

2. 试验所用仪器

丝网印刷设备是一个简单的手动装置（图 4-1），丝网印刷具有成本低、操作简单等优点，适用于大面积制备薄膜。

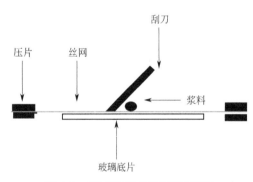

图 4-1 丝网印刷试验装置示意图

影响丝网印刷工艺流程的因素是多方面的，其中对刮刀、丝网的选择和绷网技术对印刷质量的影响尤为重要。

刮刀的主要作用是将浆料挤压透过丝网使其印刷到承印材料上，刮刀的性能指标主要有硬度、耐磨性和耐化学性三个方面。刮刀硬度小，有利于刮刀与丝网的接触，但这样其抗弯曲性差，容易使刮刀与丝网的夹角发生变化，影响到印刷质量的稳定性；硬度大，刮刀的抗弯曲性好，但与丝网的接触性变差，不利于印刷，而且印刷时对丝网的摩擦力也大，对丝网的磨损较大，有时还会影响印刷精度。耐磨性主要用来衡量刮刀的使用寿命，要求刮刀耐磨性要好并具有一定的机械强度。另外，刮刀最好还要具有一定的润滑性，这样刮印时可尽量减少摩擦，增强其耐磨性以延长刮刀的使用寿命。耐化学性主要是影响打磨过的刮刀刃部。刮刀的耐化学性越高，不易于浆料中的化学物质反应，从而延长其使用寿命。另外，在印刷过程中要注意刮刀的角度与速度。刮刀角度是指刮刀与丝网之间在印刷方向上测得的角度，一般来说，平面印刷时刮刀的角度在 20°～70° 之间。刮刀速度是指印刷时推动刮刀前进的速度，主要取决于浆料的浓度及所希望的透过丝网的浆料量。

常用的丝网材料有不锈钢和尼龙两种。不锈钢丝网的特点是丝径细、目数多、耐磨性好，强度高，尺寸稳定，拉伸性小，印刷精度稳定。尼龙丝网是由化学合成纤维制作而成，具有很高的强度、耐磨性、耐化学药品性、耐水性、弹性都比较好，丝径均匀，表面光滑，其不足是尼龙丝网的拉伸性较大。这种丝网在绷网后的一段时间内，张力有所降低，使丝网印版松弛，精度下降，所以在丝网印刷中一般选择不锈钢丝。

绷网力对制作网版及丝网印刷有较大的影响：如果绷网力不足或不均匀，会造成套印精度不高，丝网印版使用寿命短。绷网力的大小取决于丝网的种类、承印材料等。

4.2.2　MCNT 纳米智能薄膜的制备

FRP 薄片前后涂覆嵌有铜箔电极的 MCNT/树脂纳米智能薄膜如图 4-2 所示。利用丝网印刷技术制备 MCNT 薄膜大致流程：

（1）首先将 AGE（20.0wt%，相对于环氧树脂的添加量）和表面活性剂 Tx100（1.0wt%）混合到 300g 环氧树脂中；然后将 MCNT 加入到树脂溶液中并缓慢搅拌。用高速剪切仪（KH-5 型，启东东盛）将混合物以 5000rpm 的高速剪切 30min，然后将复合浆料再在超声波处理仪（KQ-500DB

图 4-2　FRP 薄片前后涂覆嵌有铜箔电极的 MCNT/树脂纳米智能薄膜

型，昆山舒美）超声处理（100W，40kHz）12h。最后，用真空干燥箱（DZF-6020 型，上海一恒）在 60℃和－0.08MPa 下真空处理 12h，去除因高速搅拌可能引入的黏性气泡。

（2）在 MCNT/环氧树脂复合浆料中加入固化剂（Tyfos-B）、偶联剂（KH-560γ，0.8wt%）和消泡剂（BYK-141，0.2wt%），搅拌 5min，真空干燥 10min。

（3）用铜箔表面粗糙化后制成规格电极，两对电极以 100mm 和 140mm 的间隔对称地预先粘在 GFRP 片表面上。

（4）采用丝网印刷技术将浆料刷入 GFRP 片上的矩形空间。

（5）纳米复合材料室温固化 12h，110℃固化 2h，自然冷却至室温。

4.3　基于丝网印刷压阻型 MCNT 纳米智能薄膜电学性能及结构监测性能

4.3.1　渗流阈值

MCNT 纳米薄膜的体积电阻率（ρ）随着 w/M 的增大而持续减小（图 4-3）。

纯环氧树脂是一种绝缘聚合物，其 ρ 通常远远高于 $10^6 \mathrm{k\Omega \cdot cm}$。随着 MCNT 掺量增加而其 ρ 稳步下降，从图 4-4 可以看出，ρ-w/M 关系大致分为三个范围：MCNT 含量为 0.5wt%～2.0wt% 时 ρ 缓慢下降、MCNT 含量增加到 2.0wt%～3.0wt% 时，ρ 急剧下降和 MCNT 含量继续增加到 3.0wt%～5.0wt% 时 ρ 再次缓慢下降。由此可以得出，这类纳米复合材料的渗透阈值约为 w/M 处于 2.0wt% 时。

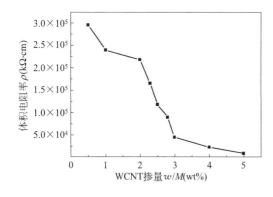 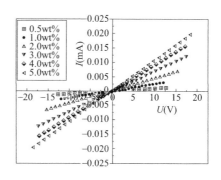

图 4-3　纳米复合涂层的 ρ 和 w/M 关系图　　　图 4-4　六组 MCNT 纳米薄膜 DC I-U 曲线图

4.3.2　DC 电流-电压特性

　　MCNT 纳米智能薄膜的 I-U 关系大致呈线性，但当电压在 ±1.5V 之间时有一点非线性。与 0.5wt% 和 1.0wt% 时相比，2.0wt% 时涂层的 I-U 特征曲线开始急剧上升；3.0wt% 时涂层的 I-U 特征曲线上升非常明显，这也可以反映在 w/M 在 2.0wt% ~ 3.0wt% 之间纳米复合材料的渗滤效应；当 w/M 达到 4.0wt% 时，其 I-U 特性呈现出更明显的线性特性，说明在环氧基体与导电的 MCNT 纤维发生了一些物理接触，这种物理接触有利于进一步提高 MCNT 纳米智能薄膜 I-U 曲线的斜率和相应电导率。

4.3.3　丝网印刷 MCNT 纳米智能薄膜压阻传感特性

　　图 4-5 显示了 MCNT 纳米智能薄膜电阻率的变化率（$\Delta\rho$）随涂层拉伸应变（ε）的变化，即 FRP 板底层在弯曲状态下的变化。纳米薄膜涂层在 2.0wt% w/M 下的 $\Delta\rho$ 对相应 ε 呈现出最平稳、最显著的响应。纳米薄膜 ρ 随 ε 增大而增大，在 ε 为 0.0043 应变下相对于初始值有 11.4% 的最大增幅，最大应变灵敏度达 30 左右，约是普通应变片的 15 倍。其他组 $\Delta\rho$ 要么存在波动，要么对 ε 变化的敏感性较低。

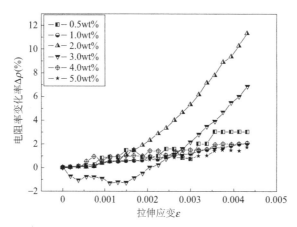

图 4-5　MCNT 纳米智能薄膜电阻率的变化率（$\Delta\rho$）和拉伸应变（ε）的关系曲线图

MCNT 具有优越的宏观量子隧穿能力，这使得 MCNT 能够克服环氧树脂膜层的绝缘势垒，形成一些导电通路。在低 w/M 条件下（如 0.5wt%、1.0wt%），一方面，由于低掺量 MCNT 易分散充分，MCNT 在环氧基体中分布良好，使得 MCNT 纤维的物理接触机会较少，另一方面，分布良好但相距较远的 MCNT 之间的潜在绝缘势垒很难通过隧道效应贯通。这两种因素导致了 MCNT 纳米薄膜对 GFRP 弯曲应变的敏感性低且不稳定。

在高 w/M 条件下（如 4.0wt%，5.0wt%），MCNT 的物理接触机会大大增加，但 MCNT 在高黏度树脂基体可能会出现团聚，不利于导电通路的形成。经常能够发现 MCNT 局部团聚体，相互之间的物理接触形成导电通路；然而可形成隧穿效应的相互靠近、单根 MCNT 却很少发现。这导致随着弯曲 ε 的增加，纳米薄膜 ρ 值较低，虽然平稳增长，但变化小。因此 MCNT 的含量不宜太高。

当 w/M 处于 2.0wt%～3.0wt% 之间时，上述两种因素的平衡有助于形成必要数量的导电通路，并形成封闭但孤立的 MCNT 隧穿网络结构。随着薄板弯曲变形的增加，涂层的扩展与基体的强度有关，涂层与基体之间的滑移也相应增加。MCNT 之间的物理接触机会越来越少，势垒越来越宽，因此有效的导电途径越来越少，场电流密度变得越来越小，导致随着弯曲应变的增加 ρ 也增加。值得注意的是，在初始渗透阈值（3.0wt%）处，纳米薄膜的 ρ 在弯曲初始阶段有一定的下降趋势，然后稳定上升。

显然，涂层 w/M 在渗流阈值附近时的 $\Delta\rho$ 固有参数可以反映和诊断 FRP 板的弯曲应变，灵敏度远远高于常见的电阻应变计。上述纳米智能薄膜的应变敏感特性意味着除了能够增强自身机械性能（强度、模量、结构阻尼等）之外，还具有对黏附的 FRP 板拥有实时监控和自诊断功能的能力。

4.4　基于层层自组装技术制备压阻型 MCNT 纳米智能薄膜研究

层层自组装（LBL）方法因其成本低、操作简单等优点受到大家的青睐，并且在纳米级上可控制成的组装薄膜具有良好的成膜均匀度与多功能特性。这里运用 LBL 技术，在分子静电力作用下将 MCNT 均匀分散于聚电解质中，且可以通过控制纳米级别上分子的自组装得到导电型纳米组装薄膜。

4.4.1　原材料与试验仪器

（1）羧基化的 MCNT（配置浓度为 0.5mg/mL。超声波处理 1h，以提高分散性），原材料：MCNT：纯度＞90%，平均长度 2～15μm，直径 10～20nm，密度 2.1g/cm^3；98wt% 浓硫酸：密度 1.84g/mL，重量比 H_2SO_4：H_2O=98：2，化学分子量：98.08g/mol，合摩尔浓度 18.385M；70wt% 浓硝酸：密度为 1.42g/mL，重量比 HNO_3：H_2O=70：30，化学分子量：63.01g/mol，和摩尔浓度 16M；蒸馏水、0.22μm 混合纤维膜等。

（2）聚合电解质 PDDA（购于 Aldrich，20% 水溶液，200000～350000g/mol），PDDA 配置浓度为 15mg/mL，加入 NaCl 并使 NaCl 的浓度为 0.5mol/L，NaCl 可以提高溶液的电导率，有利于自组装吸附。基于带正电的 PDDA 分子具有很强的亲水性，可以把它当作 MCNT 的交替溶液，有利于 MCNT 的大量均匀组装，并有利于加强 PDDA 和 MCNT 之间的结合力。

（3）基底为聚对苯二甲酸乙二醇酯（PET）片，尺寸规格为 160mm×20mm×1mm。

层层自组装法制备 MCNT 薄膜所需试验仪器见表 4-2。

试验仪器及设备   表 4-2

设备名称	生产厂家及型号
电子天平	江苏常熟双杰测试仪器厂 TY20002 型
真空泵	上海酷瑞泵阀制造有限公司 YC7144
真空干燥箱	上海一恒科学仪器有限公司 DZF
超声波清洗机	昆山超声仪器有限公司 KQ2200DB
BRUKER 红外光谱仪	杜美分析仪器(上海)有限公司 TENSOR27
扫描电子显微镜(SEM)	美国 Thermonoran 公司 S-3500N
动态/静态接触角仪	美国科诺工业有限公司 SL150
集热式恒温加热磁力搅拌器	郑州科泰实验设备有限公司 DF-101S 型

4.4.2 层层自组装 MCNT 薄膜的制备过程

PET 表面光洁度高，具有憎水性，化学稳定性强，在常温下对 PDDA 的吸附能力很低，对薄膜的前期制备很不利，因此在自组装之前需要对极性较弱和表面能较低的 PET 片进行臭氧处理。按照臭氧处理的方法（先用真空泵把真空干燥器抽成真空，最后充入浓度为 1.5ppm 的臭氧，处理 24h），PET 片进行臭氧处理带上负电荷。

把带有负电荷的 PET 片放入带有正电荷的 PDDA 溶液中，通过静电吸附实现自组装。MCNT 带负电修饰过程如图 4-6 所示。将 0.5gMCNT，50mL 70％的浓硝酸，150mL 98％的浓硫酸依次放入三口瓶中，在 80℃水浴下加热 4h；冷却，加蒸馏水稀释，用真空泵驱动 0.22μm 的混合纤维膜真空抽滤。重复稀释两到三次，直到滤液的 pH 接近中性。将得到的滤饼在真空干燥箱中 50℃下干燥 4h。最后将干燥后得到的块料在研钵中研磨，将带负电的 MCNT 配置成浓度为 0.5mg/mL 的溶液，用超声波对溶液分散。

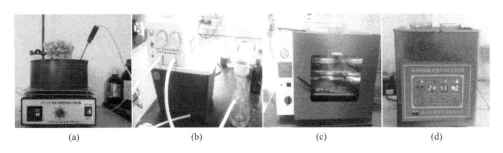

图 4-6 MCNT 带负电修饰过程

(a) 混酸热处理；(b) 真空过滤；(c) 真空干燥；(d) 超声分散

在处理好的带负电 PET 基片上，交替沉积 PDDA 和带负电 MCNT，交替组装成均匀良好的 MCNT 薄膜。具体如下：

（1）将 PET 浸泡在 PDDA 溶液中 10min，带有正电的 PDDA 由于受到 PET 表面负电荷的吸附作用沉积在 PET 上形成初始层；

（2）用去离子水清洗 3min，洗去非静电吸附和吸附不稳定的 PDDA；

（3）把试样放在空气中干燥处理 15min；

（4）吸附上 PDDA 的 PET 此时带上了正电，带有负电的 MCNT 在静电作用下被吸附在基片上，处理 20min；

（5）去离子水中清洗 3min；

（6）空气中干燥 15min；

（7）依次完成以上六个步骤，即形成一个 MCNT 膜层，重返步骤 1 即可进行下一轮组装。具体过程如图 4-7 所示。

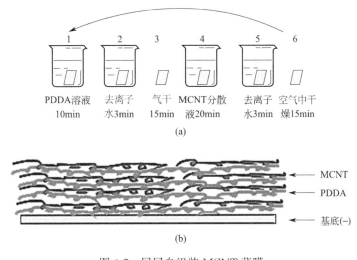

图 4-7　层层自组装 MCNT 薄膜

（a）试验步骤图；（b）MCNT 组装薄膜结构示意图

4.5　自组装压阻型纳米智能薄膜透光率及微观形貌

4.5.1　薄膜的组装层数对 MCNT 薄膜透光性能的影响

薄膜的层数对 MCNT 薄膜性能的影响可以通过薄膜透光率来表征，利用紫外可见分光光度计（755B 型 UV）（图 4-8）检测了 PET 衬底裸片和 PET 衬底上组装不同层数的 MCNT 薄膜的透光率。

随着层数的增加薄膜的透光率在逐渐降低。四种不同组装层的薄膜对 300～500nm 波段的光随着波长的增加透光率线性增加，500～900nm 波段增长趋势减缓，慢慢趋于稳定。

因为层层自组装方法制成的 MCNT 薄膜是分子级的组装，制成的薄膜厚度很小，造成薄膜的透光率很好，说明薄膜厚度均匀，进而说明 MCNT 溶液分散均匀，形成的薄膜

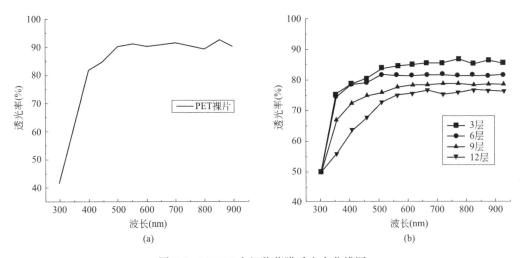

图 4-8　MCNT 自组装薄膜透光率曲线图

（a）PET 片的透光率；（b）3、6、9、12 层数组装膜的透光率

均匀性、致密性好，没有发生明显团聚缠绕现象。

4.5.2　薄膜的层数对 MCNT 薄膜微观性能的影响

　　利用扫描电镜（SEM）观察组装好的 MCNT 薄膜，图 4-9 为自组装 9 层 MCNT 薄膜 SEM 图，为表征 MCNT 薄膜在不同区域的分散情况，选取四张图像说明情况，其放大倍数分别为×70、×2k、×15k、×30k，其中图 4-9(b)、(c) 是薄膜断面图。SEM 图显示，PET 片上沉积的 MCNT 在薄膜中分布均匀，较少有堆积和团聚现象。在电解质中形成密实度高、结合力强、纯度高的随机 MCNT 结构，MCNT 和 PDDA 混合均匀，比例分布稳定，这些都说明了 MCNT 溶液分散均匀良好［图 4-9(a)］。从断面图中可以看出各组装层与层之间界线清晰，MCNT 和 PDDA 相互之间连接紧密，PDDA 均匀粘连着 MC-NT，这有利于不同层 MCNT 之间的连接，提高 MCNT 的导电性［图 4-9(b)、(c)］。从图 4-9(c)、(d) 可看到，MCNT 纵横交错、呈密实网状随机分布，因此 MCNT 的电阻应有自身的电阻和网状随机分布的接触电阻共同决定。

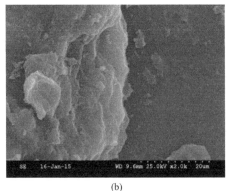

(a)　　　　　　　　　　　　　　　　　(b)

图 4-9　自组装 9 层 MCNT 薄膜 SEM 图（一）

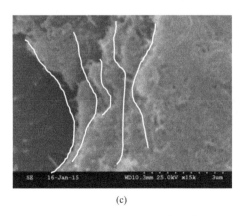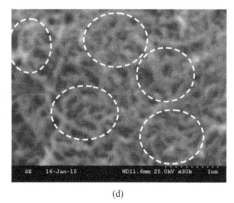

(c)　　　　　　　　　　　　　　　　　　　(d)

图 4-9　自组装 9 层 MCNT 薄膜 SEM 图（二）

（a）×70；（b）×2k；（c）×15k；（d）×30k（实线—组装层界面；虚线圆圈—MCNT 分布网）

4.6　不同加载状态下 MCNT 自组装薄膜的智能压阻感知性能

4.6.1　拉伸和压缩状态下 MCNT 组装膜电阻性能

用银浆做成电极，利用万能拉伸试验机给样品薄膜施加力，使薄膜跨中的位移从 0～5mm，位移加载速度设置为 2mm/min，然后测量薄膜在不同位移下的电阻。研究拉伸、压缩状态下和不同加载速率下电阻的变化情况。加载形式为 0mm→0.5mm→1mm→1.5mm→2mm→2.5mm→3mm→3.5mm→4mm→4.5mm→5mm，按照这种加载形式连续重复 5 个循环。

图 4-10 和图 4-11 是室温下压缩和拉伸情况下 MCNT 组装膜 $\Delta R/R$ 与 PET 跨中位移之间的关系。在 0～5mm 跨中位移范围内，电阻的相对变化与位移近似于线性关系。MCNT 薄膜相对于 PET 衬底的压缩应变导致电阻减小（$\Delta R<0$），拉伸应变导致电阻增大（$\Delta R>0$），且两者引起的改变量大小相近，即具有对称性。另外电阻随位移的变化具有可逆性和重复性，在 5 个加载循环过程中，随位移的增加和减少，$\Delta R/R$ 的增加曲线和减少曲线近似重合，且每个循环的变化曲线近似相同，也说明了 MCNT 组装薄膜可恢复性良好。9 层 MCNT 组装薄膜电阻的 $\Delta R/R$ 较大，达到 80%，12 层电阻相对变化量最小，在 50% 左右。

MCNT 组装薄膜受到压缩应力时，电阻值减小，而受到拉伸应力时，电阻增大。

4.6.2　加载速度对电阻相对变化率的影响

传感器在实际工作中可能会受到各种形式荷载的作用，加载速度对电阻变化的影响关乎传感器在实际工作中的性能。由上述压缩拉伸试验可知，9 层薄膜的电阻相对变化比较明显，所以选择 9 层薄膜样品为研究对象，使加载位移达到 2mm。

采用上述压缩拉伸试验相同的加载设备和方法、电阻测试设备和方法，加载速度为 1mm/min→2mm/min→5mm/min→10mm/min 依次循环，每个循环里每个加载速度工况测试两次，重复 5 个循环以研究加载速度对薄膜压阻效应的影响。

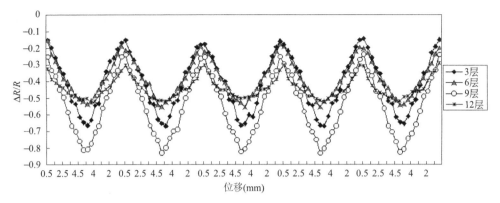

图 4-10　压缩情况下 MCNT 组装膜 $\Delta R/R$ 与 PET 跨中位移之间的关系图

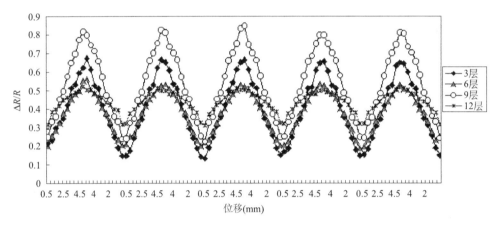

图 4-11　拉伸情况下 MCNT 组装膜 $\Delta R/R$ 与 PET 跨中位移之间的关系图

图 4-12(a)、（b）为压缩、拉伸情况下 MCNT 组装薄膜 $\Delta R/R$ 与加载速度的关系。从图中可以看出，在不同的加载速度下，$\Delta R/R$ 绝对值有一定的波动，压缩状态下开始阶段波动的范围比较大，可能是因为开始试验时，电压不稳或者是 PET 片在载物台有一定的滑动造成的，但是在后期加载过程中逐渐趋于稳定，都在 45％左右波动，且波动的范围不大。不管是压缩还是拉伸形式的受力状态，电阻的相对变化绝对值都在 45％左右波动，且波动的范围不大。

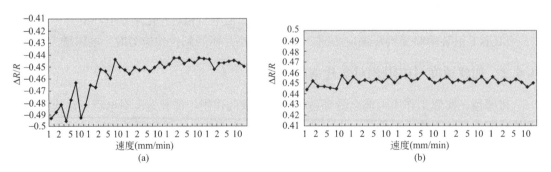

图 4-12　压缩、拉伸情况下 MCNT 组装薄膜 $\Delta R/R$ 与加载速度的关系图
（a）弯曲压缩侧；（b）弯曲拉伸侧

这说明虽然加载速度对 MCNT 组装薄膜 $\Delta R/R$ 有一定的影响，但是 $\Delta R/R$ 基本保持不变，在一个固定值范围内波动。这说明薄膜电阻只与位移大小有关，而与加载速度无关，即加载速度对薄膜 $\Delta R/R$ 没有影响。

4.6.3　温度对 MCNT 组装膜电阻性能的影响

选取 9 层 MCNT 组装膜为研究对象，把样品放在真空干燥箱中，根据要求调节干燥箱的温度从 20～80℃。真空环境对检测薄膜的电阻的稳定性更有利，可以有效避免外界环境产生的不利影响。测试得到的传感器电阻随温度变化的曲线如图 4-13(a) 所示，从图中可以看出电阻随温度的增加线性减小，这在实际应用中需要特殊设置来补偿这部分变化。

MCNT 自身的电阻随着温度的升高不发生变化，而管间接触电阻随着温度的升高大幅下降。所以未处理的 MCNT 总电阻基本不随温度发生变化，而混酸处理的 MCNT 总电阻随温度变化的趋势与管间接触电阻相一致。这是因为混酸处理后 MCNT 长度变短，增加了 MCNT 的数量，产生更多的接触电阻，使接触电阻在总电阻中占主导作用。

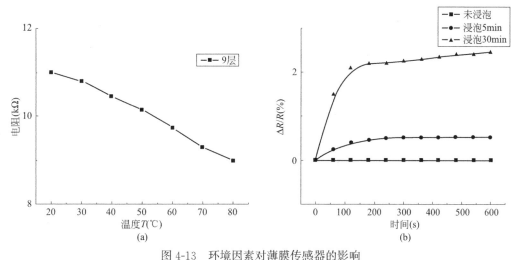

图 4-13　环境因素对薄膜传感器的影响

(a) 样品电阻与温度的关系；(b) 不同湿度样品电阻相对变化（$\Delta R/R$）与时间的关系

4.6.4　湿度对 MCNT 组装膜电阻性能的影响

为了创造不同的湿度环境，把 9 层 MCNT 组装膜放入水中分别浸泡 5min、30min，代表不同的湿度环境，浸泡 5min 为湿度小的，浸泡 30min 为湿度大的，分别测量浸泡后的薄膜在 10min 内的电阻变化情况，并绘制薄膜电阻的相对变化（$\Delta R/R$）与时间的关系。

从图 4-13(b) 可知，随着浸泡时间的增加，即湿度的增加，薄膜电阻率显著增大，可见湿度对薄膜导电性的影响很明显。

湿度对 MCNT 的影响是由于碳管对水分子的吸附造成的。酸化处理后，MCNT 长度变短，碳管之间变得松散，导致比表面积增大，水分子吸附中心增多，比未处理碳管对水分的吸附能力更强。而为了增加 MCNT 的溶解度通常会对 MCNT 进行化学修饰。因此在实际应用中需要对 MCNT 组装薄膜进行一些特殊处理以减小湿度的影响，有利于提高薄膜的稳定性。

4.6.5 压阻智能效应产生机制

压阻效应是指在力的作用下，材料发生应变，而其电阻也发生变化的现象。MCNT传感器是利用薄膜的压阻效应，所以在传感器应用到建筑结构之前要研究薄膜在不同荷载、不同加载速度作用下的压阻效应。

从宏观角度分析，假设在拉伸和压缩过程中 MCNT 薄膜的体积保持不变。当 MCNT处于拉伸状态时，薄膜横截面积减小，将使薄膜的总电阻变大；当处于压缩状态时，薄膜的横截面积增大，将使薄膜的总电阻变小。

从微观角度分析，MCNT 网状薄膜的电阻有两部分组成，即 MCNT 自身的电阻 R_{Int}和 MCNT 网状分布产生的 MCNT 管间接触电阻 $R_{tunneling}$。相应地，MCNT 薄膜的压阻效应主要是形变诱导禁带宽度（E_g）变化和管间接触电阻而引起的。当薄膜受到力的作用时，MCNT 内部网格结构发生变化，导致碳管直径和螺旋角度的变化，而这些变化直接导致禁带宽度（E_g）发生变化，从而使 MCNT 自身的电阻 R_{Int} 受到影响。当薄膜产生形变时，接触电阻 $R_{tunneling}$ 也会受到影响。隧穿几率影响接触电阻 $R_{tunneling}$，MCNT 之间的接触距离影响隧穿几率和。当薄膜发生形变时，MCNT 之间的接触距离会发生变化，隧穿几率也会跟着发生变化，如图 4-14 所示一些 MCNT 管开始出现物理搭接，使 MCNT之间的电阻传输受到影响，导致接触电阻 $R_{tunneling}$ 发生变化。R_{Int} 和 $R_{tunneling}$ 的变化直接导致总电阻发生变化。

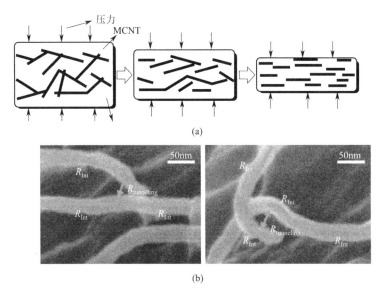

图 4-14 压阻机制产生过程

（a）压阻机制产生过程示意图；（b）MCNT 电阻微观示意图

4.7 MCNT 组装膜压阻传感器特性

MCNT 薄膜传感器是通过电阻与位移之间的对应关系来进行测量的。前面试验表明，薄膜在循环荷载下表现出良好的感知特性，并且加载速度对其影响很小。但要使传感器能在实际中应用，还需对其性能做标准化测试。本节从线性度、灵敏度、重复性、迟滞性等传感器基本特征角度对其进行分析，数据来源于前面所做的拉伸试验。

4.7.1　MCNT 组装膜传感器的灵敏度

利用灵敏度系数来表征灵敏度，采用最小二乘法对不同层数的电阻变化率-位移曲线进行拟合，并定义该拟合直线的斜率即电阻变化率（$\Delta R/R$）与位移（S）之比为传感器的灵敏度系数。由式（4-1）计算每个循环下不同组装层数薄膜的灵敏度系数（单位：/mm），见表 4-3。

$$K=\frac{\Delta R/R}{S} \tag{4-1}$$

不同层数 MCNT 薄膜电阻变化率-位移曲线灵敏度系数　　　　表 4-3

灵敏度 S 循环次数	层数			
	3	6	9	12
1	0.0754	0.0966	0.1274	0.0396
	0.0788	0.1176	0.1259	0.0366
2	0.0734	0.1191	0.1297	0.0385
	0.0767	0.1168	0.1249	0.0357
3	0.0731	0.1175	0.1317	0.0405
	0.0736	0.1164	0.1296	0.0377
4	0.0767	0.1116	0.1233	0.0350
	0.0766	0.1160	0.1254	0.0364
5	0.0756	0.1168	0.1256	0.0385
	0.0669	0.1129	0.1249	0.0389
平均值	0.0747	0.1141	0.12684	0.03774

由灵敏度的定义可知，该数值越大，代表灵敏度越高，灵敏性越好。由表 4-3 可知，12 层灵敏度系数最小为 0.03774/mm，9 层膜的灵敏度系数最大为 0.12684/mm，是 12 层的 3.36 倍，其灵敏度最高。

4.7.2　MCNT 组装膜应变传感器的线性度

线性度是指在标准条件下（环境温度为 $20\pm5℃$），电阻变化率-位移关系曲线与其拟合直线间最大偏差与电阻变化率的满量程输出值的百分比。测试传感器线性度是对传感器荷载响应的重要指标，在施加荷载极限节点对传感器响应能力的反应，通过计算机校准将传感器偏离曲线进行矫正。通过观察式（4-2）不难看出，线性度就是拟合曲线的符合度，记录点越符合曲线，线性度越好，这决定了在数据处理的难易程度。

$$e=\pm\frac{\Delta_{\max}}{(\Delta R/R)_{\mathrm{F.S}}}\times100\% \tag{4-2}$$

式中　$\Delta_{\max}$——电阻变化率-位移曲线与拟直线间最大偏差合；

$(\Delta R/R)_{F.S}$——传感器电阻变化率的满量程输出。

由前面的试验数据，根据式(4-2)可以计算出传感器的线性度，见表4-4。

不同层数 MCNT 薄膜电阻变化率-位移曲线线性度 表 4-4

线性度 e 循环次数	层数			
	3	6	9	12
1	3.09%	6.07%	2.58%	6.54%
	2.80%	3.33%	3.76%	3.51%
2	3.69%	3.23%	3.11%	6.31%
	4.15%	3.91%	3.99%	6.52%
3	3.74%	2.25%	2.50%	6.58%
	4.31%	3.77%	2.75%	5.89%
4	3.50%	4.46%	3.39%	6.97%
	4.26%	3.41%	3.72%	6.72%
5	3.82%	4.67%	3.11%	6.57%
	4.80%	4.40%	3.29%	6.51%
平均值	3.82%	3.95%	3.22%	6.21%

线性度越小线性越好，通过试验可知，薄膜传感器电阻变化率与位移之间呈线性关系。从表4-4可以看出，9层薄膜的线性度为3.22%最小，12层薄膜的线性度最大为6.21%，相差2.89%，也即9层薄膜的线性特性最好，3层膜次之。

4.7.3 MCNT 组装膜传感器的滞后性

滞后性是指电阻变化率-位移关系曲线正反行程间最大偏差与电阻变化率满量程输出的百分比，式(4-3)反映了电阻变化率-位移曲线正反行程间的不重合程度。

$$e_Z = \pm \frac{\Delta'_{max}}{(\Delta R/R)_{F.S}} \times 100\% \qquad (4-3)$$

式中 e_Z——传感器的滞后性；

Δ'_{max}——电阻相对变化输出值在正反行程间最大差值。

由式(4-3)计算出不同层数薄膜的滞后性，见表4-5。

不同层数 MCNT 薄膜电阻变化率-位移曲线滞后性 表 4-5

滞后性 e_z 循环次数	MCNT 薄膜层数			
	3	6	9	12
1	4.00%	11.02%	3.29%	3.41%
2	4.26%	2.45%	2.18%	4.31%
3	3.13%	2.90%	1.87%	2.67%
4	3.08%	3.26%	1.83%	2.18%
5	6.41%	5.27%	1.63%	2.02%
平均值	4.18%	4.98%	2.16%	2.92%

由滞后性的定义可知，该指标越小，传感器的性能越好。9 层膜滞后性指标最小，为 2.16%，所以四种不同膜层中，9 层薄膜的滞后性最小。

MCNT 薄膜传感器的传感性能如图 4-15 所示。

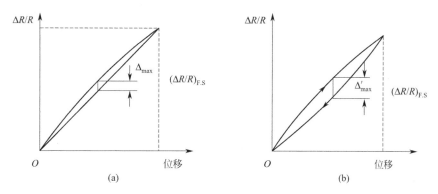

图 4-15　MCNT 薄膜传感器传感性能

（a）线性度；（b）滞后性

4.7.4　MCNT 组装膜传感器的重复性

传感器的重复性是指位移按同一方向作全量程多次变动时，电阻变化率-位移曲线的不一致程度，如图 4-16 所示。重复性误差可用正反行程中的最大偏差表示，即：

$$e_f = \pm \frac{1}{2} \frac{\Delta''_{max}}{(\Delta R/R)_{F.S}} \times 100\% \qquad (4-4)$$

由重复性误差的定义可知，该指标越小，传感器的性能越好。由表 4-6 可知，6 层膜的重复性指标最大，为 6.35%，9 层膜的最小为 3.06%，即 9 层膜重复性最好。

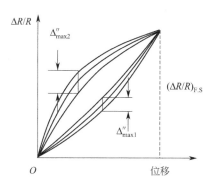

图 4-16　MCNT 薄膜传感器的重复性

不同层数 MCNT 薄膜电阻变化率-位移曲线重复性　　　　　　　　　表 4-6

重复性 e_f	MCNT 薄膜层数			
循环次数	3	6	9	12
重复性	5.97%	6.35%	3.06%	3.44%

4.8　本章小结

通过丝网印刷技术纳米复合材料可作为涂层涂敷在 FRP 片材的底面上。采用表面活性剂装饰、高强度剪切混合、浴声处理等工艺对环氧树脂进行改性。在渗滤阈值（2.0wt%）开始时，涂层具有线性 DC 电流-电压特性，具有的优越应变敏感性。有了这个功能，涂层可以作为一种新型的自感知元件来监测交通影响或 FRP 结构的长期耐久性，例如，FRP 桥面。

通过层层自组装方法在 PET 片基底上制备了 MCNT 薄膜，采用此种方法制得的 MCNT 薄膜均匀、致密，MCNT 和 PDDA 在膜中比例稳定，MCNT 和聚电解质在多层组装中实现了均匀、致密的分子级沉积。制得的薄膜厚度很小，因此薄膜的透光性很好。对薄膜压阻特性进行了测试，发现薄膜的电阻随着层数的增加下降很快，9 层以后下降趋势变得缓慢。另外试验发现温度和湿度对薄膜的电阻影响很大，在实际应用中要考虑温度、湿度对薄膜稳定性的影响，采取有效措施补偿这部分影响，提高其稳定性。

本章参考文献

[1]　步伟艳.丝网印刷法制备多壁碳纳米管薄膜及其形貌表征[D].天津大学,2009.

[2]　吴晓平.基于层层自组装法制备 CNT 薄膜及其压阻传感性能研究[D].青岛理工大学,2013.

[3]　Jianlin Luo,Hui Li,Guijun Xian. Electrically Conductive Nanocomposite Coating for Strain and Health Monitoring.[J] Springer,2011,35:221-224.

[4]　虞沛苇,李伟.薄膜压力传感器的研究进展[J].有色金属材料与工程,2020,41(2):47-54.

[5]　Shen Gong,Di Wu,Yixuan Li,Mengyin Jin,Tao Xiao,Yang Wang,Zhu Xiao,Zhenghong Zhu,Zhou Li. Temperature-independent piezoresistive sensors based on carbon nanotube/polymer nanocomposite [J]. Carbon,2018,137-145.

[6]　王国建,赵兰洁,苏楠楠.单壁碳纳米管-聚合物复合导电薄膜的制备[J].新型炭材料,2009,24(1):8-12.

[7]　K. J. Loh, J. Kim, J. P. Lynch, et al. Multifunctional layer-by-layer carbon nanotube- polyelectrolyte thin films for strain and corrosion sensing[J]. Smart Mater Struct,2007,16(2):429-438.

[8]　张临勋,张鲁殷,王丽丽,等.基于层层自组装 CNT 的应变检测仪[J].大学物理实验,2012,25(3):7-10.

[9]　庄馥隆.基于层层自组装的纳米碳管柔性应变传感器研究 [D].上海交通大学博士学位论文,2010.

[10]　Xue W,Hong Cui T,et al. Characterization of layer-by-layer self-assembled carbon nanotube multi-layer thin films[J]. Nanotechnology. 2007,18:45709/1-6.

[11]　张毅.CNT 膜的压阻效应及其相关力学性质研究[D].重庆大学硕士学位论文,2005.

[12]　Cao CL,Hu CG,Xiong YF,et al. Temperature dependent piezoresistive effect of multi-walled carbon nanotube films[J]. Diamond and Related Materials,2007,16(2):388-392.

[13]　GuoY,Minami N,KazaouiS,et. al. Multi-layer LB films of single-wall carbon nanotubes[J]. Physica B:Conden Matter,2002,323:235-236.

[14]　Gao B,Yue G Z,Qiu Q,et al. Fabrication and Electron Field Emission Properties of Carbon Nanotube Films by Electrophoretic Deposition[J]. Advanced Materials,2001,13,1770-1773.

[15]　郑富中.基于悬空单壁 CNT 阵列的压阻式柔性传感器研究[D].重庆:重庆大学,2011.

[16]　熊芳馨. 纳米自组装多层膜的制备及电化学性质的研究[D]. 武汉工程大学,2011.

[17]　张同,胡晓君,张鲁殷. 基于柔性碳纳米管压阻膜的无线加速度检测系统[J]. 大学物理实验,2015,28(2):86-89.

[18]　李云峰,孙静,王全祥. 碳纳米管水泥基复合材料传感器的工程结构监测应用[J]. 新型建筑材料,2015,42(10):34-37+53.

[19]　朱永凯,陈盛票,田贵云,潘仁前,王海涛. 基于碳纳米管压阻效应的复合材料结构健康监测技术[J]. 无损检测,2010,32(9):664-669+674.

第 5 章　压电型纳米水泥基智能块材及结构监测研究

5.1　引言

　　目前，建筑行业中广泛应用的都是像光导纤维、压电陶瓷以及压电复合物等一些在其他领域相对成熟的智能材料。但由于诸多建筑材料中，混凝土是应用最为广泛、地位最重要的结构材料，而混凝土本身又是多孔固态胶体，在时间和环境等因素作用下，会产生很大的变形，导致上述较为成熟的智能材料应用在混凝土中时就会存在像声阻抗匹配、变形协调、界面粘结性等相容性问题。因此，其他领域中应用广泛的智能材料不一定适用于混凝土中。比如，在各种因素作用下，混凝土材料容易出现变形，当外界环境的温度、湿度改变时，混凝土和埋入其中的压电陶瓷材料无法实现变形的协调一致，就会发出虚假信号，从而降低传感精度，甚至可能产生错误的检测变形。因此，在发展土木工程领域的智能结构时，研制开发与土木工程领域主体结构材料——混凝土相容的智能材料是十分必要的。

　　与传统压电材料相比，压电型纳米水泥基智能块材（PCM）不但制备工艺相对简单，成本低，感知力强，而且它可有效地解决机敏材料与混凝土母体结构材料之间的相容性问题，极大地提高压电机敏材料的传感精度及驱动力。PCM 可以在水化硬化过程中获得合适的电阻率和介电常数，从而极化电压降低，极化效率提高，介电损耗降低。而且水泥作为基体要比其他材料更耐腐蚀、耐高温。因此，该类复合材料的研究与发展对于推进各类土木工程结构向智能化方向发展具有广泛的工程应用意义。

　　目前，最常用的 PCM 主要有 1-3 型、2-2 型和 0-3 型。其中，1-3 型 PCM 是一种一维压电陶瓷柱平行排列在三维连通水泥基体中的一种复合材料，是一种接近纯压电陶瓷而且 d_{33} 各向异性、具有发展潜力的一种传感材料；2-2 型 PCM 的压电陶瓷相及水泥层状交互叠置，因而具有较高感知精度及较强驱动输出，可充当自感知驱动器；0-3 型 PCM 一般是指压电活性粉体分散于三维连续基体而形成的一种复合材料，其具有容易制备、低成本和成分可控等优点。从性能上来说，纯压电陶瓷可以采用 0-3 型 PCM 来代替。而且与传统的 1-3 型、2-2 型 PCM 相比，0-3 型纳米改性 PCM 不但制备工艺简单，成本低，而且可以有效解决混凝土和智能填料之间的相容性问题，大大提高智能材料的传感精度和驱动力。

5.2　PZT/ChF/PCM 制备及性能研究

　　以煅烧温度 800℃、质量比为 0.5∶100 的 PZT（PZT52/48 和 PZT53/47）/碳酸锶混合粉体为基础粉体；在两者中加入温石棉纤维（ChF）和硫铝酸盐水泥备出 PZT/ChF/

PCM，并将其制备成 PCM 块材研究其晶体结构、粒径分析、压电以及介电性能；最后，对比水化前后块材晶体结构、微光形貌、压电以及介电性能，分析其步骤的必要性。

5.2.1　试验原料和仪器设备

主要试验材料及生产厂家见表 5-1，主要试验仪器及生产厂家见表 5-2。

主要试验材料及生产厂家表　　　　　　　　表 5-1

名称	化学式	纯度	厂家	备注
PZT	PZT52/48、PZT53/47	100%	试验室	主材料
温石棉纤维			青海茫崖有限公司	
二甲基硅油			天津市永大化学试剂有限公司	极化介质
导电银浆			上海市合成树脂研究所有限公司	电极
聚乙烯醇	$(C_2H_4O)_n$	≥98%	国药集团化学试剂有限公司	粘合剂
氧化铝	Al_2O_3		天津广成化学试剂有限公司	覆盖
碳酸锶	$SrCO_3$	≥99.5%	Sigm-aldrich 公司	主材料
无水乙醇	C_2H_5OH	≥99.7%	上海埃比化学试剂有限公司	助磨剂
蒸馏水	H_2O		市售	溶剂

主要试验仪器及生产厂家表　　　　　　　　表 5-2

名称	型号	厂家	备注
分析天平	TY20002 型	江苏常熟双杰测试仪器厂	物料称量
恒温干燥箱	HG101-1A 型	南京实验仪器厂	干燥
红外压片机		德国布鲁克 Bruker 公司	粉体压片
X 射线衍射仪（XRD）	D8 Advance 型	德国 Brljker 公司	物相分析
激光粒度分析仪	Rish-2000 型	济南润之科技有限公司	粒度分析
集热式恒温加热磁力搅拌器	DF-101S 型	郑州科泰实验设备有限公司	均匀混合、充分反应和极化
高压直流电源		东文高压电源（天津）有限公司	极化
红外模具		天津天光光学仪器有限公司	压片
LCR 数字电桥	TH2617B 型	常州同惠电子有限公司	电容参数测试
准静态 d33/d31 测量仪	ZJ-6A 型	中国科学院声学研究所	压电参数测试
真空干燥箱	DZF	上海一恒科学仪器有限公司	干燥粉体
高温炉	XZK-3 型	龙口市电路制造厂	预烧、煅烧和排胶
扫描电子显微镜	S3500N 型	日本 Hatchi 公司	表观形貌分析
真空泵	YC7144	上海酷瑞泵阀制造有限公司	抽真空、排气泡
超声波清洗机	KQ2200DB 型	昆山超声仪器有限公司	分散
数显显微硬度计	HVS-1000 型	莱州华银试验仪器有限公司	硬度测试

5.2.2　PZT/ChF/PCM 制备工艺

（1）按照 m PZT：（m 水泥＋m 温石棉纤维）＝3：1 的质量比，采用分析天平分别称取

3.75g 的 PZT 粉体（800℃煅烧的 PZT/碳酸锶复合粉体）、1.25g 的硫铝酸盐水泥，将硫铝酸盐水泥分别置于两个烧杯，并将 PZT 粉体分别置于其中，同时加入少量温石棉纤维。

注：温石棉纤维的质量需要多次试验，要保证压成片的块材的边角不能有太多的细毛；但是在胶水后有一定的纤维会团聚，在研磨过筛时有一定的浪费，所以加入石棉纤维的量是一个约数。一般每 5g 的 PZT/PCM 加入约为 0.002g。

（2）按照 1∶20 的质量比加入无水乙醇并将其置入超声波清洗器中进行分散（温度＝25℃，功率＝90W），直至乙醇被完全蒸发（图 5-1）；然后，将所得 PZT/ChF/PCM 粉体的烧杯采用药匙慢慢刮掉，并加入两滴 PVA 胶水搅拌均匀（图 5-2），因为若干燥的不彻底，温石棉纤维团聚得会比较厉害且不易粉磨，所以需要将得到的粉体经过 60℃ 的处理 2h（考虑到 PZT、水泥、温石棉纤维、PVA 均可耐超过 100℃ 高温），处理后将所得粉体放到研钵中研磨，直至粉体基本均匀且无明显的团聚；最后，将所得到的粉体压片、排胶、清洗得到 PZT/ChF/PCM 陶瓷片，经过涂银、干燥、极化、老化制备出 PZT/ChF/PCM（图 5-3）。

图 5-1　PZT/ChF/PCM　　　　图 5-2　PZT/ChF/PCM　　　　图 5-3　PZT/ChF/PCM 片图
　　　超声分散图　　　　　　　　复合粉体造粒图

（3）PZT/ChF/PCM 水泥水化：将 PZT/ChF/PCM 采用脱脂棉全面包裹，尽量使每个块材包裹的脱脂棉尽量一致；然后分别将其放到表面皿中并在其上面滴加几滴清水至表面全部润湿，分别将其水化 7d（每天观察，时时保持块材上的脱脂棉湿润）后，加热到 60℃ 烘干进行性能测试。

5.2.3　PZT/ChF/PCM 性能测试结果分析

1. XRD 分析

本节采用如第 2 章所介绍的 X 射线光谱仪，同时对 PZT52/48/ChF/PCM 以及 PZT53/47/ChF/PCM 水化前后的 XRD 进行分析，如图 5-4 所示。

如图 5-4(a) 所示，PZT52/48/ChF/PCM 具有的主体结构是 PZT52/48 钙钛矿晶型，其主体晶面（100）、（111）、（111）、（200）、（201）和（211）等仍十分清晰；如图 5-4(b)所示，PZT52/48/ChF/PCM 水化后其主体结构依然是 PZT52/48，但是其特征峰（110）相较于 PZT52/48/ChF/PCM［图 5-4(a)］的特征峰（110）有一定的降低，钙钛矿结构变差；图 5-4(c) 和图 5-4(d) 是 PZT53/47/ChF/PCM 水化前后的 XRD 图谱，其主体结构为 PZT53/47，其变化过程与图 5-4(a) 和图 5-4(b) 类似。同时对比图 5-4(a) 和图 5-4(b) 可

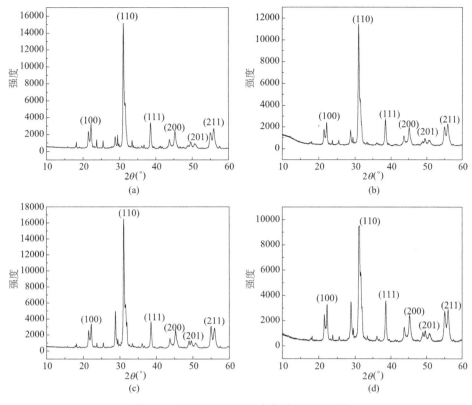

图 5-4　PZT/ChF/PCM 水化前后 XRD 图

（a）PZT52/48/ChF/PCM；（b）水化后 PZT52/48/ChF/PCM；
（c）PZT53/47/ChF/PCM；（d）水化后 PZT53/47/ChF/PCM

以看出，水化后的 PZT52/48/ChF/PCM 和 PZT53/47/ChF/PCM 的特征峰值有明显的降低且其他主要晶面变化不大，说明其钙钛矿结构有很大程度的破坏，但是钙钛矿结构依旧是其主要晶体结构；同时，从图 5-4（c）和图 5-4（d）的对比中也可以得到同样的例证。

2. 激光粒度测试

本节采用激光粒度分析仪，分散介质是无水乙醇，由于 PZT/ChF/PCM 中的水泥会与水发生水化反应，所以不能用蒸馏水作为分散介质。

如图 5-5 所示，PZT52/48/ChF/PCM 激光粒度分布图 ［图 5-5（a）］ 的跨度比 PZT53/47T/ChF/PCM 激光粒度分布图 ［图 5-5（b）］ 的跨度大；图 5-5（a）中所显示的平均粒径要比图 5-5（b）的小；图 5-5（a）和图 5-5（b）皆为双峰，但是有一定的重叠。这是由于，煅烧后的 PZT52/48 粉体的粒径比 PZT53/47 粉体的粒径小，且硫铝酸盐水泥的粒径与 PZT 粉体有一定的差异所以才会出现双峰。

3. 热重分析

图 5-6 所绘为 PZT/ChF/PCM 粉体水化前后热重分析图。图 5-6（a）和图 5-6（c）在 85℃左右和 720℃左右有两个吸收峰，图 5-6（b）和图 5-6（d）在 160℃左右和 720℃左右有两个吸收峰。这说明 PZT52/48/ChF/PCM 粉体和 PZT53/47/ChF/PCM 粉体在热重分析过程具有相似的规律；PZT52/48/ChF/PCM 粉体和 PZT53/47/ChF/PCM 粉体水化前吸收峰皆在 85℃左右，这是由于复合粉体在存放过程中有一定的水吸入，所以在 85℃左

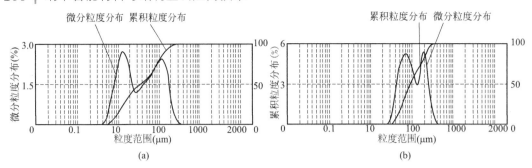

图 5-5 PZT/ChF/PCM 激光粒度分布图
(a) PZT52/48/ChF/PCM；(b) PZT53/47/ChF/PCM

右自由水蒸发致使有一个吸收峰［图 5-6(a) 和图 5-6(c) 的热重变化可以例证］；PZT52/48/ChF/PCM 粉体和 PZT53/47/ChF/PCM 粉体水化后在 160℃有一定的吸收峰，是水泥水化后复合粉体中存在一定的结晶水，而之所以不存在自由水是因为在测试之前水化后的样品都经过一定时间的烘干，所以在 80℃左右并不见吸收峰；而图 5-6 四幅图在 720℃左右都有吸收峰，说明 PZT52/48 和 PZT53/47 都在约为 720℃左右形成晶体。

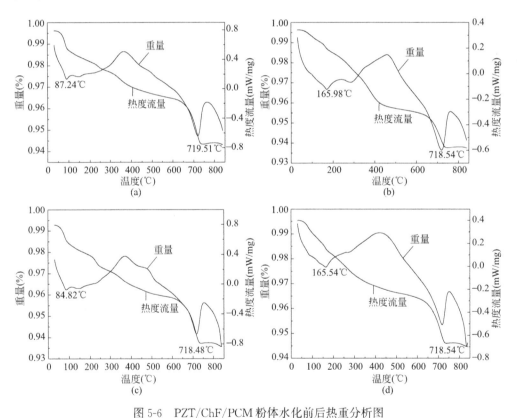

图 5-6 PZT/ChF/PCM 粉体水化前后热重分析图
(a) PZT52/48/ChF/PCM；(b) 水化后 PZT52/48/ChF/PCM；
(c) PZT53/47/ChF/PCM；(d) 水化后 PZT53/47/ChF/PCM

4. 表观形貌测试

从图 5-7 可以看出：PZT/ChF/PCM 水化后的试样与水化前的试样相比较，其钙钛矿结构有了明显的改变。从图 5-7(a) 和图 5-7(c) 可以看出完整的钙钛矿结构，虽然有硫铝酸盐水泥但并不破坏整体结构；但是图 5-7(b) 和图 5-7(d) 中的钙钛矿结构有很大程度的破坏，虽然可能是选取图片的问题，但是仍可以看出在一定范围很难找到完整且连接的钙钛矿结构［图 5-7(d)］。所以，基本可以认为水化后块材的钙钛矿结构破坏严重，压电性能会存在一定的损失。

(a)   (b)

(c)   (d)

图 5-7　PZT/ChF/PCM 水化前后表观形貌分析图
(a) PZT52/48/ChF/PCM；(b) 水化后 PZT52/48/ChF/PCM；
(c) PZT53/47/ChF/PCM；(d) 水化后 PZT53/47/ChF/PCM

5. PZT/ChF/PCM 压电常数与相对介电常数测试

本节采用 PZT52/48/ChF/PCM 和 PZT53/47/ChF/PCM 水化前后的压电常数与相对介电常数进行表征。其主要数据绘于表 5-3。

PZT52/48/ChF/PCM 和 PZT53/47/ChF/PCM 水化前后的
压电常数与相对介电常数列表　　　　　　　　　表 5-3

名称	压电常数	电容量(pF)	相对介电系数 ζ_r
PZT52/48/ChF/PCM	32.5	29.82	25.34
水化后 PZT52/48/ChF/PCM	7.6	57.49	48.87
PZT53/47/ChF/PCM	33.1	30.55	25.97
水化后 PZT53/47/ChF/PCM	7.8	59.42	50.51

如表 5-3 所示，水化前后其压电系数、电容量和相对介电系数发现水化后试样的压电性能和介电性能都有一定的减小；其中 PZT52/48/ChF/PCM 水化后的压电系数和相对介电系数降低约为 327.63％和 94.86％，PZT53/47/ChF/PCM 压电陶瓷片水化后的压电系数和相对介电系数降低约为 324.36％和 94.50％。这是由于 PZT/ChF/PCM 水化后对具有主要压电性能的钙钛矿结构有了很大破坏，从上述微观的表征都有一定的体现。虽然水化后的 PZT/ChF/PCM 有一定力学性能的改变，但是其压电性能损失过大，不太符合传感器制备的标准，所以水化步骤并不必要。

6. PZT/ChF/PCM 表面硬度测试

用显微维氏硬度仪测定材料的硬度，根据《精细陶瓷室温硬度试验方法》GB/T 16534—2009 对样品进行表面处理，①用砂纸由粗到细打磨样品表面；②用抛光机进行抛光；③用脱脂棉蘸取一定的无水乙醇将表面粉末擦净；④将样品放在维氏硬度仪上进行硬度测试。所选用的载荷 P 为 1000g，保压时间为 20s，然后分别用手机、金相显微镜以及扫描电镜对压痕表征，如图 5-8 所示。

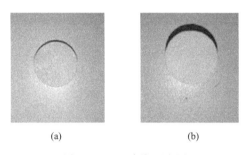

(a)　　　　　　　　(b)

图 5-8　PZT 陶瓷压痕图

(a) PZT/水泥陶瓷片；(b) PZT/ChF/PCM

如图 5-8 所示，PZT/水泥陶瓷片出现明显的裂纹而 PZT/ChF/PCM 基本没有太大变化，所以采用金相显微镜和扫描电镜进行放大，如图 5-9 所示。

(a)　　　　　　　　(b)

图 5-9　PZT/ChF/PCM 陶瓷片压痕图

(a) 金相图；(b) 扫描电镜图

如图 5-9 所示，从金相图谱图 5-9(a) 可以看出有模糊的印记，用扫描电镜进一步放大得到图 5-9(b)，可以看见一定的裂纹扩展。理论上可以认为，越脆的物体越容易产生裂纹。所以，可以模糊地认为，温石棉纤维的加入对材料的韧性有一定的提高。

5.3　PCM 对结构监测性能研究

水泥基压电传感器是水泥基复合材料的实体建筑体现，也是经济价值的创作。近年来，建筑事故频频发生，建筑结构健康监测体系的创建及应用变得不容忽视，越来越多的人尝试采用智能材料应用其中。

5.3.1　压电型纳米水泥基智能传感器的制备材料及设备

（1）0-3 型水泥基压电复合材料的制备原材料：水泥 P.O. 42.5（华新水泥有限公司）、硅灰（武汉浩源化学建材有限公司）、PZT-5A（武汉理工大学自主研制）。试验设备：DF-101S 集热式恒温加热磁力搅拌器（巩义市英峪予华仪器厂）、压片机、QM-BP 行星球磨机（南京大学仪器厂）、2671 型万能击穿装置（常州华城双凯仪器有限公司）、ZJ-3AN 型准静态 d33 测量仪（中国科学院声学研究所）、HP4294A 交流阻抗分析仪（美国安捷伦公司）、CF-B 型标准恒温水浴（上海东星建材实验设备有限公司）。

（2）封装过程所需材料：E44 型环氧树脂（岳阳石油化工总厂岳化有机化工厂）、P.O. 42.5（华新水泥有限公司）、650 聚酰胺树脂（江西宜春金诚化工）、丙酮、BYK-A535 消泡剂。

（3）压电传感器制备材料：自制的 0-3 型水泥基压电复合材料、双头 L5 STYV-2 低噪声电缆（江苏联能电子技术有限公司）、导线胶（武汉双键化工有限公司生产）。

5.3.2　压电型纳米水泥基智能传感器的制备工艺

（1）封装材料的制备工艺：按表 5-4 称量填料、环氧树脂、挂画及丙酮和消泡剂，将环氧树脂和固化剂分别放入烘箱，60℃下加热 30min。然后将丙酮和消泡剂迅速加入环氧树脂和固化剂混合物中，快速搅拌，同时缓慢加入填料，待拌合物搅拌均匀后，将其置于真空干燥器内处理。待消泡后，将拌合物倒入模具中，振动 1min 后放入标准养护室中养护，2d 后拆模，继续养护 5d。最后，对封装材料进行性能测试，确定最佳配合比。

封装材料配合比设计　　　　　　　　　　　　　　　表 5-4

编号	水泥	环氧树脂	固化剂	稀释剂	消泡剂
EM02	2	1	1	<20%	0.01
EM03	3	1	1	<20%	0.01
EM04	4	1	1	<20%	0.01

（2）压电元件的制备工艺：先用导电胶将信号内芯粘结在水泥基压电复合材料的正极上，待导电胶固化后，将信号的屏蔽层粘结在水泥基压电复合材料的负极上，待导电胶固化后，用小功率电烙铁焊接内芯和屏蔽层，焊接完成后，用丙酮或无水乙醇清洗残留在正负电极表面多余的焊锡，即完成压电元件的制备。

（3）压电传感器的制备工艺：基于压电陶瓷的原理可知，只有作用力方向与压电元件表面垂直时，压电元件才能实现最佳电荷收集，所以必须保证压电元件表面与封装材料受压面平行，可采用下述方法控制压电元件平行度。

首先，按照一定尺寸规格加工有机玻璃，对现有铁质模具进行改进。具体过程如下：先用环氧树脂将压电元件粘贴在内部具有圆形凹槽的有机玻璃上（简称模具1），待环氧树脂胶完全固化后，将模具1插入一组有机玻璃的方形凹槽内（简称模具2），其主要目的是为了实现压电元件表面与封装材料表面平行。将 40mm×40mm×40mm 铁制模具内部隔层取出，将模具2插入铁制模具内，从而形成一个新模具3。通过该设计手段，可以较好地实现压电元件的表面与封装材料的受压面平行，为荷载作用下电荷的产生与优化收集奠定了基础。

待模具3制备完毕后，将环氧树脂浆体迅速浇注于模具中，不断振动以消除气泡，最后将注满浆体模具3置于真空容器真空处理。待环氧树脂初步固化后，将防水性能优异的硅橡胶涂覆封装材料外面的信号线，以防止压电传感器在测试和使用过程中因信号线老化导致铜导线暴露，被水侵蚀而导致短路现象。待环氧树脂完全固化后，可进行压电输出性能测试。

5.3.3 PCM 对结构监测性能测试结果分析

通过设计不同的加载制度（脉冲加载制度和正弦加载制度），对传感器进行基本性能测试，包括频率独立性、压电响应、线性性能及环境敏感性等。

（1）当压电元件处于封装材料上部时，传感器在 0.19～0.31MPa 荷载范围内具有良好的线性度，然而在 0.31～2.34MPa 荷载范围内线性度变差，输出电压幅值随输入荷载先呈线性增加，然后增幅减小，最后趋于稳定。当压电元件处于封装材料下部时，在 0.31～2.34MPa 整个荷载范围内，传感器呈现出良好的线性度（线性相关系数达到 0.994），输出灵敏度为 741mV·kN^{-1}。

（2）封装材料环胶比与传感器的压电输出性能之间的关系（图 5-10）：随着环胶比的增大，传感器的线性程度呈先变好后变弱的趋势，当环胶比为 3:1 时，压电传感器的线性度最好，外界荷载可以有效地作用在压电元件上。

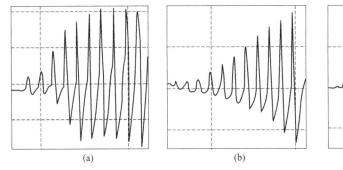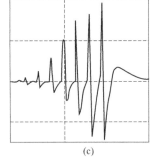

(a) (b) (c)

图 5-10 不同环胶比下 PCM 输出电压和输入荷载之间的关系

(a) 环胶比=2:1；(b) 环胶比=3:1；(c) 环胶比=4:1

（3）在脉冲荷载和正弦荷载作用下，传感器均能对不同荷载做出快速响应，输出电压和输入荷载之间的相位差几乎为零，并不存在滞后现象（图 5-11）。

（4）在 $0.1\sim10$Hz 加载频率范围内，随着频率增加传感器的输出电压幅值逐渐增加，当加载频率大于 10Hz，传感器输出电压值趋于恒定，其值几乎与频率无关。在 $0.05\sim1$s 的加载时间内，当加载时间小于 0.2s 时，传感器的输出-荷载比相差不大，基本趋于稳定（图 5-12、图 5-13）。

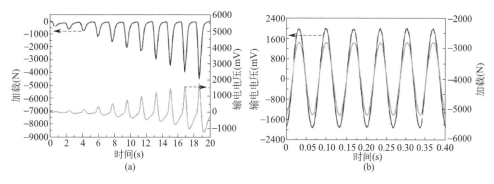

图 5-11　不同类型荷载及对应的 PCM 传感器响应

（a）脉冲荷载；（b）正弦荷载

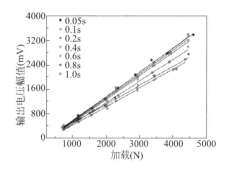

图 5-12　加载时间对 PCM 传感器
输出-荷载比的影响

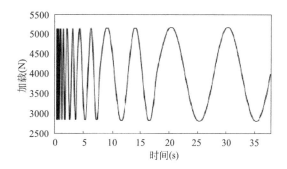

图 5-13　频率扫描加载制度示意图

（5）饱水测试结果表明，不管在空气中还是在水中，传感器输出和输入之间均存在良好的线性关系（图 5-14），拟合直线线性相关系数大于 0.99，传感器的灵敏度为 1227mV/MPa。这种简单的线性关系，是传感器应用于车辆重量动态检测的基本要求。

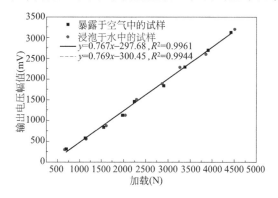

图 5-14　不同环境下水泥基压电传感器输出电压幅值和输入荷载之间的关系

本章参考文献

[1] 黄世峰. 水泥基压电复合材料的制备及其性能研究[D]. 武汉理工大学, 2005.

[2] 全静. 0-3 型水泥基压电复合的制备与研究[D]. 山东大学, 2010.

[3] 张东, 吴科如, 李宗津. 0-3 型水泥基压电机敏复合材料的制备和性能[J]. 硅酸盐学报, 2002, 30(2): 161-166.

[4] Biqin Dong, Zongjin Li. Cement-based Piezoelectric Ceramic Smart Composites[J]. Composites Science and Technology, 2005, 65: 1363-1371.

[5] Zongjin Li, Biqin Dong, Dong Zhang. Influence of Polarization on Properties of 0-3 Cement-Based PZT Composites[J]. Cement&Conerete Composites, 2005, 27: 27-32.

[6] ZongjinLi, Hongyu Gong, Yujun Zhang. Fabrication and piezoelectricity of 0-3 cement-based composite with nano-PZT Powder[J]. Current applied Physics, 2009, 9: 588-591.

[7] 黄世峰, 常钧, 徐荣华. 0-3 型压电陶瓷-硫铝酸盐水泥复合材料的压电性能[J]. 复合材料学报, 2004, 21(3): 73-78.

[8] 黄世峰, 常钧, 徐荣华. 水泥基压电复合材料的制备及极化工艺研究[J]. 压电与声光, 2004, 26(3): 203-205.

[9] 黄世峰, 常钧, 芦令超. 0-3 型压电陶瓷/硫铝酸盐水泥复合材料的介电性及压电性[J]. 复合材料学报, 2005, 22(3): 87-90.

[10] 黄世峰, 叶正茂, 常钧. 0-3 型压电陶瓷/硫铝酸盐水泥复合材料的介电频率特性和铁电特性[J]. 复合材料学报, 2006, 23(3): 91-95.

[11] N. Jaitanong, A. ChaiPanich, T. Tunkasiri. Properties 0-3 PZT-Portland Cement Composites[J]. Ceramics International, 2008, 34: 793-795.

[12] A. ChaiPanich, et al. Dielectric and Piezoelectric Properties of PZT-Silica Fume Cement Composites[J]. Current Appiied Physics, 2007, 7: 532-536.

[13] A. ChaiPanich. Effeet Of PZT Particle Size on Dielectric and Piezoelectric Properties of Pzt-Cement Composites[J]. Current Applied Physics, 2007, 7: 574-577.

[14] R. Rianyoi, R. Potong, N. Jaitanong, R. Yimnirun, A. Chaipanic. Dielectric Ferroelectric and Piezoelectric Properties of 0-3 Barium Titanate-Portland Cement Composites[J]. Applied Physics A, 2011, 104(2): 661-666.

[15] Huang Hsing Pan, Chang-Keng Chiang, Rui-Hao Yang, Neng-Huei Lee. Piezoelectric Properties of Cement-Based Piezoelectric Composites Containing Fly Ash[C]. Proceedings of the 2nd International Conference on Intelligent Technologies and Engineering Systems (ICITES2013). 2014, 293: 617-626.

[16] A. Chaipanich, N. Jaitanong. Effect of Poling Time on Piezoelectric Properties of 0-3 PZT-Portland Cement Composites[J]. Ferroelectrics Letters Section, 2008, 35(3-4).

[17] A. Chaipanich. Dielectric and piezoelectric properties of PZT-silica fume cement composites[J]. Current Applied Physics, 2007, 7(5).

[18] 胡雅莉. 水泥基压电复合材料的性能及其应用研究[D]. 济南大学, 2006.

[19] 李璐. PZT 粉体的制备及其复合温石棉纤维/水泥基材料压电传感器研究[D]. 青岛理工大学, 2015.

[20] 姜海峰. 自感知碳纳米管水泥基复合材料及其在交通探测中的应用[D]. 哈尔滨工业大学, 2012.

[21] 杨晓明, 李宗津. 水泥基压电传感器在交通量监测中的应用: (1)基本特性(英文)[J]. 防灾减灾工程学报, 2010, 30(S1): 413-417.

[22] 王浩. 高效水泥基压电传感器的设计、制备及其性能研究[D]. 武汉理工大学, 2014.

第6章 压电型纳米水泥基智能块材及传感性能仿真研究

6.1 引言

压电型纳米水泥基智能块材（PCM）集中了各项材料的优点，具有压电性能好、低声抗阻、高机电耦合系数和低机械品质等优点，还可以通过调节压电陶瓷的类型、体积分数、微观结构等条件使复合材料能够与混凝土更好的相容，解决智能材料在土木工程中的相容性问题。

目前，对于各种类型的 PCM 性能的研究很多，但大多停留在试验阶段，由于试验条件的限制、测试设备的局限、环境的影响等试验结果往往存在误差。所以，PCM 及传感性能仿真技术在 PCM 性能的研究过程中具有非常广阔的应用空间。有限元分析法是利用数学方法对真实物理系统进行仿真模拟，用有限数量的未知量去逼近无限未知量的真实系统。大型有限元软件有 ANSYS、ADINA、ABAQUS、SAP 等，软件对 PCM 进行有限元优化分析，其可进行静态分析、模态分析、谐响应分析、瞬态动力分析等。此方法在PCM 方面的应用会解决许多现实研究中难以解决的问题，具有十分广阔的应用前景。

6.2 PCM 本构模型构建

6.2.1 ANSYS 分析的矩阵参数输入

利用 ANSYS 进行压电分析时需要输入的材料特性包括介电常数矩阵、压电常数矩阵以及弹性柔顺（刚度）常数矩阵，下面将对不同矩阵参数的输入进行一一介绍。

1. 介电常数矩阵

ANSYS 分析时需要输入恒应变条件下的夹持介电矩阵，其为对角矩阵，有两个独立的介电常数 ε_{11}^{S} 和 ε_{33}^{S}，$\varepsilon_{11}^{S} = \varepsilon_{22}^{S}$。或者可以用 k_{11}^{S} 和 k_{33}^{S} 表示，其中 $k_{11}^{S} = \varepsilon_{11}^{S}/\varepsilon_0$，$\varepsilon_0$ 为真空介电常数，8.85×10^{-12}（F/m）。矩阵形式为：

$$[\varepsilon^{S}] = \begin{bmatrix} \varepsilon_{11}^{S} & 0 & 0 \\ & \varepsilon_{11}^{S} & 0 \\ & & \varepsilon_{33}^{S} \end{bmatrix} = \varepsilon_0 \begin{bmatrix} k_{11}^{S} & 0 & 0 \\ & k_{11}^{S} & 0 \\ & & k_{33}^{S} \end{bmatrix} \tag{6-1}$$

当使用介电常数的绝对值时，使用如下命令输入：mp, perx, 1, ε_{11}^{S} \$ mp, pery, 1, ε_{11}^{S} \$ mp, perz, 1, ε_{33}^{S}。其中 1 代表材料号。当使用相对值时，使用如下命令输入：emunit, epzro, 8.85e-12 \$ mp, perx, 1, k_{11}^{S} \$ mp, pery, 1, k_{11}^{S} \$ mp, perz, 1。

2. 弹性刚度（柔顺）常数矩阵

ANSYS 分析时可以输入弹性刚度常数矩阵 $[c]$，或者输入弹性柔顺常数矩阵 $[s]$。已知的压电材料的弹性刚度常数矩阵和弹性柔顺常数矩阵是按照 x、y、z、yz、xz、xy的顺序排列的，而 ANSYS 所需要输入的数据是按照 x、y、z、xy、yz、xz 的顺序排列，所以输入该参数时需要将矩阵进行转化，以弹性刚度常数矩阵 $[c]$ 为例，转化成的ANSYS 矩阵形式见式(6-2)。

$$ANSYS[e]=\begin{matrix} x \\ y \\ z \\ xy \\ yz \\ xz \end{matrix} \begin{bmatrix} e_{11} & e_{12} & e_{13} \\ e_{21} & e_{22} & e_{23} \\ e_{31} & e_{31} & e_{31} \\ e_{61} & e_{62} & e_{63} \\ e_{41} & e_{42} & e_{43} \\ e_{51} & e_{52} & e_{53} \end{bmatrix} \tag{6-2}$$

3. 压电常数矩阵

ANSYS 分析时可以输入压电应力常数矩阵 $[e]$，或者可以输入压电应变常数矩阵 $[d]$。其矩阵排列顺序与 ANSYS 顺序和入弹性刚度常数矩阵 $[c]$ 及弹性柔顺常数矩阵 $[s]$ 一样，转换的方式也相同。

6.2.2 PCM 矩阵系数的确定

通过对 2-2 型压电复合材料的压电性能、介电性能等进行研究，用并联模型公式计算复合材料压电常数 d_{33}，如式(6-3) 所示：

$$d_{33}=\frac{V^1 d_{33}^1 s_{33}^2+V^2 d_{33}^2 s_{33}^1}{V^1 s_{33}^2+V^2 s_{33}^1} \tag{6-3}$$

式中　V^1、V^2——组元 1（压电相）、2（水泥基）的体积分数；

　　　d_{33}^1、d_{33}^2——组元 1（压电相）、2（水泥基）的压电常数；

　　　s_{33}^1、s_{33}^2——组元 1（压电相）、2（水泥基）的弹性顺度常数。结果表明压电常数 d_{33} 就等于压电陶瓷的压电常数 d_{33}^1。

利用能量守恒定律简化得到压电复合材料的介电常数 $\varepsilon=V_1\varepsilon_1$，也可以根据复合材料串联模型公式得到水泥基压电复合材料的介电常数，如式(6-4) 所示：

$$\varepsilon=V^1\varepsilon^1+V^2\varepsilon^2 \tag{6-4}$$

式中　V^1、V^2——压电相和水泥基体体积分数；

　　　ε^1、ε^2——压电相和水泥基体介电常数。

因为水泥基体相对介电常数一般为 6-6，与压电陶瓷相比很小，可忽略不计，得到水泥基压电复合材料的介电常数，如式(6-5) 所示：

$$\varepsilon=V^1\varepsilon^1 \tag{6-5}$$

同理压电复合材料的弹性刚度系数也采用复合材料的串联模型公式，假设其与两者的弹性模量成正比，如式(6-6) 所示：

$$c=\frac{c^1 V^1 E^1+c^2 V^2 E^2}{V^1 E^1+V^2 E^2} \tag{6-6}$$

式中　c^1、c^2——压电相和水泥基的弹性刚度系数;

　　V^1、V^2——压电相和水泥基的体积分数;

　　E^1、E^2——压电相和水泥基的弹性模量。

水泥基的弹性模量与压电相的弹性模量相比不可忽略,但可以忽略水泥基的刚度矩阵系数,最终按式(6-7)计算水泥基压电复合材料的弹性刚度系数。

$$c = \frac{c^1 V^1 E^1}{V^1 E^1 + V^2 E^2} \tag{6-7}$$

所以,ANSYS 模拟所需要输入的介电常数矩阵 $[\varepsilon]$、压电应力常数矩阵 $[e]$ 及弹性刚度系数矩阵 $[c]$ 可由上述公式计算得到。

6.3　PCM 压电驱动性能分析

6.3.1　PCM 静力分析

确定 ANSYS 三大输入矩阵系数后,建模对其进行静力分析。对于压电耦合场的静力分析,采用直接耦合方法,只进行一次求解分析,不同的是采用了包含有多场自由度即位移和压电自由度的耦合单元,其分析步骤与一般结构的线性静力分析步骤相似,有 (1) 创建几何模型;(2) 生成有限元模型;(3) 加载和求解;(4) 通用后处理分析。

压电耦合场静力分析的具体步骤为:

(1) 回到开始层 (finish);清除数据库 (/clear);定义工作文件名 (/filname) 和主标题 (/title);创建几何模型:进入前处理 (/prep7)、参数化定义 PCM 的半径 R 和厚度 H,用 cyl4 命令创建半径为 R 厚度为 H 的薄圆柱体。

(2) 定义单元类型 (et,1,solid226),设置单元的 keyopt 选项,输入单元的密度;输入单元的介电常数矩阵、弹性刚度系数矩阵和压电应力常数矩阵;分别转动 x 轴和 y 轴 $90°$ (wprota,,90 和 wprota,,,90),再用工作平面切分体 (vsbw,all),把圆柱体分成 4 部分;选择用六面体单元划分网格 (mshape,0,3d),选择自由网格划分 (mshkey,1),用 lesize 分别设置上下表面和侧面线单元分段数为 16 和 8,把 x 轴和 y 轴旋转到原来的位置,粘贴圆柱体 (vglue,all) 后对其进行网格划分 (vmesh,all)。

(3) 进入求解层 (/solu),施加位移约束条件:选择水泥基压电复合材料下表面,定义 x、y、z 方向位移为 0,施加"电荷载":分别选择上下表面 [nsel,s,loc,z,0(h)],用 *get 命令分别得到上下表面的节点最小标号 [*get,nbot(ntop),node,0,num,min],并分别对上下表面进行耦合 [cp,1(2),volt,all],定义上表面电压和下表面电压;选择分析类型为静力分析 (antyp,0),进行求解 (solve)。

(4) 静力分析,一般进入通用后处理 (/post1) 提取结果进行分析便可。

建模后对其进行静力分析,得到的位移图、应力图等结果严重依赖于网格划分疏密的程度。所以,为了模拟后续的分析更为准确,可以将 PCM 几何模型划分得较密。

在 ANSYS 后处理器中进一步提取其 z 向位移图、y 向位移图,如图 6-1(a)、(b) 所示,提取其 z 向应力图、y 向应力图,如图 6-2(a)、(b) 所示。因下表面为固定面,其位移和应力等值都较小,几乎为零。

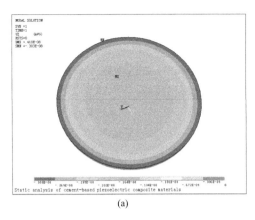 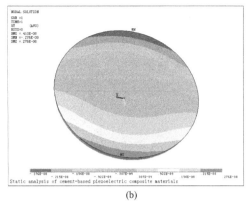

(a)　　　　　　　　　　　　　　　(b)

图 6-1　PCM 位移图

(a) z 向位移图；(b) y 向位移图

如图 6-1 所示，施加"电荷载"后产生竖直向下的压力，随之产生的 z 向位移值均为负值。z 向最大位移产生在上表面边缘区域，由边缘向里 z 向位移逐渐减小；上表面 y 向位移绝对值从形心位置到两侧均匀增大。

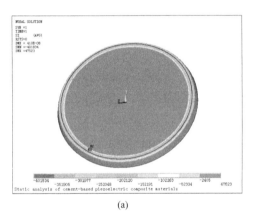 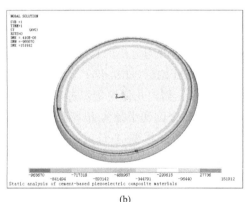

(a)　　　　　　　　　　　　　　　(b)

图 6-2　PCM 应力图

(a) z 向应力图；(b) y 向应力图

如图 6-2 所示，z 向最大应力在边缘位置，依次向里应力逐渐减小，大部分区域产生的应力较小；y 向最大应力产生在边缘位置，向里依次减小。

6.3.2　PCM 模态分析

ANSYS 模态分析是为了提取结构的振动特性即固有频率和振型，是一种线性分析，若定义非线性特性，其在计算过程中将被忽略，是承受动态荷载结构设计中的重要参数，也是进行其他动力特性分析的起点。其特点有：只有线性行为有效，若指定了非线性单元，将在模拟过程中被忽略；在模态分析中必须有材料的弹性模量（某种形式的刚度）和密度（某种形式的质量），其材料性质可以是线性的、各向同性的、正交各向异性的、恒定或者与温度有关的。

　　ANSYS 有 7 种模态提取方法，分别是子空间法、分块兰索斯法、Power Dynamics 法、凝聚法、非对称法、阻尼法和 QR 阻尼法。进行压电耦合场的模态分析，可以使用分块兰索斯法，或者凝聚法，对于压电耦合分析，使用分块兰索斯法最好，其为默认提取方法，用于提取大模型的多阶频率，运行速度快。下面介绍参考文献［16］使用分块兰索斯法进行的模态分析。

1. 模态分析过程

　　进行模态分析的具体步骤为：

　　(1) 建模，建模过程与静力分析一样，此处从略。

　　(2) 加载与求解，加载过程与静力分析相似，本论文模拟压电陶瓷的谐振频率和反谐振频率，其"荷载"稍有不同，在下文中详细说明，求解时用 antype 命令定义模态分析；用 modopt 命令定义分析方法，为分块兰索斯法，频率范围为 10～400kHz，取前 20 阶频率；用 mxpand 命令进行模态扩展，数目为 20。但因为 volt 自由度没有自由度和质量，模态分析时将略去电压荷载，唯一有效的荷载便成了零位移约束。在后续的谐响应分析和瞬态动力分析中，电荷载相应的荷载向量，便会写入振型中参与计算。最后进行求解，在后处理中提取结构固有频率，提取出的结构频率与坐标选择无关，当固有频率无重频时，主振型有正交性；当固有频率存在重频时，不具有正交性。

2. PCM 谐振频率结果与分析

　　为了得到水泥基压电复合材料的谐振频率，选取频率范围 10～400kHz，在短路状态下（下表面接地、上表面短路）求解厚度极化方向的固有频率和振型。提取到的谐振频率见表 6-1。

PCM 谐振频率

表 6-1

模态阶次	频率（Hz）	子步
1	0.8698×10^5	1
2	1.7364×10^5	2
3	1.7365×10^5	3
4	2.0307×10^5	4
5	2.0316×10^5	5
6	2.2648×10^5	6
7	2.7356×10^5	7
8	2.7430×10^5	8
9	3.0903×10^5	9
10	3.0966×10^5	10
11	3.1758×10^5	11
12	3.1759×10^5	12
13	3.2108×10^5	13
14	3.8623×10^5	14
15	3.8623×10^5	15
16	3.9713×10^5	16

提取子步 1、子步 6、子步 9、子步 15 的振型图，如图 6-3 所示，由表 6-1 和图 6-3 可得出该状态下 PCM 的谐振频率为 3.0903×10^5 Hz。

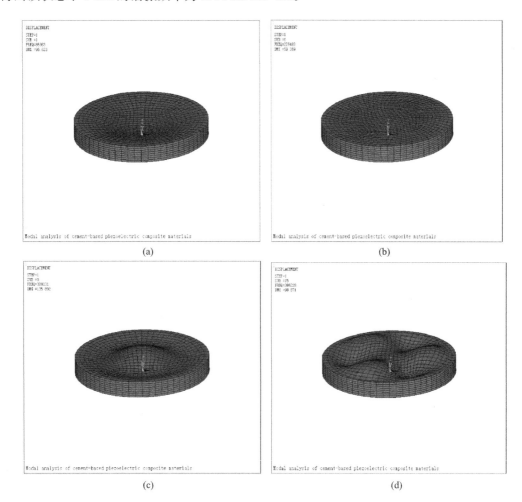

图 6-3　PCM 谐振振型图

（a）子步 1 振型图；（b）子步 6 振型图；（c）子步 9 振型图；（d）子步 14 振型图

3. PCM 反谐振频率结果与分析

PCM 反谐振频率见表 6-2。

PCM 反谐振频率　　　　　　　　　　　　　　　　表 6-2

模态阶次	频率（Hz）	子步
1	0.8799×10^5	1
2	1.7700×10^5	2
3	1.7702×10^5	3
4	2.2649×10^5	4
5	2.5798×10^5	5
6	2.5803×10^5	6

模态阶次	频率（Hz）	子步
7	2.8071×10^5	7
8	2.8140×10^5	8
9	3.1753×10^5	9
10	3.3261×10^5	10
11	3.3262×10^5	11
12	3.4824×10^5	12
13	3.5931×10^5	13
14	3.9807×10^5	14

提取子步 1、子步 6、子步 9、子步 14 的振型图，如图 6-4 所示，由表 6-2 和图 6-4 可得出该状态下水泥基压电复合材料的反谐振频率为 3.1753×10^5 Hz。

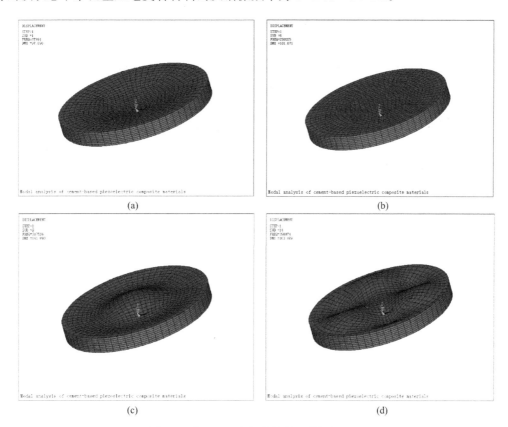

图 6-4　水泥基压电复合材料反谐振振型图

（a）子步 1 振型图；（b）子步 6 振型图；（c）子步 9 振型图；（d）子步 14 振型图

6.3.3　PCM 谐响应分析

谐响应是指持续的周期荷载会在特定结构中产生特定的持续周期响应，响应包括位移、应力、应变等。谐响应分析便是指结构在正弦荷载这样的周期荷载中产生的稳态响应，它可以计算结构在不同频率下的响应值（一般为位移），并得到与频率的曲线关系，从中可以找到响应峰值，并进一步观察此状态下的应力、应变情况。

谐响应分析同样是一种线性分析，定义的非线性特性将被忽略，其只计算结构的稳态受迫振动，忽略激励开始时的瞬态振动，从而预测结构的持续性动力特性，在进行结构设计时克服共振、疲劳等引起的不良影响。

1. 水泥基压电复合材料谐响应分析方法和过程

谐响应分析一般有完全法（Full）、缩减法（Reduced）、模态叠加法（Mode Superposition）。完全法采用完整系统矩阵计算谐响应，操作简单，是最简单的一种；缩减法采用朱自由度和缩减矩阵降低模型规模计算谐响应；模态叠加法将模态分析中的振型乘以系数因子求和得到结构响应。三种方法共同的特点有：（1）定义的荷载呈正弦周期曲线规律变化；（2）定义的所有荷载要有相同的频率，不能同时计算不同频率荷载同时作用下的响应。下文对完全法进行模拟分析作了介绍与分析。

完全法谐响应分析的具体步骤如下：（1）建模，与模态分析建模过程相同；（2）加载求解，用 antype 命令定义为谐响应分析（antype，3 或 antype，harmic），用 hropt 命令定义完全法，用 harfrq 命令定义求解频率范围为 300000～500000Hz，用 nsubst 命令定义谐响应解为 20，用 kbc 命令定义荷载为渐变荷载。进行求解后，通过 post26 处理器得到频率和位移、应力、应变的曲线图，对其结果进行分析。

水泥基压电复合材料谐响应分析过程为建模后固定侧面，下表面定义 0，上表面定义 10V，谐波频率范围 300～500kHz，求解完成后对其位移、应力和应变结果进行分析。

2. PCM 谐响应分析位移结果与分析

提取上表面相同一点处 z 向、y 向位移，其随时间的变化规律如图 6-5 所示（UZ_2 为 z 向，UY_2 为 y 向）。

z 向、y 向位移随频率的变化规律先是缓慢增加，又急速上升到极值，然后快速减小，最后保持平稳。z 向、y 向位移在 400kHz 处达到极值，z 向极值为 7×10^{-9} m，y 向极值为 1.7×10^{-8} m。

3. PCM 谐响应分析应力结果与分析

提取得到 y 向和 z 向的应力结果，如图 6-6 所示（y 向为 SY_2，z 向为 SZ_2），可以看到 y 向应力比 z 向应力数量级大许多，为了清楚表示 z 向应力结果，y 向应力 SY_2 和 z 向应力 SZ_2 随频率的变化关系分别如图 6-7、图 6-8 所示，z 向应力和 y 向应力变化规律相同：从 310kHz 到 380kHz，缓慢减小，从 390kHz 到 400kHz 再到 410kHz，先快速增加到极值，再下降到某一数值，从 440kHz 到 500kHz，应力值几乎保持不变。

4. PCM 谐响应分析应变结果与分析

提取得到 y 向和 z 向的应变结果，其随频率的变化关系如图 6-9 所示（定 y 向应变为 EPELY_2、z 向应变为 EPELZ_2）。

从图 6-9 可以看出，水泥基压电复合材料 z 向与 y 向应变随频率变化规律在 400kHz 达到应变极值，但 z 向应变比 y 向应变大一些。

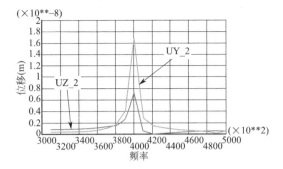

图 6-5　水泥基压电复合材料 UY_2、UZ_2
随频率变化曲线图

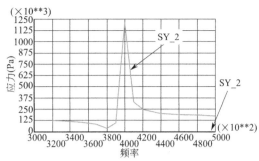

图 6-6　水泥基压电复合材料 SY_2、SZ_2
随频率变化曲线图

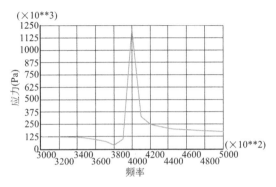

图 6-7　水泥基压电复合材料 SY_2
随频率变化曲线图

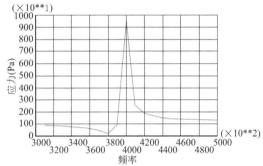

图 6-8　水泥基压电复合材料 SZ_2
随频率变化曲线图

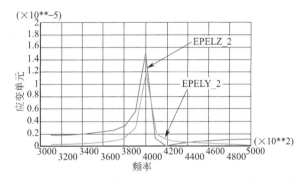

图 6-9　水泥基压电复合材料 EPELY_2、EPELZ_2 随频率变化曲线图

6.3.4　PCM 瞬态动力分析

瞬态动力分析也称时间历程分析，是确定承受任意随时间变化荷载的结构动力响应。即可以用瞬态动力分析确定结构在简谐荷载、稳态荷载等任意荷载作用下的位移、应力和应变。此分析可以定义非线性单元及所需的非线性材料特性。

1. 瞬动态分析求解方法和过程

瞬态动力分析也有三种求解方法：完全法、模态叠加法和缩减法。其中完全法是三种方法中功能最强的，可以定义各种非线性如塑性、大变形等特性，允许施加所有类型的荷载，一次分析便可求得位移、应力等值。下文所进行的瞬态动力分析均采用完全法。

完全法瞬态动力分析的具体步骤：

（1）建模，同谐响应分析；

（2）建立初始条件并定义荷载步：固定压电陶瓷侧面，在上表面和下表面施加正弦电压，通过参数化语言完成；

（3）设置求解选项：用 antyp 命令定义瞬态动力分析（trans 或 4）；定义求解方法为完全法（trnopt，full）；定义时间 0.2s（time，0.2）、设置积分步长为 50 步（nsubst，50）、输出求解后的所有结果（outres，all，all）；考虑瞬态积分效应并设置瞬态积分参数（tintp，，0.25，0.5，0.5）；定义荷载为阶跃荷载（kbc，0）；

（4）求解并观察结果。

2. PCM 瞬态动力分析位移结果与分析

提取上表面相同一点处 z 向、y 向位（y 向位移为 UY_4、z 向位移为 UZ_4），其随时间的变化规律如图 6-10 所示。从图中可大体看出 y 向、z 向位移的变化趋势，y 向位移较小。

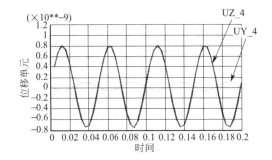
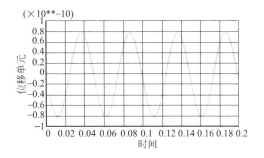

图 6-10　水泥基压电复合材料 UY_4、UZ_4　　　图 6-11　水泥基压电复合材料 UY_4
　　　　　随时间变化曲线图　　　　　　　　　　　　　随时间变化曲线图

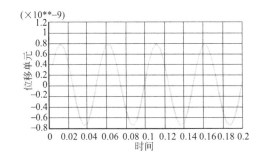

图 6-12　水泥基压电复合材料 UZ_4 随时间变化曲线图

由图 6-11、图 6-12 可以看出，0 处没有位移结果，之后 y 向位移从波形中下段开始下降，然后上升呈正弦曲线变化；z 向位移从波形中上段开始上升，然后下降呈正弦曲线变化。

3. PCM 瞬态动力分析位移结果与分析

选取上表面相同节点的不同方向位移（y 向应力为 SY_4、z 向应力为 SZ_4），其随时间的变化规律如图 6-13 所示。从图中可看出 z 向应力比 y 向应力相比，几乎为 0。

由图 6-14、图 6-15 可以看出，0 时没有应力结果，同压电陶瓷相同，之后 y 向、z 向应力在波形中上段开始上升，呈正弦曲线变化。

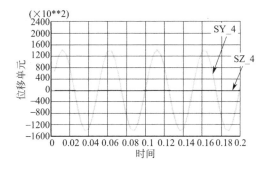

图 6-13　水泥基压电复合材料 SY_4、SZ_4
随时间变化曲线图

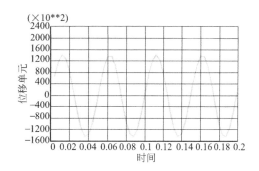

图 6-14　水泥基压电复合材料 SY_4
随时间变化曲线图

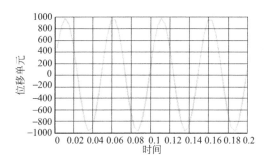

图 6-15　水泥基压电复合材料 SZ_4 随时间变化曲线图

4. PCM 瞬态动力分析位移结果与分析

选取上表面相同节点，定义其 y 向应变、z 向应变分别为 EPELY_4、EPELZ_4，其随时间的变化规律如图 6-16 所示。

由图 6-17、图 6-18 可以看出，0 处同样没有应变结果，之后 y 向应变从波形下半段下降，呈正弦曲线变化，z 向应变从波形上半段上升，呈正弦曲线变化。

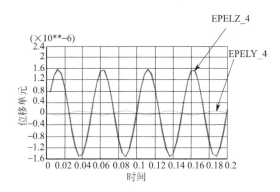

图 6-16　水泥基压电复合材料 EPELY_4、EPELZ_4
随时间变化曲线图

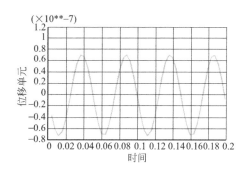

图 6-17　水泥基压电复合材料 EPELY_4
随时间变化曲线图

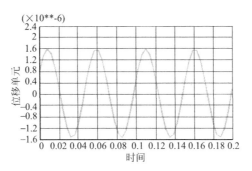

图 6-18　水泥基压电复合材料 EPELZ_4 随时间变化曲线图

　　通过比较，发现水泥基压电复合材料在最初阶段存在迟滞效应，并且水泥基的掺入对压电陶瓷原有的迟滞效应影响不大，但位移、应力、应变随时间的波形曲线更趋于圆滑。

6.4　PCM 传感性能仿真研究

6.4.1　PCM 传感性能静力分析

　　模拟采用的水泥基压电复合材料试样的尺寸为半径 R 为 0.005m，厚度 H 为 0.001m，仿真模拟参见第 5 章，利用第 5 章所讲述的静力分析建模方法进行几何建模及网格划分等，约束下表面 x、y、z 向位移，耦合上、下表面电压，并定义下表面电压为 0V，在上表面圆心位置处施加位移 1×10^{-6}m，忽略其产生的应力集中现象。

　　观察施加 z 向位移后，对水泥基压电复合材料上下表面产生的 y 向、z 向位移变化情况，提取水泥基压电复合材料 y、z 向位移图。

　　由图 6-19 可以看出，y 向最大位移沿着圆心向两侧减小。除了上表面圆心处 z 向位移达到所施加的 1×10^{-6}m 外，下表面位移量为 3.88×10^{-9}m。

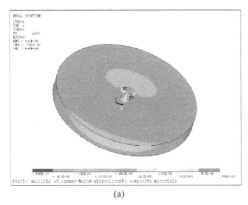
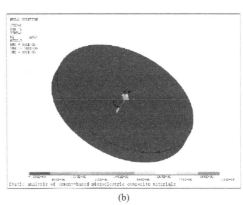

(a)　　　　　　　　　　　　　　　　(b)

图 6-19　水泥基压电复合材料位移变化图

(a) y 向位移；(b) z 向位移

　　同理，提取水泥基压电复合材料的电势图，观察其产生的电势大小及分布规律，如图 6-20 所示。

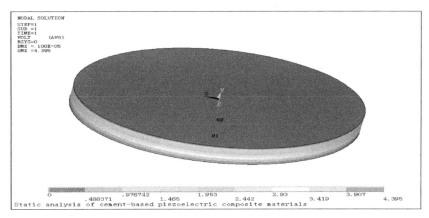

图 6-20　水泥基压电复合材料电势分布图

由图 6-20 可以看出，水泥基压电复合材料下表面电势为 0，沿着厚度方向，电势依次增大，上表面电势最大，达到 4.395V，则产生的电压值为 4.395V。

6.4.2　PCM 传感性能模态分析

同样约束下表面 x 向、y 向位移，提取前 20 阶频率，频率范围为 0～400kHz，得到的模态分析结果见表 6-3。由表 6-3 可以看出，前 2 阶频率同样较小，约为 0，从第 3 阶 16945Hz 开始频率逐步增大，也有重频现象。也可以发现：水泥基压电复合材料各阶频率较小。图 6-21 所示为水泥基压电复合材料模态分析中对应的某子步的振型图。

水泥基压电复合材料模态分析结果　　　　　　　　　　表 6-3

模态阶次	频率（Hz）	子步
1	1.3282×10^{-2}	1
2	3.8706×10^{-2}	2
3	16945	3
4	53018	4
5	56092	5
6	1.1334×10^{5}	6
7	1.1334×10^{5}	7
8	1.3028×10^{5}	8
9	1.7848×10^{5}	9
10	1.7856×10^{5}	10
11	2.0361×10^{5}	11
12	2.0361×10^{5}	12
13	2.4738×10^{5}	13
14	2.4738×10^{5}	14
15	3.0261×10^{5}	15
16	3.0442×10^{5}	16
17	3.1838×10^{5}	16
18	3.1839×10^{5}	16
19	3.6184×10^{5}	16
20	3.8998×10^{5}	16

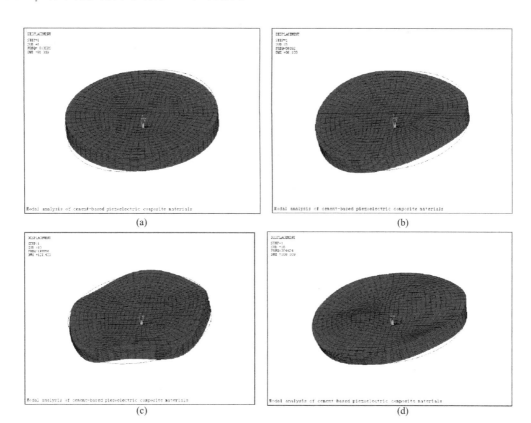

图 6-21　纳米水泥基压电智能块材振型图

（a）子步 1 振型图；（b）子步 5 振型图；（c）子步 10 振型图；（d）子步 16 振型图

6.5　本章小结

　　根据复合材料力学理论确定 PCM 三大矩阵系数的理想值，同样利用 ANSYS 对水泥基压电复合材料进行了一系列的仿真模拟：静力分析、模态分析、谐响应分析、瞬态动力分析，主要结论如下：

　　（1）PCM 的 x 向与 y 向位移、应力结果同样相同，其 y 向、z 向位移、应力变化规律为上表面边缘处产生最大值，依次向里减小。

　　（2）分别在短路和开路状态下得到复合材料的谐振频率和反谐振频率，存在重频现象，没有正交性。

　　（3）PCM 的 y 向、z 向位移、应力、应变均在 400kHz 达到响应极值，表现出了稳态响应的特性。

　　（4）其 y 向、z 向位移、应力、应变结果在最初阶段存在迟滞效应，但水泥基的掺入对迟滞效应影响不大，且波形更加圆滑，产生的这种迟滞效应也是可以接受的。

　　（5）对于特定的压电元件，当位移量（压力）一定时，电压值随着压电元件的厚度的增加而增大。

　　（6）水泥基压电复合材料的正压电效应下的频率仍存在重频现象，且前几阶频率相对较小，但仍不满足工程振动频率范围的要求。

本章参考文献

[1]　孙扬. 0-3 型水泥基压电复合材料的制备与改性[D]. 西安科技大学,2017.

[2]　丁绍华,马永力. 振动真空方法对水泥基压电复合材料性能提高表征测试[J]. 中国测试,2019,45 (3):30-35.

[3]　孙雷. 健康监测用压电复合材料制备及性能研究[D]. 哈尔滨工程大学,2017.

[4]　N. Jaitanong,H. R. Zeng,G. R. Li,Q. R. Yin,R. Yimnirun,A. Chaipanich. Investigations on Morphology and Domain Configurations in 0-3 Lead Magnesium Niobate Titanate-Portland Cement Composites by SEM and PFM[J]. Ferroelectrics,2013,455(1).

[5]　Yongli Ma,Ma Yongli,Yin Dezheng,Wang Xueyao,Li Yingwei,Jiang Qinghui. Cement-based piezoelectric composite sensor designed for charactering the three-dimensional stress state in concrete[J]. Smart Materials and Structures,2020,29(8).

[6]　Cédric Dumoulin,Arnaud Deraemaeker. A study on the performance of piezoelectric composite materials for designing embedded transducers for concrete assessment[J]. Smart Materials and Structures, 2018,27(3).

[7]　谢正春,张小龙,卜祥凤,潘广香. 基于 ANSYS 的 1-3 型水泥基压电复合材料力电响应分析[J]. 蚌埠学院学报,2018,7(5):9-13.

[8]　王治. 水泥基压电复合材料的模拟与优化设计[D]. 浙江大学,2014.

[9]　钟维烈. 铁电物理学[M]. 北京:科学出版社,1996.

[10]　Roundy S. On the effectiveness of vibration-based energy harvesting[J]. Journal of Intelligent Material Systems and Structures,2005,16(10): 809-823.

[11]　沈观林,胡更开,刘彬. 复合材料力学[M]. 北京:清华大学出版社,2006.

[12]　李国,叶裕明. ANSYS 土木工程应用实例[M]. 北京:中国水利水电出版社,2010.

[13]　张朝晖. ANSYS15.0 结构分析应用实例解析[M]. 北京:机械工业出版社,2010.

[14]　张波,盛和太. ANSYS 有限元数值分析原理与工程应用[M]. 北京:清华大学出版社,2005.

[15]　王新敏. ANSYS 工程结构数值分析[M]. 北京:人民交通出版社,2007.

[16]　张帅. 0-3 型水泥基压电复合材料 FEM 分析与优化设计[D]. 青岛理工大学,2014.

[17]　凌桂龙,李战芬. ANSYS14.0 从入门到精通[M]. 北京:清华大学出版社,2013.

[18]　张应迁,张洪才. ANSYS 有限元分析从入门到精通[M]. 北京:人民邮电出版社,2010.

[19]　谭长健,张娟. ANSYS 高级工程应用实例分析与二次开发[M]. 北京:电子工业出版社,2006.

[20]　杨永谦,肖金生. 使用有限元分析技术-ANSYS 专题与技巧[M]. 北京:机械工业出版社,2010.

[21]　商跃进,王红. ANSYS 有限元原理与 ANSYS 实践[M]. 北京:清华大学出版社,2012.

[22]　祝效华,余志祥. ANSYS 高级工程有限元分析范例精选[M]. 北京:电子工业出版社,2005.

[23]　王金龙,王清明,王伟章. ANSYS12.0 有限元分析与范例解析[M]. 北京:机械工业出版社,2010.

第 7 章　压阻/压电复合型纳米水泥基智能块材及结构监测研究

7.1　引言

结构健康监测技术是一门综合利用信号处理、传感技术、通信技术的交叉学科，其目的是对结构进行设计验证和优化，实时地对结构损伤监测和评估。将结构监测能力融合于水泥基体本构中，不仅可以有效解决混凝土和智能材料之间的相容性问题，还能大大提高智能材料的传感精度和驱动力。传统结构健康监测手段以压阻式或压电式传感器应用最为广泛：压阻式响应时间大于 10ms，检测频率上限 200Hz，适合于（准）静态信号和低频信号的检测；压电式响应时间小于 5ms，检测频率可以达到几千赫兹，适合于（准）动态信号和高频信号的检测。

为提高水泥基智能块材对（准）静态和动态信号的兼容性，将对（准）静态信号敏感的压阻型增强材料和对动态信号敏感的压电型增强材料复合制备压阻/压电复合型纳米水泥基智能块材，可以做到动、静态信号独立接收和转化，对结构各节点性能进行更全面、精准、实时的监测，可以实现对结构的全频域性能监测。

7.2　压阻/压电复合型纳米水泥基智能块材制备工艺研究

锆钛酸铅 $Pb(Zr_xTi_{1-x})O_3$（PZT）是一种钙钛矿型 ABO_3 结构材料，由铁电相 $PbTiO_3$（$T_c = 490℃$）和反铁电相 $PbZrO_3$（$T_c = 230℃$）组成的固溶体。在 PZT 系固溶体相图中，准同型相界（MPB）是在一个铁电四方相和菱形相相交的区域，其 x 约为 $0.52\sim0.53$。在 MPB 上的 PZT 具有高的压电特性、介电特性以及居里温度，因此成了迄今为止应用最为广泛的压电陶瓷材料。锆钛矿型 ABO_3 晶体结构示意图如图 7-1 所示。

其中，A 代表正二价金属离子，B 代表正四价金属离子，O 代表正二价的氧离子。

PZT 压电陶瓷是一种具有优良的压电、热释电和铁电性能的陶瓷材料，以 PZT 为基材的压电型传感器具有价格低廉、操作简便、可实时监测等优点。然而，纯压电陶瓷水泥基压电复合材料在实际使用时仍存在断裂韧性不足、脆性偏大等问题。碳纳米管（CNT）具有独特的纳米效应，其力学

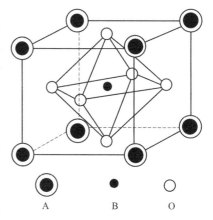

图 7-1　锆钛矿型 ABO_3 晶体结构示意图

性能、化学稳定性和热稳定性均较好，将它添加在水泥中不但可以起到增强、阻裂、增韧的效果，而且其优异的压阻特性已经得到广泛证实，可以实现结构的智能自感知功能。不难预计，将 PZT 与 CNT 经过合适的工艺复合进水泥基体中，可以制备出兼容（准）静态和动态信号的压阻/压电复合型纳米水泥基智能块材。

7.2.1　PZT 压电陶瓷微纳米粉体的合成制备

1. 试验原料及仪器

本试验由乙酸铅、硝酸氧锆、钛酸丁酯分别提供铅源、锆源和钛源，以乙二醇为溶剂，乙酸和氨水为辅助原料，首先制备前驱体溶液，然后制备纳米级锆钛酸铅（PZT）粉体。所需主要原料及设备见表 7-1、表 7-2。

纳米 PZT 粉体主要试验原料、厂家及特点　　　　　　　　　　表 7-1

原料名	生产厂家	纯度
乙酸铅($PbC_4H_6O_4 \cdot 3H_2O$)	上海统亚化工科技发展有限公司	99.5%
硝酸氧锆($ZrO(NO_3)_2$)	上海统亚化工科技发展有限公司	99.5%
钛酸丁酯($Ti(OC_4H_9)_4$)	上海润捷化学试剂有限公司	≥98%
乙二醇($HOCH_2CH_2OH$)	烟台三合化学试剂有限公司	96%
蒸馏水(H_2O)	—	—
冰醋酸(CH_3COOH)	烟台三合化学试剂有限公司	≥99.5%
氨水(NH_3)	烟台三合化学试剂有限公司	25%~28%
导电银浆	上海市合成树脂研究所	—
二甲基硅油	上海谱振生物科技有限公司	—
无水乙醇	烟台三合化学试剂有限公司	—

主要试验设备、厂家、型号及用途　　　　　　　　　　表 7-2

设备名称	生产厂家及型号	主要用途
恒温磁力加热搅拌器	上海梅颖浦仪器仪表制造有限公司 SH21-1	均匀混合和充分反应
pH 计	上海鹏顺科学仪器有限公司	调剂 pH 值
电热鼓风干燥箱	南京实验仪器厂 HG101-1A	干燥成凝胶
电子万用炉	浙江上虞市道墟立明公路仪器厂	预烧除去样品中的有机物
高温炉	龙口市电路制造厂 XZK-3 型	煅烧钙钛矿结构的 PZT 粉体
电子天平	江苏常熟双杰测试仪器厂 TY20002 型	物料称量
X 射线衍射仪	德国 BRLJKER 公司 D8SAIVANCE	物相分析
激光粒度分析仪	济南润之科技有限公司 Rise-2202 型	粒度分析
红外光谱压片设备	德国布鲁克 Bruker	成型
集热式恒温加热磁力搅拌器	郑州科泰实验设备有限公司 DF-101S 型	极化
高压直流电源	东文高压电源(天津)有限公司	极化
LCR 数字电桥	常州同惠电子有限公司 TH2617B 型	电容参数测试
准静态 d33/d31 测量仪	中科院声学研究所 ZJ-6A 型	压电常数测试

2. 溶胶-凝胶法制备 PZT 微纳米粉体

考虑到溶胶-凝胶法的影响，取浓度、pH 值、反应时间和煅烧温度四个试验参数，根据标准化的正交表选做四因素三水平表。其中浓度可任选主要反应物与溶剂的质量比，本试验选用主要反应物中的乙酸铅与乙二醇的质量比作为浓度参数，分别为 10％、15％和 20％；由于在酸性条件下反应物更容易形成稳定的溶胶，但是 pH 值过低又会影响凝胶的时间，将 pH 值定为 4、5 和 6；反应时间至少为 2h，反应物才能充分反应，故反应时间取为 2h、3h 和 4h；溶胶-凝胶法制备的 PZT 粉体在 500℃左右能形成钙钛矿结构，煅烧温度为 600℃、700℃和 800℃。前驱物反应温度定为 60℃，最后粉体煅烧时间定为 2h。本试验选用 $L_9(3^4)$ 正交表，配比设计见表 7-3。

纳米 PZT 粉体制备配比设计　　　　　　　　　　　　　表 7-3

编号/影响因素	浓度(%)	pH 值	反应时间(h)	煅烧温度(℃)
A1	10(1)	4(1)	2(1)	600(1)
A2	10(1)	5(2)	3(2)	700(2)
A3	10(1)	6(3)	4(3)	800(3)
A4	15(2)	4(1)	3(2)	800(3)
A5	15(2)	5(2)	4(3)	600(1)
A6	15(2)	6(3)	2(1)	700(2)
A7	20(3)	4(1)	4(3)	700(2)
A8	20(3)	5(2)	2(1)	800(3)
A9	20(3)	6(3)	3(2)	600(1)

（1）原料配比计算

按 $Pb(Zr_{0.52}Ti_{0.48})O_3$ 化学组成，考虑到 Pb 组分在烧结中 10％的挥发损耗，选取试验原料的摩尔比为 Pb：Zr：Ti＝1.1：0.52：0.48。本试验取摩尔比为 0.033：0.0156：0.0144，由此摩尔比可取乙酸铅的量为 10.725g，则硝酸氧锆为 3.6072g，钛酸丁酯为 4.9005g。由乙酸铅浓度为 10％、15％和 20％，计算得溶剂乙二醇的量分别为：96.525g、60.775g 和 42.9g。

（2）试验过程

前驱体溶液配制：按正交试验中设计的配比，每组分别配置硝酸氧锆水溶液（取 3.6072g 硝酸氧锆溶于 50mL 蒸馏水中）、钛酸丁酯乙二醇溶液（取 4.9005g 钛酸丁酯溶于 20mL 乙二醇中）、乙酸铅乙二醇溶液（取 10.725g 乙酸铅溶于剩下的乙二醇中）备用。溶胶-凝胶法制备 PZT 粉体试验流程如图 7-2 所示。

试验内容：首先，将硝酸氧锆水溶液和钛酸丁酯乙二醇溶液在恒温磁力搅拌器搅拌下均匀混合，并在 60℃反应 0.5h 后，缓慢滴加乙酸铅乙二醇溶液，然后加入适量的 pH 调节溶液（冰醋酸 pH＝4、氨水 pH＝9）调节溶液到指定的 pH 值，继续在 60℃分别反应 2h、3h 和 4h 制备出溶胶。将准备得到的溶胶于 100℃恒温干燥箱内干燥直至干凝胶形成，于电阻丝炉预烧除去有机杂质，得到的试样经玛瑙研钵研成粉末，最后将制备的粉体置于高温炉中分别以 600℃、700℃和 800℃热处理 2h 即可得到 PZT 纳米粉体。

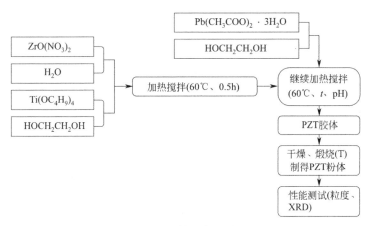

图 7-2 PZT 粉体制备试验流程图

（3）PZT 粉体物相及粒度分析

采用德国公司的 D8-advance 型 XRD，对 PZT 粉体晶型及组成进行表征，通过 XRD 分析不同试验条件下所得的样品所绘制的曲线，利用图谱分析其衍射峰，通过极差计算，找出最佳配比，并研究各试验参数对试验结果的影响。

用济南润之科技有限公司的 Rise-2202 型全自动激光粒度分析仪测试 PZT 粉体的粒度。

3. 试验结果与分析

（1）物相测试结果分析

通过 XRD 对样品进行物相分析，旨在证明溶胶-凝胶法是否能在较低温度下制备出具有钙钛矿晶型的纳米级 PZT 粉体以及其是否存在杂质相。在极差分析法中，可将 PZT 粉体在（110）晶面（$2\theta = 31.361$）的衍射峰的主峰值当作测试结果，物相分析结果如图 7-3 所示。

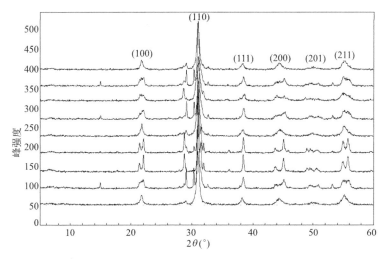

图 7-3 PZT 粉体 XRD 物相分析测试图谱（自上而下分别对应于 A1～A9 组）

图 7-3 所示为 Zr/Ti＝0.52/0.48 时，不同反应条件（浓度、pH 值、反应时间和煅烧温度）制备的纳米 PZT 粉体的 XRD 图谱。可以看出，各样品均形成了 PZT 固溶体，在

（100）、（110）、（111）、（200）、（201）和（211）晶面均存在衍射强度较高的 XRD 特征峰，说明晶体结构以钙钛矿结构为主，只是在不同程度上出现了第二相杂质——焦绿石结构。

表 7-4、表 7-5 分别为杂质相分析结果和晶面衍射峰值，采用极差分析法计算不仅直观、简单易懂，而且可以反映各因素对试验指标影响的显著程度。运用极差分析法对表 7-5 试验结果进行分析，计算出浓度、pH 值、反应时间和煅烧温度对 PZT 物相含量的平均影响效果，分析结果见表 7-6。

纳米 PZT 粉体的杂质相分析结果　　　　　　　　　　　　　　　　　表 7-4

试验编号	浓度（%）	pH 值	反应时间（h）	煅烧温度（℃）	有无明显杂质相
A1	10	4	2	600	无
A2	10	5	3	700	在 $2\theta=15°$ 和 $30°$ 附近出现较强的焦绿石结构衍射峰
A3	10	6	4	800	在 $2\theta=30°$ 附近出现较强的焦绿石结构衍射峰，（100）、（111）、（200）、（201）、（211）晶面出现峰值分裂
A4	15	4	3	800	在 $2\theta=30°$ 附近出现较强的焦绿石结构衍射峰，（100）、（111）、（200）、（201）、（211）晶面出现峰值分裂
A5	15	5	4	600	无
A6	15	6	2	700	在 $2\theta=15°$ 和 $30°$ 附近出现较强的焦绿石结构衍射峰
A7	20	4	4	700	在 $2\theta=30°$ 附近出现较强的焦绿石结构衍射峰
A8	20	5	2	800	在 $2\theta=15°$ 和 $30°$ 附近出现较强的焦绿石结构衍射峰
A9	20	6	3	600	无

PZT 粉体的（110）主晶面衍射峰值　　　　　　　　　　　　　　　　表 7-5

编号	浓度（%）	pH 值	反应时间（h）	煅烧温度（℃）	钙钛矿晶型峰值（$2\theta=31.361°$）
A1	10	4	2	600	124
A2	10	5	3	700	136
A3	10	6	4	800	140
A4	15	4	3	800	139
A5	15	5	4	600	140
A6	15	6	2	700	92
A7	20	4	4	700	81
A8	20	5	2	800	106
A9	20	6	3	600	114

PZT 粉体（110）主晶面 XRD 峰值极差分析结果　　　　　　　　　　表 7-6

极差分析	A（浓度）	B（pH 值）	C（反应时间）	D（煅烧温度）
$K1$	133.3	114.7	107.3	126
$K2$	123.7	127.3	129.7	103
$K3$	100.3	115.3	120.3	128.3
最优水平 1	10%	5	3h	800℃
极差	33	12.6	22.4	25.3
排序	A（浓度）＞D（煅烧温度）＞C（反应时间）＞B（pH 值）			

　　由表 7-6 可知，在溶胶-凝胶法制备 PZT 粉体试验过程中，对钙钛矿结构的 PZT 物相含量（用峰值表征）影响最为显著的因素是反应物的浓度，其次为煅烧温度和反应时间，影响最弱的因素是前驱体溶液的 pH 值。同时可得出：溶液浓度 10%，pH 值等于 5，反应时间 3h，煅烧温度 800℃，是制备细颗粒 PZT 粉体的最佳配比。但是结合图 7-3，煅烧温度控制在 600℃ 时，无明显的杂质相出现，而控制在 800℃ 时，均出现较强的焦绿石结构衍射峰，并且出现了峰值分裂，衍射峰的分裂与四方相晶格畸变有关，晶格畸变造成极化下降，从而使压电性能下降。综合以上因素，制备细颗粒 PZT 粉体的最佳配比应为：溶液浓度 10%，煅烧温度 600℃，反应时间 3h，pH 值等于 5。

　　（2）粒度测试结果分析

　　激光粒度分析仪采用"粒度分布"来表征粉末的粒度状态。通常测试的数据有 D10、D50 和 D90，分别代表细、中、粗的粒度指标。D10：一个样品的累计粒度分布数达到 10% 时所对应的粒径，它的物理意义是粒径小于它的颗粒占 10%。D50 和 D90 定义类同于 D10。

　　不同反应条件下制备的 PZT 粉体粒度分布曲线如图 7-4 所示。

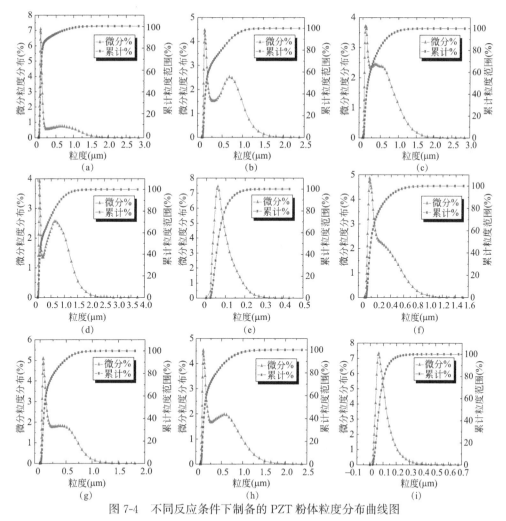

图 7-4　不同反应条件下制备的 PZT 粉体粒度分布曲线图

（a）A1 组；（b）A2 组；（c）A3 组；（d）A4 组；（e）A5 组；（f）A6 组；（g）A7 组；（h）A8 组；（i）A9 组

由图中可以看到，每组粉体的粒度分布近似呈正态分布，但是个别组的粒度分布出现了两个明显的峰，如第二组和第四组，表明粉体粒度不均匀，颗粒出现严重的团聚现象。

通过极差计算，得出样品相应于平均粒度的最佳配比，研究各反应参数对 PZT 粉体平均粒度的影响。各反应参数对粉体颗粒大小的平均影响效果见表 7-7、表 7-8。

PZT 粉体平均粒度测试结果 表 7-7

试验编号	浓度（%）	pH 值	反应时间(h)	煅烧温度（℃）	平均粒度 D50(nm)
A1	10	4	2	600	63
A2	10	5	3	700	110
A3	10	6	4	800	142
A4	15	4	3	800	129
A5	15	5	4	600	60
A6	15	6	2	700	94
A7	20	4	4	700	87
A8	20	5	2	800	105
A9	20	6	3	600	67

PZT 粉体平均粒度极差分析结果 表 7-8

极差分析	A(浓度)	B(pH 值)	C(反应时间)	D(煅烧温度)
$K1$	105	93	87.3	63.3
$K2$	94.3	91.7	102	97
$K3$	86.3	101	96.3	125.3
最优水平	20%	5	2h	600℃
极差	18.7	9.3	14.7	62
排序	D(煅烧温度)＞A(浓度)＞C(反应时间)＞B(pH 值)			

由表 7-8 可得，在溶胶-凝胶法合成 PZT 粉体试验过程中，对粉体颗粒度影响最为显著的因素是煅烧温度，其次为溶液浓度和反应时间，影响最弱的因素是 pH。煅烧温度 600℃，溶液浓度 20％，反应时间 2h，pH＝5 是制备细颗粒 PZT 粉体的最佳配比。

4. PZT 压电陶瓷片制备及其压电性能研究

压电陶瓷的制备过程包括原料粉体的混合、预烧、成型和最终烧成，随后要对烧成的陶瓷进行电极制备以备压电陶瓷性能检测。通过溶胶-凝胶法制备的陶瓷粉体无需高温煅烧，有效地降低了反应温度，可直接进行成型工艺。采用压制成型法（其工艺流程如图7-5所示），将不同反应条件下制备的 PZT 粉体烧制成压电陶瓷，测试其压电及介电性能。

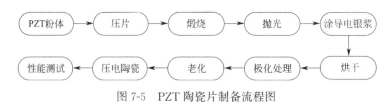

图 7-5 PZT 陶瓷片制备流程图

（1）压片

称取约 1.0gPZT 粉体，将其装入直径 13mm 的红外光谱压片模具中，用红外光谱压片设备通过旋钮施加足够大的压力将粉体压制成型，压制出直径为 13mm，厚度约为 1.0mm 的圆片，如图 7-6 所示。

（2）煅烧

采用耐火砖做托板，将陶瓷片放置在耐火砖上，盖上坩埚，形成密闭的空间，然后将其置于高温炉中，缓慢升温到 1000℃，并保温 2h，随后随炉冷却到室温。

（3）被银

PZT 压电陶瓷在进行性能测试之前要在陶瓷工作部位涂上一层结合牢固的导电电极，一般采用银电极。具体操作：先将试件表面抛光，并用无水乙醇冲洗，然后用细毛笔蘸取低温导电银浆在圆片两面慢慢浸润，并粘上极化时需用的引线，试样如图 7-7 所示。

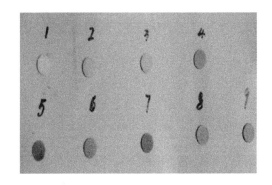

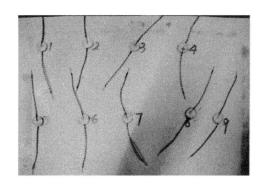

图 7-6　不同组的 PZT
陶瓷片试样外形

图 7-7　被银后及黏附电极的
不同组 PZT 压电陶瓷试样

（4）烧渗银

烧渗法是将陶瓷材料表面金属化的最常用的方法。该工艺的目的是使陶瓷片高温下在表面形成一层致密牢固、导电性好的银层。具体操作如下：将被银后的 PZT 试样放入电热鼓风干燥箱中从室温升至 100℃，打开鼓风开关，保温 3h。

（5）极化和老化处理

未经极化的压电陶瓷没有压电性能，极化后的压电陶瓷的压电性能等与极化程度有关。具体操作为：二甲基硅油中极化，极化温度 120℃，极化时间 30min，极化电场强度 3kV/mm，极化后的试样室温下老化 24h，再进行性能测试。

（6）压电及介电性能测试

通过测试 PZT 压电试样的压电常数和介电常数来表征所制备材料的电学性能。

5. 试验结果与讨论

（1）压电常数测试结果

通过 ZJ-6A 型准静态测量仪测试压电常数。每个试样取不同部位测 8 次，取其平均值。压电常数 d_{33} 测试结果见表 7-9。

不同组 PZT 片的压电常数 d_{33} 测试结果　　　　表 7-9

试验编号	浓度(%)	pH 值	反应时间(h)	煅烧温度(℃)	压电常数 d_{33}(pC/N)
A1	10	4	2	600	33.9
A2	10	5	3	700	20.5
A3	10	6	4	800	0
A4	15	4	3	800	0
A5	15	5	4	600	38.5
A6	15	6	2	700	27.8
A7	20	4	4	700	20.6
A8	20	5	2	800	16.0
A9	20	6	3	600	26.5

　　运用极差分析法对表 7-9 试验结果进行分析，计算出浓度、pH 值、反应时间以及煅烧温度对 PZT 压电陶瓷的压电常数的平均影响效果，分析结果见表 7-10。

PZT 陶瓷试样压电常数 d_{33} 极差分析结果　　　　表 7-10

极差分析	A(浓度)	B(pH 值)	C(反应时间)	D(煅烧温度)
K_1	18.1	18.2	25.9	33
K_2	22.1	25	15.7	23
K_3	21	18.1	19.7	5.3
最优水平	15%	5	2h	600℃
极差	4	6.9	10.2	27.7
排序	D(煅烧温度)>C(反应时间)>B(pH 值)>A(浓度)			

　　由表 7-11 极差结果可以看出，乙酸铅浓度为 15%，pH 值等于 5，反应时间为 2h，煅烧温度为 600℃ 时，所得粉体制备的 PZT 压电陶瓷的压电性能最好。

　　(2) 相对介电常数测试结果

　　介电常数通常采用相对介电常数来表示，先用 TH2817B 型 LCR 电桥（江苏常州同惠电子股份有限公司，常州）测样品的电容量，然后依据公式 $\varepsilon_r = \dfrac{Ct}{\varepsilon_{0A}}$（$\varepsilon_0$ 为真空介电常数，其值取为 8.85×10^{-12} F/m，t 为样品的厚度，A 为样品的有效面积，C 为被测样品的电容量，常采用频率为 1kHz 时的电容量 C）计算求得。各组 PZT 压电陶瓷的电容量测试结果和相对介电常数计算结果见表 7-11。

PZT 片电容量与相对介电常数测试结果　　　　表 7-11

试验编号	浓度(%)	pH 值	反应时间(h)	煅烧温度(℃)	电容量(pF)	相对介电常数 ε_r
A1	10	4	2	600	54.6	46.5
A2	10	5	3	700	61	51.9
A3	10	6	4	800	0	0
A4	15	4	3	800	0	0
A5	15	5	4	600	1.5	1.3
A6	15	6	2	700	71.5	60.9
A7	20	4	4	700	114	97
A8	20	5	2	800	71.6	61
A9	20	6	3	600	66.5	56.6

由表 7-12 相对介电常数极差分析结果可以看出，当制备细颗粒 PZT 粉体的配比为乙酸铅浓度 20%，pH 值等于 4，反应时间为 2h，煅烧温度为 700℃时，所得粉体制备的 PZT 压电陶瓷的介电性能最佳，最容易极化。

PZT 片相对介电常数ε_r极差分析结果 表 7-12

极差分析/影响因素	A(浓度)	B(pH 值)	C(反应时间)	D(煅烧温度)
K_1	32.8	47.8	56.1	34.8
K_2	20.7	30.1	36.2	69.9
K_3	71.5	39.2	32.8	20.3
最优水平	20%	4	2h	700℃
极差	50.8	17.7	23.3	49.6
排序	A(浓度)>D(煅烧温度)>C(反应时间)>B(pH 值)			

7.2.2 CNT 悬浮分散液的制备及表征

第 2 章已经介绍过可采用机械搅拌分散、超声波分散、电场作用分散、共价化学修饰或 SAA 非共价修饰等多重方法来获得相应的分散均匀性。本节详细探究采用 Fenton 试剂对 CNT 进行表面化学修饰，同时配合超声波分散和紫外光线照射处理，以实现 CNT 在水中的良好分散性，通过红外光谱图来比较 CNT 修饰分散效果。

7.2.3 CNT/PZT 压阻压电复合型水泥基智能块材的制备及性能

本节以硅酸盐水泥为基体，以最佳反应条件（乙酸铅浓度 15%，反应时间 2h，pH 值为 5，煅烧温度 600℃）下制备的 PZT 粉体和 Fenton 试剂表面修饰法结合超声分散、紫外线照射法（超声温度 60℃，紫外线照射时间 60min）处理过的 CNT 为功能相，尝试制备出易于极化的新型 PZT/CNT 压阻压电复合型水泥基智能块材，并测试其压电及压阻性能。

1. 试验原料及仪器

本试验所需主要试验原料见表 7-13，主要仪器设备见表 7-14。

主要试验原料、生产厂家及功能 表 7-13

原料名	生产厂家	备注
PZT 粉体	—	溶胶-凝胶法最佳反应条件下制备
CNT	中国科学院成都有机化学有限公司	经 Fenton 试剂、超声、紫外照射处理
普通硅酸盐水泥	唐山北极熊建材有限公司	水泥基体
导电银浆	上海市合成树脂研究所	电极
二甲基硅油	上海谱振生物科技有限公司	极化介质
蒸馏水	—	—
无水乙醇	烟台三合化学试剂有限公司	助磨剂

主要仪器设备名称、厂家、型号及用途　　　　　　　　　　　表 7-14

设备名称	生产厂家及型号	主要用途
电热鼓风干燥箱	南京实验仪器厂 HG101-1A	干燥样品
水热反应釜	威海自控反应釜有限公司 WDF 型	混料
电子天平	江苏常熟双杰测试仪器厂 TY20002 型	物料称量
四柱手动压片机	天津市科器高新技术公司-FY15 型	成型
集热式恒温加热磁力搅拌器	郑州科泰实验设备有限公司 DF-101S 型	极化
高压直流电源	东文高压电源(天津)有限公司	极化
电容测试仪	常州同惠电子有限公司 TH2617B 型	电容参数测试
准静态 d_{33}/d_{31} 测量仪	中科院声学研究所 ZJ-6A 型	压电常数测试

2. CNT/PZT 水泥基复合材料的制备

（1）混料

将称量好的 PZT、CNT、硅酸盐水泥在干燥状态下拌和均匀，然后在乙醇介质中用超声波清洗器在 60℃ 下超声分散 1h 后倒入反应釜中，再加入适量的乙醇做助磨剂，混磨时间为 20min。之后，将混合粉体在乙醇介质中超声分散处理（超声功率为 99W，超声时间为 1h，超声温度为 60℃）。待乙醇挥发完全，将混合粉体在研钵中磨细，装入密封袋中，混合后的粉体如图 7-8 所示。

（2）成型

称取约 1g 经步骤（1）处理过的粉体，向其中加入一滴水，搅拌均匀装入模具中，将模具放在手动压片机的工作台中央，通过摇杆施加压力直至压力表表盘示数为 10MPa（此时作用在圆片表面的压强约为 100MPa），将粉体压制成直径约 13mm，厚度约 1mm 的圆片，压好的试样如图 7-9 所示。

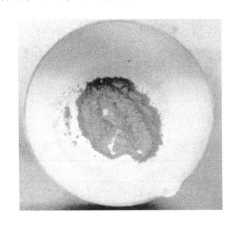

图 7-8　PZT/CNT/水泥混合粉体

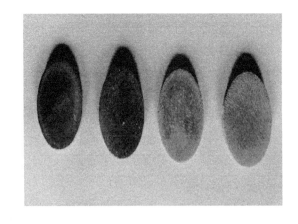

图 7-9　CNT/PZT 水泥基智能块材试样外形图（从左至右 CNT 掺量依次为 1wt%、0.7wt%、0.5wt%、0.2wt%）

（3）极化、老化

将试样放在 20℃，相对湿度为 100% 的蒸压养护箱中进行养护。养护 3d 后，取出试样将其置于恒温鼓风干燥箱中烘干，并且将圆片表面抛光磨平，用乙醇擦拭干净，然后均匀地涂上薄薄的一层导电银浆，将圆片置于恒温干燥箱中 100℃ 下烘干。烘干后，将试样置于硅油中在 100℃ 温度下极化，极化电压为 3kV/mm，极化时间 30min。极化好的试样老化 24h 后，进行压电与压阻性能的测试。

3. 微观结构分析

（1）PZT 粉体和 PZT 陶瓷片的 SEM 分析

图 7-10(a) 为最佳反应条件（乙酸铅浓度 15%，反应时间 2h，pH＝5，煅烧温度 600℃）下制备的 PZT 粉体的 SEM 图，图 7-10(b) 为由该粉体制备的 PZT 压电陶瓷片的断口 SEM 图。图中白色区域为压电陶瓷颗粒。由图 7-10(a) 可以看出，PZT 粉体呈无定形状态，在一定程度上发生了团聚，由图 7-10(b) 可以看出，PZT 粉体经烧成工艺后，晶体逐渐生长渐趋饱满，烧成之后的 PZT 晶体的平均粒径约为 0.5μm，晶粒分布较为均匀，但是也存在部分较大晶粒。粉体的团聚导致了最终晶体中存在较大颗粒，从而影响最终 PZT 压电陶瓷试样的压电性能。

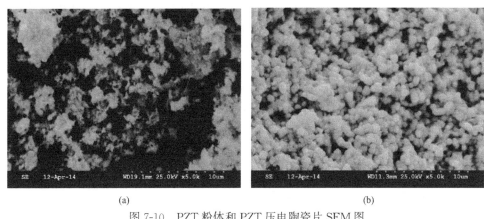

(a)　　　　　　　　　　　(b)

图 7-10　PZT 粉体和 PZT 压电陶瓷片 SEM 图

(a) PZT 粉体；(b) PZT 陶瓷片断口

（2）CNT/PZT 水泥基复合材料的微观分析

图 7-11 为 CNT/PZT 水泥复合材料试样的断口形貌，白色区域为 PZT 颗粒，黑色区域为水泥基体，CNT 分布在其中。由该图可以看出 PZT 和 CNT 在水泥基体中分布的较为均匀，且结合地非常致密，很好地验证了 CNT 在复合材料中的均匀分散。

图 7-11　CNT/PZT 水泥复合材料试样断口的 SEM 图

4. 试验结果及分析

（1）压电性能

通过压电常数和介电常数来表征水泥基复合材料的压电性能，选取相同制作工艺及功能相掺量，但制作批次不同的三组试样分别测试压电常数 d_{33}，最后取平均值，压电性能测试结果见表 7-15。

压电性能测试结果 表 7-15

项目	压电常数 d_{33} 值(pC/N)	电容量(pF)	相对介电常数
第一批	50.9	483	411.2
第二批	49.3	472	401.8
第三批	51.6	496	422.2
平均值/标准差	50.6±0.96	484±9.81	412.0±8.34

由表 7-19 可知，CNT/PZT 水泥基智能块材的压电常数 d_{33} 平均值为 50.6 pC/N，相对介电常数平均值为 412.0。最佳反应条件下制备的 PZT 粉体所压成的压电陶瓷片的压电常数平均值为 42.7pC/N，相对介电常数为 395.9，相比之下，CNT/PZT 水泥复合材料的压电常数和相对介电常数都显著提高了很多。说明加入的 CNT 在复合材料中能够实现均匀分散，它的导通作用使得压电功能相 PZT 能得到更好的极化，从而使整个水泥基复合材料的压电性能得以提高。因此，将 CNT 应用在水泥基材料中，利用制备的复合材料的本征机敏性，将其制作成一种传感元件来实现结构的实时监测是切实可行的。

（2）压阻性能

本试验采用四电极法测试试件的压阻性能，在试件成型时将铜电极预置与试模中。外电极用于施加电场，内电极用来测试电压 U_n，在电路中串联一个参比电阻 R_r，假设参比电阻两端电压为 U_r，则两内电极之间电阻为：

$$R_n = U_n \cdot R_r / U_r \tag{7-1}$$

进而可以求出试件的电阻率 ρ。

将试件的外电极、电阻箱与电源串联，用万用表同步测量电阻箱和试件内电极间的电压值，将试件的应变片与应变仪连接，用于测试试件在受压过程中的应变，应变片方向与加载方向平行。打开电源，以 0.02kN/min 的速度对试件进行单调荷载加压测试，加压极限值为 5kN，加载装置如图 7-12 所示。

用 5%PZT，三种不同 CNT 掺量（0.2wt%、0.7wt%、1wt%）制备三组试件进行测试（对应掺量编号 A、B、C），测试结果如图 7-13 所示。

从图中可以看出，A、B、C 三个试件的电阻对应变的变化均能做出响应，随着应变的增加，基体中的 CNT 形成了更多的物理搭接，使得试件的电阻率显著降低。但是试件 A 的灵敏性明显不如试件 B 与 C，这是由于 CNT 作为功能相在基体中掺量过少，即使在加载中试件形成应变构成的搭接比例也偏少，因此电阻率的变化反应要弱于 B 和 C。B、C 两个试件的结果相近，可作为试验分析依据。另外，试件所测的应变与电阻变化率之间的对应关系近似线性但并不稳定，可能是 CNT 在水泥中分散不均匀以及试块表面不平，加载时偏离中心，试块被破坏造成的。

根据上述试验结果来，CNT/PZT 水泥基复合材料具备压阻效应。但想要将其应用到

(a)

(b)

图 7-12　智能块材试件压阻性能测试

（a）加载与电极布置图；（b）采集箱及半桥法

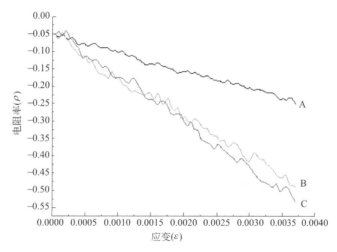

图 7-13　试件电阻率与应变关系曲线图

A—5%PZT/0.2%CNT；B—5%PZT/0.7%CNT；C—5%PZT/1%CNT

实际工作中，还要对其作为传感器的基本特性展开研究。通过线性度、灵敏度、稳定性考察试件的抗干扰能力与自身稳定性。

线性度 E 定义为：电阻率变化率-荷载之间的关系曲线与两者之间进行拟合得到的直线间的最大偏差值与电阻率变化率满量程输出之间的比值关系。

$$E = \frac{\Delta_{\max}}{Z_F} \times 100\% \tag{7-2}$$

式中　$\Delta_{\max}$——电阻率变化率（$\Delta\rho$）与荷载曲线图与拟合线之间的最大偏离程度；

　　　Z_F——电阻率变化率（$\Delta\rho$）的满程输出值。

灵敏度 K 定义为电阻率变化率与荷载之间的比值为灵敏度系数，可用最小二乘法对试件的电阻率变化率与荷载之间的关系曲线进行拟合。

$$K = \frac{\Delta \rho}{F} \qquad (7\text{-}3)$$

稳定度 e_f 是指荷载多次循环加载卸载时，电阻率变化率-循环荷载的不一致程度，可以采用在每组循环后的最大偏差与电阻率变化率比值表示。

$$e_f = \pm \frac{1}{2}(\frac{\Delta_{\max}}{\Delta \rho}) \qquad (7\text{-}4)$$

根据对 E、K、e_f 的定义，对试件最为压阻传感器的传感特性进行研究，结果见表7-16。

复合材料的压阻传感线性度、灵敏度、稳定性　　　　　　表 7-16

测试项目 分组	E	K	e_f
A(5%PZT/0.2%CNT)	$(7.7\pm0.77)\%$	$(1.09\pm0.30)\%$	$(14.4\pm8.1)\%$
B(5%PZT/0.7%CNT)	$(6.7\pm3.11)\%$	$(2.41\pm0.83)\%$	$(9.1\pm6.3)\%$
C(5%PZT/1.0%CNT)	$(3.8\pm1.74)\%$	$(1.32\pm0.06)\%$	$(2.8\pm1.3)\%$

根据 E 的定义来看，E 值越小，曲线的拟合效果越好，总的来看试件在 CNT 较高掺量下的线性度要好于低掺量的试件。当掺量较高时，试件内构成了物理搭接，使其形成一个较好的导电网络，即使未搭接的部分 CNT 距离也较近，在荷载作用下易于形成导电通路；对于灵敏度来说，K 值越大灵敏度越好，从表中看到却是 CNT0.7% 掺量的 B 试件的灵敏度要优于其他试件，相对高掺量的试件灵敏度反而没有很突出，一个主要的原因是分散性，分散性好的试件性能表现会有较好的提升；根据传感器稳定性的公式，e_f 值越小稳定性越好，低于 5% 的稳定性最优。这样来看，较高掺量的试件在稳定性上占有明显优势。综上来看，在 5%PZT 掺量的条件下，1%CNT 掺量的水泥基复合材料作为压阻传感器具备综合性能较优的传感性能，拥有良好的抗干扰及自身稳定特性。

7.3 压阻/压电复合型纳米水泥基智能块材对结构全频域监测性能研究

作为与混凝土结构声阻抗与匹配相容性好、相近服役寿命的各类水泥基传感器在过去几十年里取得了长足的发展，尤其是在高速公路、过江（跨海）桥梁、城市高架桥等交通结构领域。可以说，各种交通结构监测系统的成功很大程度归功于这些智能传感器提供精确而稳定的桥梁交通与结构数据，如精确的速度信号、触发分类信息、动力性能、位移变形等信息以及长期反馈交通信息统计数据等。掺加各类导电功能组分（炭黑、镍粉、碳纤维、碳纳米管等）的水泥基复合材料，可以形成电学性能会随外荷载-变形变化而变化的压阻型传感器，但是这类传感器对（准）静态信号敏感，而对动态振动信号不敏感，传感精度低。而掺加 PZT 粉体的水泥基复合材料可以作为电荷密度会随着外荷载-变形变化而变化的压电型传感器，主要对动态振动信号敏感，对（准）静态信号不敏感，存在本征结构韧性较低，易受到混凝土路面收缩开裂、路基下沉等自然环境的影响。同时，也没有涉及利用相应压电型传感器的逆压电效应对行车机械振动能量的有效收集、储存与各种电路供能系统。如果能克服上述缺陷，提供一种压阻/压电复合材料，将其（准）静态压阻效应与动态压电效应有机结合起来，并辅以韧性纤维增韧，有望制备一种拥有本征结构韧性高、涵盖全频域的静、动态交通结构监测以及振动自供能等多元性能于一体的智能复合材料。

7.3.1　试验原料及仪器

本试验用于 PZT 陶瓷、CNT 悬浮液、复合材料制备的部分原材料及仪器同 7.2.1、7.2.3 节新增原材料及仪器见表 7-17、表 7-18。

主要试验原料、厂家及规格　　　　　　　　　　　　　表 7-17

原料名	生产厂家	规格
丙酮(CH_3COCH_3)	青岛锦鹏化工	纯度 99%
聚乙烯醇纤维(PVA)	山东岱天工程材料有限公司	单丝直径 $6\mu m$
聚羧酸减水剂	山东郓城建材有限公司	减水率>20%
粉煤灰	济宁恒志新型建材有限公司	I 级
环氧树脂及固化剂	无锡欣叶豪化工有限公司	E-40 环氧及乙二胺固化剂

主要仪器设备、厂家及型号　　　　　　　　　　　　　表 7-18

设备名称	生产厂家	型号
行星式球磨机	弗卡斯仪器	F-P400E
万能试验机	万测试验机	ETM501A
阻抗分析仪	苏州赛秘尔电子科技有限公司	6020S
蒸汽	北京优测时代	BSYH-40B

7.3.2　压阻压电复合型纳米水泥基智能块材制备及性能测试

1. 压阻压电复合型纳米水泥基智能块材制备

PZT 压电陶瓷粉末制备过程同 7.2.1 节，以最优条件制备。

在行星式球磨机内装入 500mL 丙酮，将 100g 硅酸盐水泥、15g I 级粉煤灰干拌球磨 5min，然后与 150g 制备好的 PZT 压电陶瓷粉末球磨 15min，最后先后加入 1.0gCNT，1.5g 直径 $20\mu m$、长度 8mm 的聚乙烯醇纤维，再球磨混合 60min 得到复合材料混合料。将该混合料在丙酮介质中进一步超声分散处理 45min，挥发干燥得到混合粉体。

将制备得到的混合粉体中加入溶有 0.5g 聚羧酸高效减水剂的 30g 蒸馏水，混合后装入带有聚四氟乙烯膜的不锈钢模具中用万能试验机在 100MPa 压力下压制成 $\phi30mm\times5mm$ 圆盘式薄片试样。将薄片试样置于水泥蒸汽养护箱（蒸汽 45℃、相对湿度 RH100%）中养护 3d 后，干燥并清洁涂电极的上下表面后涂上全覆盖式的银浆电极，干燥后在室温条件下放入硅油浴锅中用 8kV/cm 的直流电源极化 1h。将极化后的圆盘式薄片用锡纸包覆，挪至 60℃烘箱中烘 12h 进行老化。

上述试样利用水泥、粉煤灰、水性树脂、水性固化剂、韧性纤维按 1：0.15：0.4：0.6：0.05 的重量比混合后封装成压阻压电复合型纳米水泥基智能块材，制备方法包括以下步骤：按照比例先将 1.0g 直径 10～20μm、长度 8mm 的聚乙烯醇纤维通过高速搅拌分散在 8g 水性缩水甘油醚类环氧树脂中，然后加入 12g 水性三乙醇胺固化剂混合，再加入 20g 硅酸盐水泥与 3g Ⅰ 级粉煤灰干拌混合料，搅拌均匀；将试样固定在带有聚四氟乙烯膜的不锈钢模具中（上级电极通过屏蔽导线引出，并接上屏蔽接头），然后将上述纤维增强树脂水泥基混合物浇入模具中，并将模具移至真空干燥箱中进行抽真空 30min；最后用水性缩水甘油醚类环氧树脂、水性三乙醇胺固化剂混合 5 倍稀释液表面覆盖养护至 28d 龄期，即得压阻压电复合型纳米水泥基智能块材。

2. 智能块材性能测试

通过 7.2.3 节的工艺制备 CNT/聚乙烯醇纤维/PZT 压阻压电复合型纳米水泥基智能块材后，需要对其综合性能进行测试以确定该智能块材在实际工程中应用的可行性。通过 ASTM C1018 韧度指数法、LCR 数字电桥、准静态测量仪、阻抗分析仪分别测试试件的断裂韧度、DC 电阻率、压电常数、介电损耗、机电耦合系数，由于试件制备的离散型，每个测试项目均取相同制备工艺但不同批次的试件，测试结果取其平均值，见表 7-19。

智能块材性能测试解果 表 7-19

项目	断裂韧度 （MPa/m$^{-1/2}$）	DC 电阻率 （kΩ·cm）	压电常数 （pC/N）	介电损耗	机电耦合系数 （%）
第一批	1.035	14.8	75.9	0.45	12.9
第二批	1.031	15.3	76.5	0.40	12.5
第三批	1.045	14.6	76.2	0.38	13.0
平均值/误差值	1.037±0.01	14.9±0.01	76.2±0.01	0.41±0.01	12.8±0.01

从表中数据可以看出，各性能的测试结果的离散型并不高，差值最多不超过 10%，这说明试件制备的效果较为理想，工艺水平较高。另外，相比较 CNT/PZT 水泥基智能块材的压电常数（50.6pC/N），CNT/聚乙烯醇纤维/PZT 纳米水泥基智能块材的压电常数又有了较大的提高，平均值达到了 76.2pC/N，性能提升超过 50%。性能提升幅度如此之高，其中一个主要原因是本次测试使用的聚乙烯醇纤维具有一定的导电性，在提高基体韧性的基础上构建起一定的导电网络。除压电常数外，智能块材的断裂韧度为 1.037MPa/m$^{-1/2}$、DC 电阻率为 14.9kΩ·cm、介电损耗为 0.41、机电耦合系数为 12.8%。

7.3.3 复合型水泥基智能块材的结构全频域监测性能研究

在上述章节中，利用对（准）静态信号敏感的 CNT 和对动态信号敏感的 PZT 制备了复合型纳米水泥基智能块材，有望实现对结构的全频域性能监测。为阐述该复合材料实际应用的可行性，本节提出一种基于桥面单元的全频域监测系统布置方案，如图 7-14 所示。支座支撑的桥面单元之间为自供能压阻压电复合型纳米水泥基智能块材（传感器系统），包括感应元件、封装外壳及动态信号采集系统、（准）静态信号采集系统。所述感应元件包括压阻/压电复合材料层和位于压阻/压电复合材料上下表面的一对电极，在感应元件外部包覆有封装外壳，压阻/压电复合材料上的一对电极通过贯穿封装外壳的电磁屏蔽导线相连。电磁屏蔽导线通过屏蔽接头与传感信号采集处理系统相连。

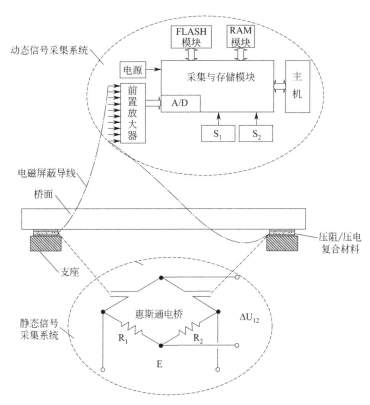

图 7-14　基于压阻/压电水泥基复合材料全频域监测系统图

　　想要实现对结构全频域的性能监测，必须保证监测系统对各频率信号的兼容性。在交通工程结构荷载频率（0.1～50Hz）范围内，对于荷载频率小于1Hz的，一般可认为是静态或准静态的荷载，如高速公路入口收费站、地磅、停车区域监控等，这时通过测试导线连接的（准）静态信号采集系统电桥一对角线两端的不平衡输出电压（ΔU_{12}）（图 7-14），获得具有相同阻值的自供能压阻/压电复合型传感系统的电导参数变化特征，再通过本领域技术人员所熟知的环境因素引起的噪声信号剔除技术，就可以实现相应准静态交通与结构参数的准确提取；而对于频率大于10Hz的动态荷载（包括循环荷载、脉冲荷载、随机荷载等形式），如高速公路跨江（海）大桥上快速行驶车辆的车型识别、车速、车流量及相应产生的结构应力、变形的检测等。为了有效测定自供能压阻/压电复合型传感系统压电效应产生的微弱电荷量，并防止电荷泄漏，这时可通过屏蔽接头连接到动态信号采集系统（包括前置电荷/电压放大器、A/D模数转换器、带通滤波器、电压放大器与存储/显示器等），如图 7-14 所示，来测试自供能压阻/压电复合型传感系统对动态信号敏感的压电参数变化情况实现相应动态感知信号的准确提取。

本章参考文献

[1]　戴亚文 . 面向工程结构的无线分布式监测系统研究[D]. 武汉理工大学，2011.

[2]　王有岩. 压电/压阻双模式柔性压力传感器动/静态力学信息检测[D]. 浙江工业大学,2019.

[3]　Kalashnyk N,Faulques E,et al. Monitoring self-sensing damage of multiple carbon fiber composites using piezoresistivity[J]. Synthetic Metals,2017,224:56-62.

[4]　江凤,蔡锴,邓平晔,王云丽,郭栋. 不同锆钛比铁铌锆钛酸铅热释电陶瓷的结构与性能[J]. 硅酸盐学报,2015,43(9):1220-1225.

[5]　刘海涛. PZT 压电陶瓷纳米晶粉体合成及掺杂改性研究[D]. 哈尔滨工程大学硕士学位论文,2005.

[6]　Khante S N,Gedam S R. PZT Based Smart Aggregate for Unified Health Monitoring of RC Structures[J]. Open Journal of Civil Engineering,2016,6(1):42-49.

[7]　M. F. Yu,O. Lourie,M. J. Dyer,et al. Strength and breaking mechanism of multiwalled carbon nanotubes under tensile load[J]. Science. 2000,(287): 637-640.

[8]　秦煜,唐元鑫,阮鹏臻,王威娜,陈斌. 碳纳米管水泥基复合材料压阻效应的多尺度研究进展[J]. 化工进展,2020,1,15.

[9]　Yu Jyh-Cheng,Lin Huang-Yao. Sensing Liquid Density Using Resonant Flexural Plate Wave Devices With Sol-Gel PZT Thin Films[J]. Microsys Technol,2008,14(7):1073-1079.

[10]　Brahmin Belgacem,Florian Calame,Paul Muralt. Piezoelectric Micromachined Ultrasonic Transducers with Thick PZT Sol Gel Films [J]. Journal of Electroceramics,2007,19(4):369-373.

[11]　郭宏霞,刘雅言,王岚,等. 溶胶-凝胶法制备纳米 $Pb(Zr_{0.52}Ti_{0.48})O_3$[J]. 应用化学学报,2002,19(12):1166-1169.

[12]　张端明,严文生,钟志成,等. PZT 四方相区介电常数 εr 与晶格畸变关系的研究[J]. 物理学报,2004,53(5):1316-1320.

[13]　黄世峰,常钧,徐荣华,等. 0-3 型压电陶瓷-硫铝酸盐水泥复合材料的压电性能[J]. 复合材料学报,2004,21(3):73-78.

[14]　Zheng Z,Zhang Y,Yi F,et al. Surface metallization of alumina ceramics:Effects of sintering time and substrate etching[J]. Ceramics International,2014,40(8):12709-12715.

[15]　黄世峰,叶正茂,常钧,芦令超,王守德,程新. 0-3 型压电陶瓷/硫铝酸盐水泥复合材料的介电频率特性和铁电特性[J]. 复合材料学报,2006,23(3):91-95.

[16]　程新,黄世峰,常钧,刘福田,芦令超,王守德. 0-3 型压电陶瓷/硫铝酸盐水泥复合材料的介电性能和压电性能[J]. 硅酸盐学报,2005,33(1):47-51.

[17]　黄世峰,郭丽丽,刘亚妹,徐东宇,程新. 1-3 型聚合物改性水泥基压电复合材料的制备及其性能[J]. 复合材料学报,2009,26(6):133-137.

[18]　王守德. 碳纤维硫铝酸盐水泥复合材料的制备及其机敏性能[D]. 武汉理工大学,2007.

[19]　关新春,刘彦昌,李惠,欧进萍. 1-3 型水泥基压电复合材料的制备与性能研究[J]. 防灾减灾工程学报,2010,30:345-347.

[20]　姜海峰. 自感知碳纳米管水泥基复合材料及其在交通探测中的应用[D]. 哈尔滨工业大学,2012.

[21]　Kim H K,Park I S,Lee H K. Improved piezoresistive sensitivity and stability of CNT/cement mortar composites with low water-binder ratio[J]. Compos Struct,2014,116:713-719.

[22]　李璐,罗健林,李秋义,孙胜伟,王旭. 不同 PZT 复合温石棉纤维/水泥基材料压电性能[J]. 压电与声光 2016,38(2):281-285.

[23]　罗健林,李秋义,赵铁军,高嵩. 压阻/压电复合材料制法及采用该材料的传感器及制法. 授权日 2014-11-26,ZL201210417696.9.

[24]　罗健林,张帅,魏雪,李秋义,李璐,孙胜伟. CNT 改性水泥基压电复合材料制备与压电性能[J]. 压电与声光 2015,37(3):437-441.

[25]　魏雪,罗健林,李秋义,张帅,王彬彬,李璐. 纳米 PZT 粉体制备及 PZT/水泥基复合材料压电性能

[J]. 压电与声光 2015. 37(4)：707-712.

[26] 罗健林,李秋义,赵铁军,王旭,吴晓平. 压阻/压电夹层材料的制备方法,授权日 2018-11-23,ZL201610473869.7.

[27] J. L. Luo, C. W. Zhang, L. Li, B. L. Wang, Q. Y, Li, K. L. Chung, C. Liu. Intrinsic sensing properties of chrysotile fiber reinforced piezoelectric cement-based composites. Sensors 2018，18（9）：2999-3008.

第8章 压阻/压电复合型纳米水泥基智能薄膜及结构监测技术

8.1 引言

压电式传感器响应时间快，适用于动态信号的检测，例如检测瞬态力变化、形变速度等。但是压电传感信号不能反映物体最终的受力状态和应变状态。而压阻式传感器的优越性往往体现在对在静态力的检测上，根据电流值的大小实时检测出物体的受力状态和形变状态。同样压阻式传感器也存在不足之处，压阻式传感器不能感知物体的受力方向和弯曲应变方向，而且对物体的应变速率也不敏感。因此，单一模式的传感器在检测过程中会丢失很多重要信息。为解决这些不足，需要通过合理的材料选择和结构设计制备一种新型的、柔性的、能同时实现动/静态力学信息检测的双模式压力传感器，罗健林等专利提出了将压阻传感器及压电传感器进行复合，将动态力学信号和静态力学信号同时进行检测传输，同时为使得传感器方便粘贴，降低施工难度，提出了夹层式薄膜传感器，相比于传统的块状传感器表现出极大的优势，成为嵌入式混凝土结构健康监测的理想材料。

归纳起来压电薄膜相比于其他压电体具有以下特点：（1）压电电压常数 d_{33} 表征的是压电材料受到冲击力输出电压信号大小的能力，压电薄膜的压电电压常数优于压电陶瓷；（2）密度小、质量轻、柔韧性好性能稳定，可制成任意形状以满足实际使用的需求，能与结构相兼容，而且对结构功能影响小；（3）机械强度与韧性高，在湿度、温度及化学物质等环境因素作用下有很高的压电稳定性；（4）敏感性强，对机械应力与应变能快速做出反应；（5）电压灵敏度高，方便进行数据的采集与处理；（6）频响范围能从 $0.1Hz$ 感测到几 GHz；（7）在准静态、低频、高频、超声及超高频下均能响应机电效应；（8）介电强度高，可承受强电场的作用，当电场强度很大时，压电陶瓷已经退极化；（9）制作成本低；（10）安装工艺简单易行，便于后期检修。

8.2 静电纺丝法制备 MCNT/PZT 纤维改性压电复合薄膜及性能研究

锆钛酸铅（PZT）压电陶瓷因其极高的压电常数 d_{33}（$450\sim650pC/N$）被称为压电之王，是一种成熟的混凝土健康监测压电材料。其缺点在于高污染、毒性大、易碎以及制作成本高。

MCNT/PZT 纤维改性压电复合薄膜制备过程如下：

（1）静电纺丝制备纯钙钛矿相 $PbZr_{0.52}Ti_{0.48}O_3$ 纳米纤维，首先在乙酸、无水乙醇和乙酰丙酮混合溶剂中，依次添加钛酸四丁酯、乙酰丙酮锆、碱式乙酸铅、聚乙烯吡咯烷酮，制得 PZT 溶胶凝胶纺丝前驱体；再利用静电纺丝机制备 PZT 的纤维结构，最后通过后续热处理工艺充分去除有机物并使 PZT 纳米纤维充分结晶获得纯钙钛矿相的 PZT 纳米纤维，如图 8-1、图 8-2 所示。

图 8-1　夹心式压电传感器结构示意图

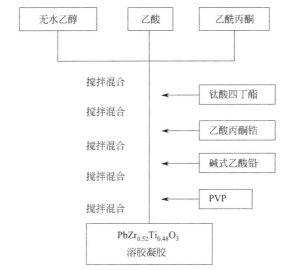

图 8-2　$PbZr_{0.52}Ti_{0.48}O_3$ 溶胶凝胶配置工艺流程图

（2）压电复合相的制备。以 1∶10∶100 的质量比分别称取 MCNT、PZT 纤维和聚二甲基硅氧烷（PDMS），充分搅拌使得成分均匀。随后超声 10～15min，去除气泡获得PZT/PDMS/MCNT 复合压电相，用于下一步的旋涂工艺。

（3）旋涂工艺。使用匀胶机在镀有氧化铟锡（ITO）的 PET 基底上旋涂厚度精确的压电相。设置匀胶机程序，依次在 PET 基底上旋涂厚度一定的 PDMS 相、复合压电相和 PDMS 相。

（4）极化工艺。将压电传感器的引线与高压电源正负极相连接，极化电压设置在400～600V。缓缓提高加载电压防止极化过程中出现击穿现象。需在烘箱中进行极化，极化温度 90℃，极化时间 3～4h。

8.3　MCNT/PZT 纤维改性压电复合薄膜压阻压电传感性能

通过试验分析 MCNT/PZT 纤维改性压电复合薄膜传感器在大应变条件下的传感特性。设置步进电机的步进速度为 16mm/s，设置变形为 0.4、0.6、0.8、1.2、1.6、2.0mm，所对应的压电传感器的应变量分别为 1.3%、2.0%、2.7%、4.0%、5.3%、

6.7%。从图 8-3 中可以看出，压电传感器在 2mm（应变量为 6.7%）时的应变量输出电压高达 10V，应变-电压曲线的拟合度 $R_2=0.99077$，具有非常高的线性度，灵敏度系数约为 5V/mm，由此可知 MCNT/PZT 纤维改性压电复合薄膜传感器具有优异的压电性能。

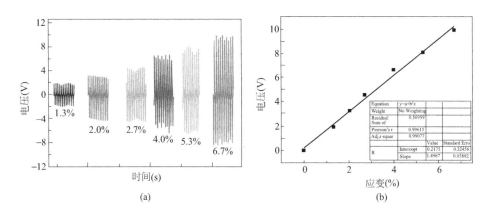

图 8-3　MCNT/PZT 压电复合薄膜传感器大应变条件下电压输出信号和应变-电压线性拟合图
（a）电压输出信号图；（b）应变-电压线性拟合图

8.4　旋涂成膜法制备 MCNT 组装薄膜/ZnO 纳米线复合薄膜

纳米氧化锌（ZnO）具有压电性能稳定、机电耦合系数强的特点，且环保无污染，因此可用纳米 ZnO 替代高污染、毒性大、成本高的传统含铅压电陶瓷锆钛酸铅（PZT）制成压电型传感器，用于结构健康监测。

8.4.1　原材料与试验仪器

相应的试验原料及试验仪器见表 8-1～表 8-6。

MCNT 主要性能指标　　　　　　　　　　　　　　　　　　　　　表 8-1

直径 D(nm)	长度 L(μm)	纯度	理论密度(g/cm^3)
10~20	10~15	>90%	2.1

MCNT 羧基化主要化学药品　　　　　　　　　　　　　　　　　　表 8-2

试剂	重量比	化学分子量(g/mol)	密度(g/mL)	生产厂家
浓硫酸	H_2SO_4：H_2O=98：2	98.08	1.84	国药集团化学试剂有限公司
浓硝酸	HNO_3：H_2O=70：30	63.01	1.42	国药集团化学试剂有限公司

MCNT 氨基化主要化学药品　　　　　　　　　　　　　　　　　　表 8-3

试剂	分子式	化学分子量	密度	试剂规格	产地
浓盐酸	HCl	36.46	1.17g/mL	AR	Sinopharm
甲苯	C_7H_8	92.14	0.87g/mL	AR	上海彼得化学剂有限公司

续表

试剂	分子式	化学分子量	密度	试剂规格	产地
四氢呋喃(THF)	C_4H_8O	72.11	0.89g/mL	AR	富宇试剂
偶氮二异丁腈(AIBN)	$C_8H_{12}N_4$	164.2	1.1g/mL	AR	天津市大茂化学试剂厂
氯化镍	$NiCl \cdot 6H_2O$	237.7		AR	Sinopharm
五氧化二磷	P_2O_5	141.9	2.39g/cm³	AR	Sinopharm
铝粉	Al	26.98	2.7g/cm³	AR	Sinopharm
无水乙醇	C_2H_5OH	46.07	0.79g/mL	AR	Sinopharm

制备纳米锌主要化学药品 表 8-4

名称	化学式	纯度	厂家	备注
锌	Zn	≥99%	天津富辰化学试剂公司	主材料;前驱体
硝酸锌	$Zn(NO_3)_2 \cdot 6H_2O$	≥99%	国药集团化学试剂有限公司	主材料;前驱体
醋酸锌	$Zn(CH_3COO)_2$	≥99%	国药集团化学试剂有限公司	种子层
PVA(2000)	$(C_2H_4O)n$	≥98%	国药集团化学试剂有限公司	粘合剂
无水乙醇	C_2H_6O	≥99%	国药集团化学试剂有限公司	溶剂
氨水	$NH_3 \cdot H_2O$	25%~28%	国药集团化学试剂有限公司	主材料
去离子水	H_2O		试验室自制	溶剂;反应物

压阻层制备试验材料 表 8-5

名称	纯度	产地	备注
MCNT 压阻层	—	试验室自制	压阻层
ZnO 压电层	—	试验室自制	压电层
导电银浆	—	上海市合成树脂研究所有限公司	导电层
锌片	≥99%	天津富辰化学试剂公司	基片

主要试验仪器 表 8-6

名称	型号	厂家	备注
分析天平	TY20002 型	江苏常熟双杰测试仪器厂	物料称量
恒温干燥箱	HG101-1A 型	南京实验仪器厂	干燥成干凝胶
电阻丝炉		浙江上虞市道墟立明公路仪器厂	去除杂质
红外压片机		德国布鲁克 Bruker 公司	粉体压片
红外模具		天津天光光学仪器有限公司	压片
真空干燥箱	DZF	上海一恒科学仪器有限公司	干燥粉体
扫描电子显微镜	S3500N 型	日本 Hatchi 公司	表观形貌分析
真空泵	YC7144	上海酷瑞泵阀制造有限公司	抽真空
超声波清洗机	KQ2200DB	昆山超声仪器有限公司	超声分散
热重分析仪	SDTQ600	上海精密科学仪器有限公司	官能团的损失
紫外分光光度计	UV-5500	上海精密仪器仪表有限公司	分散性能的测试

名称	型号	厂家	备注
超声破碎机	FS-550T	上海生桥超声仪器有限公司	分散
匀胶机	KW-4B	北京塞德凯斯电子有限责任公司	旋涂种子层
高温炉	XZK-3 型	龙口市电路制造厂	陶瓷化
X 射线衍射仪	D8-Advance 型	德国 Brljker 公司	物相分析
激光粒度分析仪	Rish-2000 型	济南润之科技有限公司	粒度分析
万能拉伸试验机	CMT5205/53	MTS 工业系(中国)有限公司	压阻效应试验
万用电表	VC9808+	VICTOR	监测电阻
准静态 d33/d31 测量仪	ZJ-6A 型	中科院声学研究所	压电性能测试
LCR 数字电桥	TH2817B	通惠	监测阻抗、电容

8.4.2 MCNT 组装薄膜/ZnO 纳米线复合薄膜制备过程

（1）制备羧基化 MCNT，首先将 500mg MCNT，50mL 浓硝酸，150mL 浓硫酸依次加入三口瓶，然后将三口瓶置于超声波清洗仪中在 60℃、40Hz 的条件下超声分散 6h；超声分散结束后，静置冷却 24h，用倾析法弃去上层液体；用足量去离子水稀释、洗涤，然后用真空泵连接带有滤膜的抽滤瓶抽滤，重复大约 3 次，至 MCNT 悬浊液 pH>6；将 MCNT 悬浊液置于 50℃ 干燥箱中，干燥 4h，最后研磨得到羧基化的 MCNT 粉末；其流程如图 8-4 所示。

（2）制备氨基化 MCNT，偶氮引发剂 AIBN 加热分解产生的自由基与 MCNT 反应，得到氰基化改性的 MCNT-AIBN，然后在 N_2 作为保护气的条件下，经由 Al-NiCl·$6H_2O$-THF 体系还原得到了氨基化的改性 MCNT-NH_2，具体流程如下：

1）预处理：①称取一定量 MCNT，溶于 0.4mol/L 的盐酸溶液中，进行水浴加热至 100℃ 保持 1h，静置 24h；加入适量氢氧化钠进行稀释，并进行离心处理得到黑色固体，将黑色固体干燥、研磨备用；②重结晶 AIBN，按照 AIBN、无水乙醇配合比为 1∶10 的比例，水浴加热温度至 50℃，保持 2h，冷却重结晶 AIBN。

2）氨基化：①取 100mg MCNT，160mL 甲苯，置入三口瓶，超声洗涤 2h；②加入 9.6g 重结晶 AIBN，持续通入 $N_2$15min 除氧后，在 75℃ 下磁力搅拌 5h；③用甲苯洗涤产物 4~5 遍，干燥得到 MCNT-AIBN；④加入 125mLTHF，超声分散 2h，再加入 17.9g NiCl·$6H_2O$，继续超声分散 1h，并通 $N_2$15min；⑤加入 1.35gAl，将溶液冷却约 20min 后，加入 100mL 四氢呋喃稀释过滤；取滤渣加入 3mol/L 的硫酸镍（试验室自制）；⑥将得到的产物进行离心烘干，研磨、备用（图 8-5）。

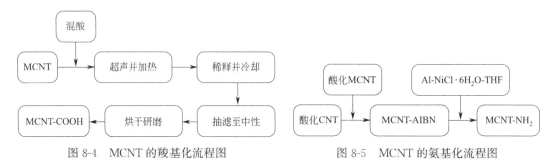

图 8-4　MCNT 的羧基化流程图　　　　图 8-5　MCNT 的氨基化流程图

（3）采用层层自组装工艺将两种改性的 MCNT 沉积，制备不同层数的 MCNT 薄膜。

（4）采用水热法制备 Nano-ZnO，将玻璃作为基底，旋涂醋酸锌种子层（图 8-6）。

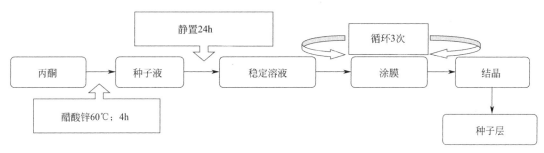

图 8-6　种子层制备流程图

（5）控制氨水（OH^-）浓度和硝酸锌（Zn^{2+}）浓度获得 $Zn(OH)_2$ 前驱体，制备溶胶，过程中尽量防止 $Zn(OH)_2$ 发生聚沉。

（6）以水泥作为胶凝剂，Nano-ZnO 为基体，采用胶凝法制备 Nano-ZnO 压片，高温陶化制备 ZnO 压电陶瓷。

（7）采用锌片，用砂纸进行打磨直至光滑有亮光，在锌片的一侧用一定掺量的 PVA，将官能化 MCNT 聚合体进行粘结，得到与金属锌基片具有一定粘结力的压阻层，另一侧采用液相混合法，以锌片为基片以及反应物，以氢氧化钠、氨水作为 OH^- 反应源，通过控制逆反应制备出 Nano-ZnO 压电层。

（8）表面涂层导电胶，放置在养护箱中调至 150℃ 烘干制片；纳米 ZnO 阵列的制备流程如图 8-7 所示。

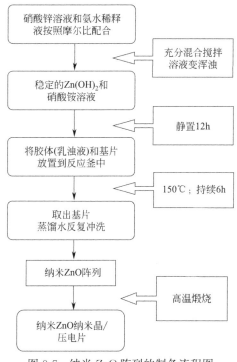

图 8-7　纳米 ZnO 阵列的制备流程图

（9）接线并在表面涂覆保护层环氧树脂或聚二甲基硅氧烷（PDMS）。

（10）将制备好的压阻/压电复合薄片贴附在待测水泥试块的表面，接入电路（图 8-8）。

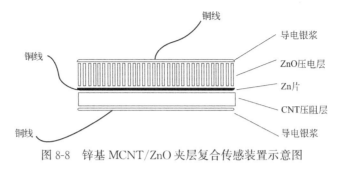

图 8-8 锌基 MCNT/ZnO 夹层复合传感装置示意图

8.5 MCNT 组装薄膜/ZnO 纳米线复合智能薄膜对结构全频域监测性能研究

8.5.1 压力试验对 MCNT 组装薄膜/ZnO 纳米线复合薄膜传感器压阻性能影响

通过图 8-9 我们可以看出，在受压力状态下传感器的压阻性表现出了较为稳定的力学响应能力。从图 8-9(a) 可以看出，电阻随荷载增大而减小，当电阻值在压强为 0MPa 时为最大值 11.9kΩ，在压强为 10.7MPa 时为最小值 0.6kΩ，幅值变化为 11.3kΩ，变化率为 94.96%（本次试验采用的再生砂浆混凝土极限承载能力为 11.9MPa）；从图 8-9(b) 可以看出，电阻值在压强为 0MPa 时为最大值 3.09kΩ，在压强为 7.1MPa 时为最小值 0.005kΩ，幅值变化为 3.085kΩ，变化率为 99.838%（再生砂浆混凝土的极限承载能力为 7.1MPa）。

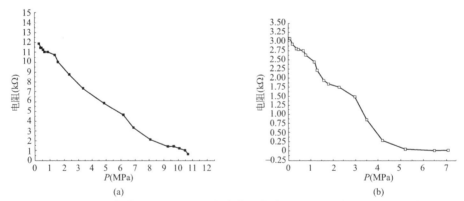

图 8-9 MCNT 组装薄膜/ZnO 纳米线复合薄膜传感器电阻变化率与加载变化曲线图
(a) 掺杂 200mg PVA；(b) 掺杂 100mg PVA

我们可以看出，在竖向荷载作用下，总体上电阻随荷载的增大而减小。其次 PVA 掺量明显影响了压阻片的阻值范围，在稳定性方面，高掺量的压阻曲线较为稳定。此外在试验过程中，PVA 掺量过低会造成 MCNT 的分散性差，掺量过高则容易导致传感器受压时发生脆性断裂，因此压阻传感器 PVA 的掺量要适当。当 PVA 掺量为 100mg 时，压强增加过程中传感器发生了非线性变化，这一现象与材料的性质有关，在实际运用中需要引起足够的重视。

8.5.2　压力试验对 MCNT 组装薄膜/ZnO 纳米线复合薄膜传感器压电性能影响

图 8-10 描述了在压力荷载下传感器的电容、电压变化，从而可以得到感应电动势的数值，通过图 8-10（a）可以看出，随着压力荷载的增加电压不断增加，在压强为 19.9MPa 时达到极大值 209.2mV；通过图 8-10（b）可以看出，随着压力荷载的增加电容逐渐变大，在压强 19.9MPa 时达到极大值 74771pF。同时通过观测拟合曲线，发现监测的点具有较强的跳跃性，但基本维持在拟合直线周围，电压曲线为 $y = y_0 + A_1(1 - e^{(-x/t_1)}) + A_2(1 - e^{(-x/t_2)})$，如图 8-10（a）所示，可以看出在压强小于 5MPa 时电压呈线性增长，在 4.7MPa 时达到 202.1mV，之后趋于稳定。

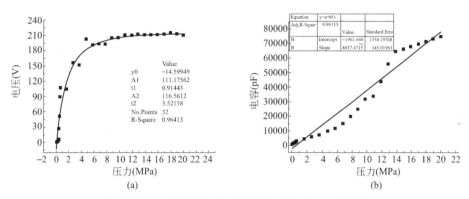

图 8-10　压电信号曲线与加载变化点分布及拟合曲线
（a）电压与压力荷载关系点分布图；（b）电容与压力荷载关系点分布图

不难看出在压力荷载下，电压随荷载增大而增大，但在超过极限荷载之后，不再发生变化；随着压力荷载的增加电容也逐渐变大，拟合电容曲线的斜率为 4017.47，如图 8-10（b）所示，确定系数 R^2 为 0.96113，接近于 1，说明传感器适用于力学监测。

8.5.3　三点弯曲荷载对 MCNT 组装薄膜/ZnO 纳米线复合薄膜传感器压阻性能影响

图 8-11 为传感器电阻变化率（$\Delta R/R_0$）与加载位移的关系曲线，从图中可以看出，在拉伸状态下，PVA 掺量明显影响了传感器电阻变化率，当掺量 100mg 时，其电阻变化率在 60% 左右；当掺量为 200mg 时，电阻变化率在 54% 左右；当掺量为 500mg 时，电阻变化率在 25% 左右。曲线线性较为平整，通过单方面电阻率变化率来看，在掺量为 100mg 表现优异。在压缩状态下，掺量为 100mg、200mg 时的电阻变化率基本相等，在 48% 左右；掺量为 500mg 时电阻变化率维持在 27%。

应力拉伸导致压阻传感器截面变小，限制了电子的流动，因此电阻相应的增加；在压缩状态下，传感器的横截面增大，相应的电阻减小。其次，在 5 次循环荷载下，传感器表现出了良好的弹性恢复性能。通过观察，官能化 MCNT 与 PVA 掺量之间存在一定的比例关系，在两者比例适宜时才能发挥最大的压阻性能和力学韧性，否则会出现两种极端问题，PVA 掺量过低导致不能成膜，MCNT 在受力过程中容易脱落，甚至因为 MCNT 占比大导致电阻率极低，电阻变化率不易测量等问题；PVA 掺量过高会导致传感器镀膜脆性大，在压力作用下发生断裂，同时因为 MCNT 占比小导致电阻率过高，能耗极度增加等问题，在试验过程中得出较为适宜的配合比为 $m(MCNT):m(PVA)=1:0.8\sim1:1.5$，在接下来的试验中可以适当的采取这一配合比。

第 4 章采用层层自组装法制备 MCNT 压阻薄膜弯曲荷载产生的电阻变化率分别为 9 层对应 80%，12 层对应 50%，与之相比采用掺杂 PVA 的办法得到 MCNT 组装薄膜/ZnO 纳米线复合薄膜传感器，当 $m(PVA):m(MCNT)=5:1$ 时，电阻变化率为 25%；当 $m(PVA):m(MCNT)=2:1$ 时，电阻变化率为 54%；当 $m(PVA):m(MCNT)=1:1$ 时，电阻变化率为 60%。

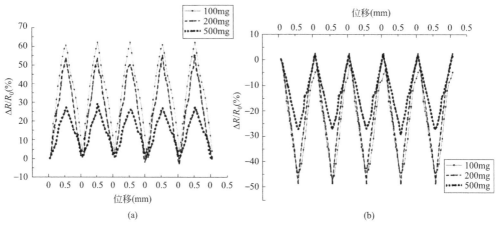

图 8-11　传感器的电阻变化率（$\Delta R/R_0$）与加载位移关系曲线

(a) 拉伸状态；(b) 压缩状态

8.5.4　三点弯曲荷载对 MCNT 组装薄膜/ZnO 纳米线复合薄膜传感器压电性能影响

试验过程中，为保证纳米 ZnO 阵列受到的荷载均匀且基体弹性良好，将传感器薄膜依附于钢片上。图 8-12 为传感器电压值变化与加载位移的关系曲线，图中 line1 表示水热法制备的 ZnO 压电层，line2 表示碱法制备的 ZnO 压电层，不难看出碱法制备的压电层荷载响应效率明显高于热液法。碱法制备的压电层最大电压发生在最大位移下为 46.5mV，但在完成第一个循环之后最大电压发生衰减，第二个波峰为 38.8mV，衰减了大约 16.6%，随后的波峰顺次发生衰减，但衰减率逐渐减小，最后一次衰减率为 7.2%。相较于碱法，水热法制备的压电层产生的最大电压为 15.9mV，随后几个循环最大电压同样发生了衰减，第二个波峰为 12.1mV，衰减了大约 13.9%。

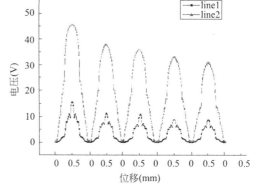

图 8-12　压缩状态下电压值变化
与加载位移关系曲线

电压信号的衰减主要原因是传感器在每次接受压力荷载加压的状态下，纳米晶 ZnO 阵列与基体粘结不牢固，或者纳米晶之间的松动断裂，导致压电层受压之后不再保持原状态，从而导致电信号的衰减。通过观察曲线的衰减趋势，发现在多次衰减之后将会趋于平衡。

8.5.5　MCNT 组装薄膜/ZnO 纳米线复合薄膜压阻/压电传感特性

1. MCNT 组装薄膜/ZnO 纳米线复合薄膜传感器灵敏度

描述传感器对力的敏感程度，需要通过计算其阻值变化范围来反应灵敏度，借助式（8-1）～式（8-3），通过电阻变化率与应变之间的比来反映传感器的灵敏度系数：

$$K = \frac{\Delta R/R_0}{\varepsilon} \times 100\% \tag{8-1}$$

$$\Delta R = R - R_0 \tag{8-2}$$

式中　R_0——传感器未受力产生的初始电阻；

　　　R——传感器在应力状态下电阻值；

　　　ε——单位荷载下传感器发生的应力变化。

$$\varepsilon = \frac{6fh}{L^2} \tag{8-3}$$

式中　f——挠度；

　　　L——传感器预制电极间距离；

　　　h——传感器厚度值。

图 8-13 表示在拉伸和压缩状态下传感器的灵敏度与循环荷载加载次数的关系曲线，从图中可以看出，PVA 掺量对传感器的灵敏度影响较明显。拉伸状态下，灵敏度随 PVA掺量的增加而降低，当掺量为 500mg 时，灵敏度最低，在 0.5～0.6 之间波动；掺量为200mg 时，灵敏度次之，在 1.0～1.1 之间；当掺量为 100mg 时，灵敏度最高，可达1.2。压缩状态下，灵敏度也随 PVA 掺量的增加而降低，其灵敏度变化率较拉伸状态下较小，当掺量为 500mg 时，其灵敏度维持在 0.55 左右；当掺量为 200mg 时，介于0.85～0.95 之间；当掺量为 100mg 时，其灵敏度在 1.0 左右波动。

对比两状态下灵敏度的变化图可以看出，在循环荷载作用下，无论是拉伸状态还是压缩状态，PVA 掺量一定时关系曲线接近水平，在同一 PVA 掺量下传感器的灵敏度会在很小的范围内上下波动，离散程度较小，保持一定的稳定状态。

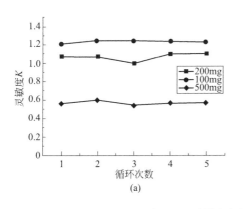
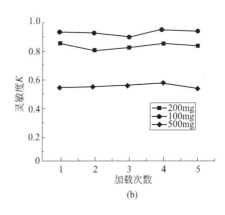

图 8-13　灵敏度与循环加载次数关系曲线

(a) 拉伸状态；(b) 压缩状态

2. MCNT 组装薄膜/ZnO 纳米线复合薄膜传感器线性度

通过对比不同掺量的 PVA 对电阻率极值的影响（图 8-14），得出 PVA 掺量在不同程度上影响了电阻率的变化，随着掺量的增加电阻变化率相应地减小。通过图 8-14 我们可以看出，拟合优度（Goodness of Fit）的确定系数 R^2 较接近于 1，尽管电阻率极值测点与拟合曲线略有偏差，但基本坐落在拟合曲线两侧，这表明测点没有显著凸出点，较为均匀。

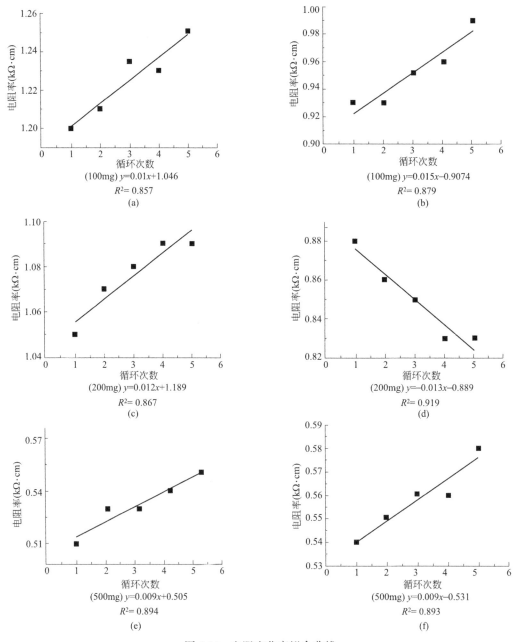

图 8-14　电阻变化率拟合曲线

（a）、（c）、（e）拉伸状态；（b）、（d）、（f）压缩状态

从 MCNT 结构进行分析，管状结构之间的连接密集程度决定于粘合剂 PVA 掺量的多少，适当的 PVA 掺量不仅可以为 MCNT 提供支撑骨架作用，而且可以将对 MCNT 的电学性能影响程度降到最小。

8.5.6　振动荷载对 MCNT 组装薄膜/ZnO 纳米线复合薄膜传感器性能影响

压电传感器将振动荷载转变成电荷信号，因此组件主要由压力检测体以及电路放大器组成，如图 8-15 所示。为了将电荷信号进行更精确的测量和处理，通常在电路中放置电荷放大器，将电荷信号转换成电压信号。

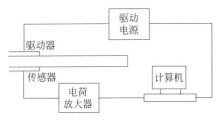

图 8-15　ZnO 振动测量线路示意图

压电传感器兼具测量荷载强度大小和荷载频率以及荷载与结构因共振引起的共振强度的作用，压电信号强度一方面由受力的大小决定，其次与荷载的频率有关，若频率越接近压电材料的自振频率则压电信号会越大。力锤的击打力度要足以激发传感器进行信号监测，这就要求传感器的刚度足以支撑锤击。为适应于现实工程条件，在振动荷载下还应当具有一定的弹性恢复能力，受监测的试件需要进行重新设计。

试验设计的传感器类型为外贴式传感器，力锤敲击的力不宜过大，控制在 100N 左右，力度太大，会引起周围结构（试验台）共振，造成试验结果不准确；力度太小，则没有电信号的输出。

激振力锤采用北京东方振动和噪声技术研究所 INV9313 型 ICP 中型力锤，灵敏度为 0.201mV/N，测力范围 0～25000N；信号采集仪采用 INV3062T0 型，搭配 DASP v11 工程版分析软件，采集仪单通道最高采样频率为 51.2kHz，动态范围 120dB；振动传感器采用朗斯测试技术有限公司 LC0103 型 ICP 加速度传感器，灵敏度范围为 49.5～50.1mV/g，谐振频率为 32kHz，频率范围为 0.35～10000Hz，如图 8-16 所示。

图 8-17 展示的为传感器外贴在规格为 20mm×40mm×400mm 的水泥板上锤击力度时域波形图，锤击力度分别为 150N、200N、250N，通过振动谱图看出，锤击力度和水泥板振动，响应时间均为维持在 0.015 秒之内。通过水泥板振动时域波形图观察可以看出锤击力度影响振动幅度、加速度，锤击力度分别为 150N、200N、250N 时对应的最大加速度分别为 16.15605m/s²、18.8632m/s²、27.25988m/s²。

图 8-16　DASP 振动测量装置实物图

通过图 8-18 可以看出，输出的电压信号与振动荷载发生了迟滞，即在击打水泥板之后，锤击力为 150N、200N、250N 时分别对应的极限值为 5.21mV、7.21mV、8.2mV。在数值上可以看出，振动荷载与传感器的电压信号输出呈线性关系，输出的电压值随着锤击力度的增加而相应地提高。

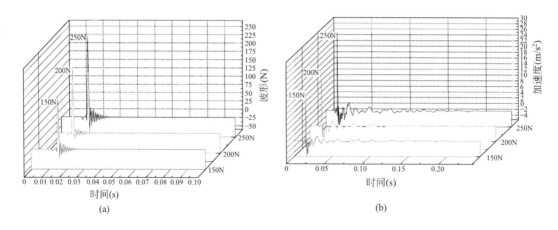

图 8-17 水泥板上锤击力度时域波形图

（a）锤击力度时域波形图；（b）水泥板振动时域波形图

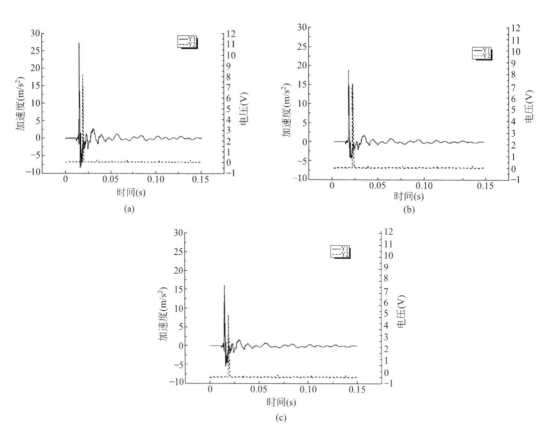

图 8-18 振动时域波形图与输出电压关系曲线

（a）锤击力度 150N；（b）锤击力度 200N；（c）锤击力度 250N

8.6　MCNT/ZnO 夹层式复合薄膜制备及性能研究

8.6.1　原材料与试验仪器

MCNT 羧基化、氨基化主要试验材料和仪器见表 8-7、表 8-8。原材料和试验仪器与 8.4 节相同，现主要介绍纳米 ZnO 的制备及复合薄膜的组装过程。

纳米 ZnO 粉体及复合薄膜制备主要试验材料表　　　　表 8-7

名称	化学式	纯度	厂家	备注
硝酸锌	$Zn(NO_3)_2 \cdot 6H_2O$	≥99%	国药集团化学试剂有限公司	主材料
氨水	$NH_3 \cdot H_2O$	25%～28%	国药集团化学试剂有限公司	主材料
聚乙烯醇	$(C_2H_4O)_n$	≥98%	国药集团化学试剂有限公司	粘合剂
氧化铝	Al_2O_3		天津广成化学试剂有限公司	覆盖
无水乙醇	C_2H_5OH	≥99.7%	国药集团化学试剂有限公司	助磨剂
去离子水美国道康宁 184PDMS	H_2O		试验室自制	溶剂封装材料

纳米 ZnO 粉体及复合薄膜制备主要试验仪器表　　　　表 8-8

名称	型号	厂家	备注
集热式恒温加热磁力搅拌器	DF-101S 型	郑州科泰实验设备有限公司	加热、搅拌
温度计	TM-902C	长沇仪表	测温度
剪切乳化搅拌机	JBJ300-D-1	上海标本模型厂	制备纳米 ZnO
搅拌机调速器	JB	上海标本模型厂	调节搅拌机转速

除此之外，还需 10mL 量筒、胶头滴管、石棉网、药匙、保鲜膜、1000mL 烧杯、pH 试纸、玻璃棒、坩埚、250mL 烧杯、耐火砖等。

8.6.2　MCNT/ZnO 夹层式复合薄膜制备过程

（1）称取 4.5g 硝酸锌，加入 500mL 去离子水，放入超声波清洗机中超声 15min；再量取 5.8mL 氨水，加入 150mL 去离子水，放入超声波清洗机中超声 15min。将两种溶液混合。

（2）调整高速剪切乳化机的转速为 10000r/min，调整搅拌机头高度，使溶液中形成涡流。温度计实时测试溶液的温度，25min 后温度可达 100℃，继续保持转速一定时间后停止。

（3）冷却至室温，用去离子水清洗过滤数次。在干燥箱中 60℃干燥 5h，得到 ZnO 粉体（图 8-19）。

（4）在 MCNT 薄膜两边分别涂上一层导电银胶，分别接上导线引出，避免与压电层相互干扰。

（5）将美国道康宁 184PDMS 主剂、美国道康宁 184PDMS 稀释剂、纳米 ZnO 粉体以

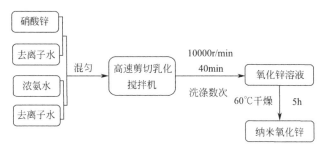

图 8-19 ZnO 纳米粉体制备流程图

10：1：5 比例混合，放入 250mL 的烧杯中，将烧杯放在超声波清洗机中超声 1h，使 PDMS 和纳米 ZnO 充分混合，然后用玻璃棒搅拌，再用玻璃棒蘸取 PDMS 和纳米 ZnO 混合物均匀涂抹到 MCNT 薄膜上。

（6）最后将两个 MCNT 薄膜扣在一起，用真空泵抽至真空度为 0.02Pa，调节温度和反应时间分别为 40℃和 36h，得到 MCNT/ZnO 夹层薄膜传感器（图 8-20、图 8-21）。

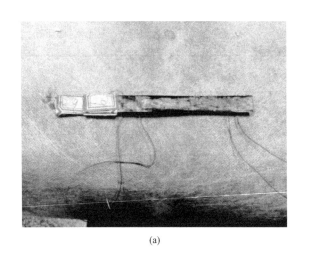
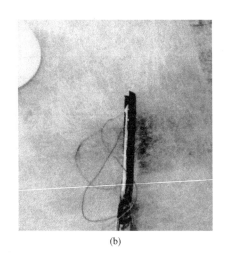

(a)   (b)

图 8-20 0-3 型 MCNT/ZnO 夹层薄膜传感器

（a）正面；（b）侧面

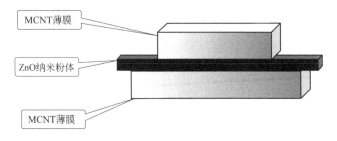

图 8-21 MCNT/ZnO 夹层式复合薄膜 Sandwich 结构模型

8.7　MCNT/ZnO 夹层式复合薄膜对结构全频域监测性能研究

8.7.1　ZnO 陶瓷片压电性能测试

采用 ZJ-6A 型准静态 d_{33}/d_{31} 测量仪，测量 ZnO 压电陶瓷片的压电系数 d_{33}。不同反应时间下的压电系数见表 8-9。

不同反应时间下的压电系数表　　　　　　　　表 8-9

试验编号	反应时间(min)	pH 值	压电系数 d_{33}(pC/N)
A1	30	9	8.3
A2	30	10	8.54
A3	30	11	10.36
A4	35	9	9.0
A5	35	10	10.91
A6	35	11	13.13
A7	40	9	9.03
A8	40	10	11.98
A9	40	11	12.54

压电系数反应材料的弹性性能和介电性能之间的耦合关系是压电系数越大，压电性能越好。由表 8-9 比较 A1、A4、A7 可知，随着反应时间的增加，压电系数相应地随之增加；比较 A4、A5、A6 可知，随着 pH 的增大，压电系数增大，说明氨水的分量越大，碱性越强，得到的 ZnO 压电性能越好。对比表中数据可得在反应时间为 35min，pH 为 11 的条件下，所得到的 ZnO 压电系数最大，压电性能最好。

8.7.2　三点弯曲对 MCNT/ZnO 夹层式复合薄膜传感器压阻性能影响

在自然环境的温度和湿度下，控制传感器的跨中位移在 0～5mm 范围内变化，加卸载形式为 0→0.5mm→1.0mm→1.5mm→2.0mm→2.5mm→3mm→3.5mm→4.0mm→4.5mm→5.0mm→4.5mm→4.0mm→3.5mm→3.0mm→2.5mm→2.0mm→1.5mm→1.0mm→0.5mm→0，设置加载速率为 2mm/min，每隔 30s 记录一次数据，如此连续重复 10 个循环，对所得数据进行分析验证传感器的线性度、可逆性、恢复性（试验不考虑加载速度的影响）。

从图 8-22、图 8-23 中可以看出，有 6 层薄膜的传感器电阻变化率最大，达到 67％左右，3 层、9 层、12 层薄膜的传感器电阻变化率分别为 40％、55％、30％，最大值约是最小值的 2.2 倍，而且随着跨中位移的变化传感器的电阻变化率近似呈线性变化。在跨中位置传感器受到拉伸时电阻变大，受到压缩时电阻减小。这是因为 MMCNT 薄膜受到应力作用时，禁带宽度发生了变化，导致载流子的浓度发生改变，同时电导率也发生了改变。在三点弯曲加载/卸载试验过程中，传感器电阻变化率（$\Delta R/R$）紧随着位移的变化而变化，在每个循环过程中，位移增加时，电阻变化率（$\Delta R/R$）也随之增加，位移减小时，电阻变化率（$\Delta R/R$）也随之减小，两者显示出良好的线性关系。

同时从图中还可以观察到，在 6 次循环加载/卸载过程中，电阻变化率的变化规律基本保持一致，这表明 MCNT/ZnO 夹层式复合薄膜传感器具有良好的线性响应性能以及恢复性和重复性。此外每次循环电阻变化率的起始点和终止点基本一致，表明传感器具有较好的稳定性。

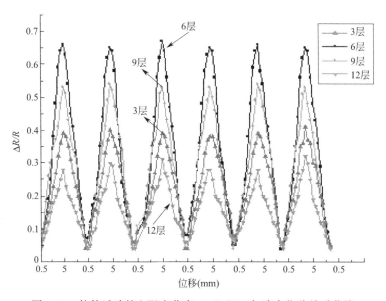

图 8-22　拉伸试验的电阻变化率（$\Delta R/R$）与跨中位移关系曲线

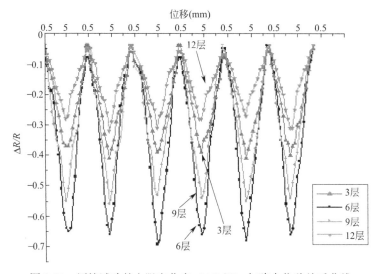

图 8-23　压缩试验的电阻变化率（$\Delta R/R$）与跨中位移关系曲线

8.7.3　不同加载速率对 MCNT/ZnO 夹层式复合薄膜传感器压阻性能的影响

为了测试不同加载速率对 MCNT/ZnO 夹层式复合薄膜传感器压阻性能的影响，分别测试了 0.5mm/min 和 5mm/min 加载速率下薄膜传感器电阻率的变化情况，由先前试验可知 6 层薄膜传感器的电阻变化率变化情况最明显，所以选用 6 层薄膜传感器来测试不同加载速率对电阻变化率的影响。为了减少试验变量，控制加载位移为 5mm，设置加载速率为 2mm/min，每隔 30s 记录一次数据，连续重复加载 6 个循环。

　　图 8-24、图 8-25 显示，无论是拉伸还是压缩状态下，随着加载速率的增大，传感器电阻变化率的峰值均有减小趋势。这是因为加载速率大时，试件还未达到极限应变，即电阻变化率还未达到自身的极值，采集的数据偏小，还有可能是加载的速率过大，试件发生滑移所致。

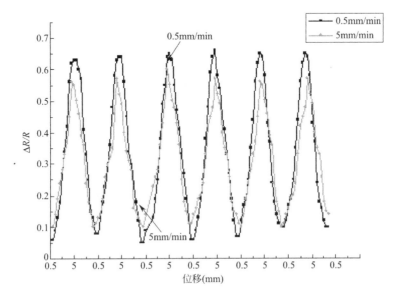

图 8-24　拉伸状态下 0.5mm/min 和 5mm/min 的电阻变化率图

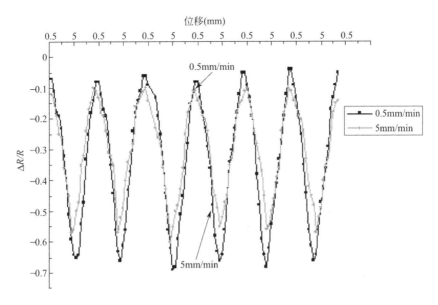

图 8-25　压缩状态下 0.5mm/min 和 5mm/min 的电阻变化率图

8.7.4 MCNT/ZnO 夹层式复合薄膜压阻传感特性

1. MCNT/ZnO 夹层式复合薄膜传感器灵敏度

仍利用式（8-1）～式（8-3）计算 MCNT/ZnO 夹层式复合薄膜传感器灵敏度系数，试验中电极间隔长度为 60mm，试样厚度为 1mm，最大弯曲挠度为 5mm。由式（8-3）计算可得，$\varepsilon = 0.5$。

从图 8-26 可以看出，在循环荷载作用下，无论是拉伸还是压缩状态，MCNT/ZnO 夹层式复合薄膜传感器均能保持较高的灵敏度，灵敏度系数稳定离散程度较小，6 层薄膜传感器的灵敏度系数最高约为 1.3/mm，9 层薄膜传感器灵敏度约为 1.1/mm，3 层薄膜传感器灵敏度约为 0.75/mm，12 层薄膜传感器的灵敏度最低约为 0.55/mm。灵敏度系数在一定范围内波动，排除试验误差等原因，产生这种现象可能是由于每次循环时间间隔较短，传感器在先前循环产生的形变还未完全恢复，或者 MCNT 的内部分子间距、分子间作用力还未恢复到初始值。

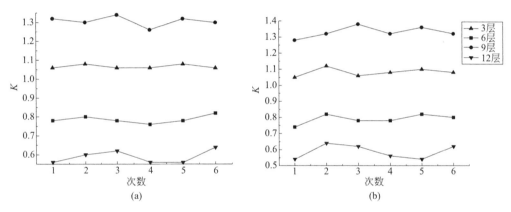

图 8-26 不同层数的薄膜的灵敏度系数
（a）拉伸状态；（b）压缩状态

2. MCNT/ZnO 夹层式复合薄膜传感器线性度

不同层数的薄膜传感器的试验数据见表 8-10。

不同层数薄膜传感器线性度测试表 　　　　　　　表 8-10

线性度 e 循环次数	受力状态	层数			
		3	6	9	12
1	拉伸	2%	5.28%	6%	2.4%
	压缩	2.7%	7%	5%	2.2%
2	拉伸	3%	6%	3.8%	2%
	压缩	2.2%	3.6%	3.8%	3.6%
3	拉伸	3.8%	3.7%	3.3%	1.8%
	压缩	3.8%	5.9%	3.3%	2.9%
4	拉伸	4.6%	6%	3.6%	2.8%
	压缩	2.8%	5.2%	2.95%	2.4%
5	拉伸	3.8%	6.2%	3.4%	2.4%
	压缩	2.2%	4.6%	3%	1.6%

续表

线性度 e 循环次数	受力 状态	层数			
		3	6	9	12
6	拉伸	3.8%	6.2%	4.3%	2.4%
	压缩	2.2%	4.6%	3%	1.6%
平均	拉伸	3.5%	5.56%	4.07%	2.3%
	压缩	2.65%	5.15%	3.51%	2.38%

由线性度的定义可知：线性度越小，曲线越接近于直线，拟合程度越好。表 8-10 中的数据显示：6 层薄膜传感器的线性度最大，9 层薄膜的线性度大于 3 层薄膜的线性度，12 层薄膜的线性度最小。MCNT/ZnO 夹层薄膜传感器的线性度波动较小，随着循环次数的增加，不同层数的薄膜线性度均出现一定程度的增加。这是因为外力的作用下，MC-NT 的结构受到破坏，内部连接点之间发生剥离，导致电阻发生变化。另外分析表内数据发现除 12 层薄膜外，其余层数的薄膜在压缩状态下的线性度均小于在拉伸状态下的线性度，这是因为试样为 Sandwich 结构，试验时先进行拉伸试验，进行下一次试验时 MCNT 的内部分子间距、分子间作用力还未恢复到初始值导致的。

8.7.5　振动荷载对 MCNT/ZnO 夹层式复合薄膜传感器性能影响

试验采用压电系数 d_{33} 为 13.13pC/N 的纳米 ZnO。力锤的力控制在 150N 左右，敲击 4 次，以减少试验误差。将薄膜传感器放在平整的桌面上，在传感器的跨中位置上下对称粘贴一对压电片，作为振动测量系统的传感器和驱动器，薄膜传感器将检测到的信号通过电荷放大器传输给计算机。

在制备传感器时调整美国道康宁 184PDMS 主剂、美国道康宁 184PDMS 稀释剂、纳米 ZnO 粉体三者的质量比，制成三组纳米 ZnO 掺量不同的传感器：A1 组质量比为 10：1：1；A2 组质量比为 10：1：5；A3 组质量比为 10：1：10。用以研究纳米 ZnO 的掺量对 MCNT/ZnO 夹层式复合薄膜传感器压电响应性能的影响。

图 8-27 （a）、（c）、（e）为纳米 ZnO 掺量不同的三组 MCNT/ZnO 夹层式复合薄膜传感器的时域波形图，图像的横坐标表示振动持时，纵坐标表示输出电信号。图 8-27 （a）、（c）、（e）的振动持时分别约为 0.07s、0.06s、0.04s。相应的电信号峰值分别为 62.7mv、53.01mv、71.45mv。对比图 8-27 （a）、（c）、（e）三组图像发现在一次锤击激励作用下，振动持时有逐渐减小的趋势。这是因为传感器的阻尼效果随着纳米 ZnO 掺量的增加变高了，而且纳米 ZnO 未发生团聚均匀的填充在 PDMS 中。

图 8-27 （b）、（d）、（f）为纳米 ZnO 掺量不同的三组 MCNT/ZnO 夹层式复合薄膜传感器的频域波形图，图像的横坐标表示频率，纵坐标表示加速度。图 8-27 （b）、（d）、（f）中，一阶频率均为 5Hz，对应的加速度峰值分别为 3.35m/s^2、3.01m/s^2、1.86m/s^2；二阶频率分别为 55Hz、65Hz、75Hz，对应的加速度峰值分别为 2.54m/s^2、2.22m/s^2、1.50m/s^2。分析图像发现随着纳米 ZnO 掺量的增加，加速度的峰值减小，能量均集中在 500Hz 以内，振动的衰退变快。因为当传感器的刚度、质量都保持一致时，传感器的阻尼越大，振动衰退就越快，传感器在外力振动干扰下就能快速地减弱振动和振幅，可以起到减振的效果，传感器的灵敏度也就越好。

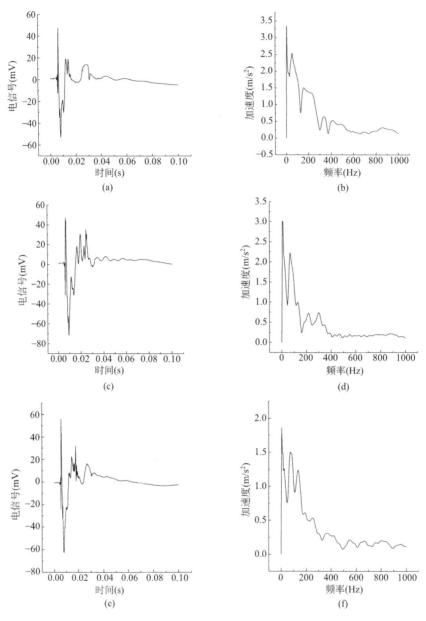

图 8-27　PDMS 主剂/稀释剂/ZnO 比不同时瞬态锤击时程

（a）10：1：1 组时域波形图；（b）10：1：1 组频域波形图；（c）10：1：5 组时域波形图；
（d）10：1：5 组频域波形图；（e）10：1：10 组时域波形图；（f）10：1：10 组频域波形图

由上述试验可知，A3 组的阻尼性能更好（美国道康宁 184PDMS 主剂：美国道康宁 184PDMS 稀释剂：纳米 ZnO 粉体＝10：1：10），以该比例制成 MCNT/ZnO 夹层式复合薄膜传感器继续试验，由于传感器试件较小，四组传感器分别用 50N、100N、150N、200N 的力每隔 0.01h 锤击一次，为了减小误差以及验证传感器的稳定性，每组连续敲击三次。

图 8-28 为四组 MCNT/ZnO 夹层式复合薄膜传感器的应力-时间电信号图。应力的大小可通过全程波形图直接观测到。从图中可以看到，随着应力的增加，输出的电信号峰值

也随之增大，峰值分别为 45mv，90mv，135mv，200mv。同一应力条件下锤击三次，每次电信号的峰值几乎相等，说明传感器的稳定性能良好。另外，在力锤快速加载-卸载的同时，电信号达到峰值后迅速降至 0，表明传感器的灵敏度较好。

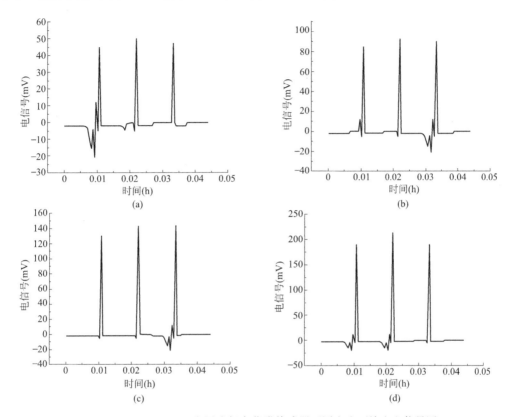

图 8-28 MCNT/ZnO 夹层式复合薄膜传感器不同应力下输出电信号图

(a) 50N；(b) 100N；(c) 150N；(d) 200N

8.8 静电纺丝法制备 MCNT/PVDF 压电复合薄膜及性能研究

聚偏二氟乙烯（PVDF）是有机高分子半晶态聚合物，是一种半结晶型高聚物材料，是目前唯一获得广泛应用的铁电共聚物。根据不同的使用要求，可将 PVDF 制成薄膜、厚膜和管状等各种形状。由于其经过高压人工极化等特殊处理，因此 PVDF 具有与其他压电材料完全不同的物理特性。

由于 PVDF 分子结构链有氟原子，因此其在恶劣的环境中也能保持稳定的化学性质，除此之外，还具有耐疲劳性强、柔韧性好、机械强度高、耐冲击、易加工成大面积元件和阵列元件、价格便宜等优点，同时 PVDF 材料也具有一定的缺点，比如：抗电磁干扰能力、耐火性、抗破坏能力、抗剪能力差，易受到外界电子干扰等。

PVDF 柔性压电薄膜克服了 PZT 压电陶瓷易碎、难以监测大应力应变的局限，成功应用于主动式和被动式的混凝土健康监测。

制备 MCNT/PVDF 压电复合薄膜主要原料与制备过程如下：

1. 原材料及试验仪器

PVDF 购自美国 Sigma-Aldrich 公司，N, N-二甲基甲酰胺（DMF）和丙酮均购自德国默克公司。

电纺装置由电场、发射装置和收集装置组成。利用 0～25kV 的高压电源提供一个适当的电场；发射装置用注射泵（Harvard-PHD 2000 注资，美国）和针头组成，针头是由两根长度均为 9cm 的针组成同轴针（内针直径 0.8mm，外针直径 1.6mm）。发射装置发射的纳米纤维被随机收集在一个覆盖着铝箔的矩形薄片上。为了使纳米纤维能够排列一致，还设计了一种收集装置，该装置是一个含有多条平行于轴的铜线的转筒。在静电场下，纳米纤维在铜线之间的空隙上拉伸，使纳米纤维能够排列一致，宽度在几厘米范围内（图 8-29）。

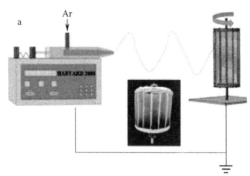

图 8-29　空心纳米纤维静电纺丝装置的示意图（采用同轴针和旋转的线框滚筒）

2. MCNT/PVDF 压电复合薄膜制备流程

（1）在 30℃下将 PVDF 溶解在 DMF/丙酮（两者比例为 7∶3）混合物中，放置 24h，制备成 18wt% 的均匀溶液。

（2）将 0.05wt% MCNT（相对于混合物的质量）添加到混合物中，并超声处理 30min。

（3）高压电源电压调为 20kV，注射泵进给速率恒为 0.8mL/h，针头内针进料氩气，外针进料混合溶液，调整针头到收集装置的距离为 20cm，开始纺丝。

8.9　MCNT/PVDF 压电复合薄膜传感性能

8.9.1　MCNT/PVDF 压电复合薄膜中纳米纤维的形态

间隙对准技术和自制滚筒的高速旋转两者的协同作用，使 MCNT/PVDF 纳米纤维获得了更好的排列，并且滚筒间隙之间产生了额外的拉伸力，能够将 PVDF 静电纺纳米纤维的平均直径减小到 80±6nm，普通的静电纺丝工艺无法将这种尺寸限制到几纳米（图 8-30）。

在本次试验中，氩气的流速在 0.4～2mL/h 之间变化，当氩气的进料速度为 1mL/h 时，制备出了均匀的 PVDF 中空纳米纤维，其壳层厚度为 50nm，如图 8-31 所示。由于 MCNT 是柔性的，所以在静电纺丝过程中，很小的一部分 MCNT 可能会从纳米纤维表面凸出［图 8-32（b）］，这种现象可以证明 PVDF 中存在 MCNT。

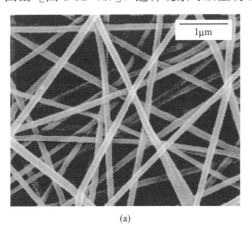
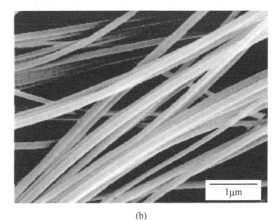

(a)　　　　　　　　　　　　　　　　　(b)

图 8-30　PVDF 纳米纤维图

（a）随机排列的 PVDF 纳米纤维；（b）高度排列的 PVDF 纳米纤维

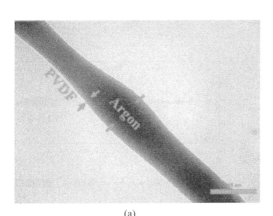
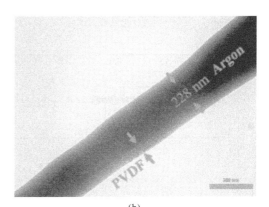

(a)　　　　　　　　　　　　　　　　　(b)

图 8-31　PVDF 超薄壳中空纳米纤维的 TEM 图像

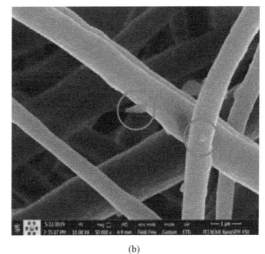

(a)　　　　　　　　　　　　　　　　　(b)

图 8-32　纳米纤维显微照片

（a）高度排列的 MCNT/PVDF 纳米纤维 FESEM 显微照片；（b）由于纳米纤维的高柔韧性，从其表面突出了少量的 CNTs

8.9.2 MCNT/PVDF 压电复合薄膜压电性能

图 8-33（a）显示了在 5Hz 和 9Hz 的动态荷载下传感器的输出电压。通过每次加载，将两个连续的电压信号记录在相反的方向上。第一个电压信号是由于 MCNT/PVDF 压电复合薄膜在荷载作用下产生变形，第二个电压信号是由于卸载后 MCNT/PVDF 压电复合薄膜变形的恢复。在动态荷载的作用下，MCNT/PVDF 压电复合薄膜传感器的输出电压表现出具有均匀的周期性附着和稳定的负电压，且在更高频率动态荷载的作用下也不会发生退化。测量每个试件的平均峰间电压（V_{p-p}）。若 V_{max} 越接近 V_{p-p} 的一半，说明 MCNT/PVDF 压电复合薄膜传感器的灵敏度越高。在 5Hz，2.65N 的压力下，随机排列实心纳米纤维（RS）和高度排列实心纳米纤维（AS）产生的 V_{max} 分别为 290mV 和 400mV。随机排列中空纳米纤维（RH）的 V_{max} 达到了 740mV，分别是 RS 的 2.55 倍和 AS 的 1.85 倍。试验结果表明，在相同的动力学条件下，高度排列中空纳米纤维（AH）具有最大的压电电位。图 8-33（b）显示了 0.05wt％ MCNT/PVDF 纳米复合 AH 传感器在频率分别为 5Hz 和 9Hz 不同荷载力作用下，压电电压的变化。不难发现输出电压随着荷载的增大而增大。

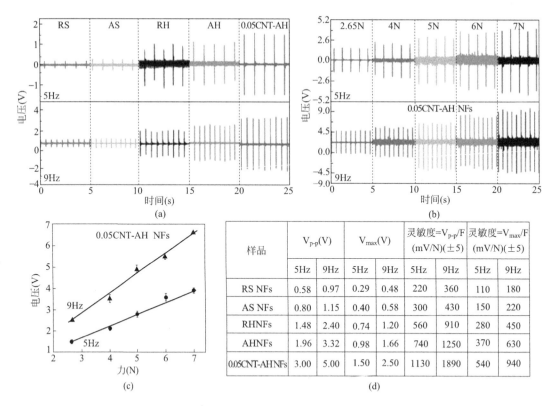

样品	V_{p-p}(V)		V_{max}(V)		灵敏度=V_{p-p}/F (mV/N)(±5)		灵敏度=V_{max}/F (mV/N)(±5)	
	5Hz	9Hz	5Hz	9Hz	5Hz	9Hz	5Hz	9Hz
RS NFs	0.58	0.97	0.29	0.48	220	360	110	180
AS NFs	0.80	1.15	0.40	0.58	300	430	150	220
RHNFs	1.48	2.40	0.74	1.20	560	910	280	450
AHNFs	1.96	3.32	0.98	1.66	740	1250	370	630
0.05CNT-AHNFs	3.00	5.00	1.50	2.50	1130	1890	540	940

图 8-33　各种纤维薄膜传感器不同状态下电压及关系特性
（a）单一纤维薄膜传感器在 5Hz 和 9Hz 冲击频率下的电压；
（b）MCNT/PVDF 纳米复合 AH 纤维薄膜传感器在不同力作用下的输出电压；
（c）MCNT/PVDF 纳米复合 AH 纤维薄膜的电压与力关系图像；（d）薄膜传感器压电响应特性

此外，输入和输出信号之间有很好的拟合线性关系，在 5Hz 和 9Hz 下斜率分别为 540mV/N 和 940mV/N [图 8-33（c）]。这种线性关系意味着传感器的线性性能良好、精度较高以及传感器封装良好。

单一 RS、AS、RH 和 AH 压电薄膜传感器的灵敏度，在 5Hz 时分别为 110mV/N、150mV/N、280mV/N 和 370mV/N；在 9Hz 时分别为 180mV/N、220mV/N、450mV/N 和 630mV/N。单一纳米纤维 Vmax 相关灵敏度在加卸频率从 5Hz 增加到 9Hz 时均有提升。当加卸频率从 5Hz 增加到 9Hz 时电压信号的提升可能有两个原因：第一，加载频率增加后压电薄膜传感器的变形恢复时间变短；第二，传感系统由敲击装置、示波器和信号放大器组成，敲击装置产生的额外振动影响了输出电压。当添加质量分数为 0.05wt% 的 MCNT 时，不仅提供了压电薄膜传感器电导率，而且介电损耗也缓慢增加，压电电压显著提高。图 8-33（d）表明，0.05wt%MCNT/PVDF 压电薄膜 AH 传感器的灵敏度明显大于单一纤维薄膜。

8.10　本章小结

（1）通过静电纺丝法制备了 MCNT/PZT 纤维改性压电复合薄膜，通过试验验证了输出信号的可靠性以及传感器的弯曲应变传感特性。相同应变率下 PZT 压电传感器的输出电压信号随应变速度增大而增大，应变速度高于 16mm/s 后输出电信号保持稳定。MC-NT/PZT 纤维改性压电复合薄膜传感器的最小分辨率为 0.013% 应变量。传感器的输出电压与传感器受到的弯曲应变呈正比关系。但 PZT 材料高污染、毒性大、成本高，因此需要寻求一种更加安全环保的材料代替 PZT。

（2）本章介绍了两种不同形式的 MCNT/ZnO 复合薄膜传感器，线性度测试中，8.6 节中线性度 3 层为 2%，6 层为 6.2%，相差 4.2%。对比前者，8.4 节中掺杂 PVA 的线性度确定系数均保持在 0.1~0.2，虽然不是完全的线性变化，但离散度保持在合理的范围之内。灵敏度测试中，8.6 节中制备出的传感器薄膜 6 层为 1.3/mm，最低是 12 层为 0.55/mm。对比前者，8.4 节中当 PVA 掺量分别为 500mg、200mg、100mg 时的灵敏度分别为 0.55/mm、1/mm、1.2/mm。同时薄膜传感器还具有较高的灵敏度和较好的稳定性。拉伸测试中，薄膜传感器表现出良好的拉伸性、恢复性。另外薄膜传感器能快速的减弱振动和振幅，使得薄膜传感器在外力振动干扰下，可以起到减振的效果，符合实际工程应用的需要。

对比两种传感器的压电层，两者压电层纳米 ZnO 均为六方纤锌矿结构，杂质含量较少。通过粒度分析可以看出，8.6 节中通过高速剪切乳化搅拌制备的纳米 ZnO 粒径在 700~800nm 之间，颗粒较大。而 8.4 节中采用水热法制备得到的纳米 ZnO 粒径多为 100nm，碱法制备的纳米 ZnO 粒径多为 50nm。热重分析得出，8.6 节中制备的纳米 ZnO 失重率小于 1%，较为纯净。8.4 节中采用水热法制备的纳米 ZnO 失重也小于 1%，主要是由于纳米 ZnO 前驱体的失水造成的。碱法制备的纳米 ZnO 失重较严重，主要是由于失水以及钠碳氧化物的影响。

测试对比两种传感器的压电信号，8.6 节采取压片成型法，测量得到压电片最大压电信号为 13.13pC/N；8.4 节采用籽晶层生长纳米 ZnO，测得到压电片最大压电信号为

29.5pC/N。

（3）通过静电纺丝法制备出了壳厚小于100nm、灵敏度为630mV/N（9Hz）的PVDF AH 纳米纤维薄膜。试验结果表明，采用 MCNT 增强 PVDF 时，存在很强的聚合物-纳米颗粒相互作用，MCNT/PVDF 压电复合薄膜具有很高的传感和驱动性能。

本章参考文献

[1] 王旭. CNT/ZnO 夹层式薄膜制备及压阻/压电传感性能研究[D]. 青岛理工大学,2016.

[2] 陈帅超,罗健林,李秋义,李贺,张鹏. 碳纳米管功能化修饰及其应用性能研究综述[J]. 功能材料,2017,48(12):12030-12035.

[3] 徐云华. 基于 PZT 柔性压电传感器的混凝土动态冲击应力/应变健康监测研究[D]. 东南大学,2018.

[4] 周刘聪,罗健林,李秋义,陈帅超,张纪刚. PVDF 薄膜压电传感特性及其在工程结构监测应用研究进展[J]. 功能材料,2018,49(12):12079-12083.

[5] 王杨. 结构监测的 PVDF 动态特性分析和无线传感器研究[D]. 大连理工大学,2010.

[6] 覃双. 聚偏氟乙烯薄膜极化和动高压冲击响应研究[D]. 中国科学技术大学,2020.

[7] S. Sharafkhani,M. Kokabi. Ultrathin-shell PVDF/CNT nanocomposite aligned hollow fibers as a sensor/actuator single element[J]. Compos Sci Technol,2020,200,11-19.

[8] 王有岩. 压电/压阻双模式柔性压力传感器动/静态力学信息检测[D]. 浙江工业大学,2019.

[9] S. C. Chen,J. L. Luo,X. L. Wang,Q. Y. Li,L. C. Zhou,C. Liu,C. Feng. Fabrication and piezoresistive/piezoelectric sensing characteristics of carbon nanotube/PVA/nano-ZnO flexible composite. Scientif Rep,2020,10(1):1-12.

[10] 罗健林,李秋义,赵铁军,王旭,吴晓平. 压阻/压电夹层材料层及夹层式传感器,授权日 2016-12-28,ZL201620650649.2.

[11] 张东,刘泳. 基于石墨烯复合薄膜材料的层状结构应变传感器及其制造. 授权日 2017-12-16,ZL201510263695.7.

[12] 吴智深,张建. 结构健康监测先进技术及理论[M]. 北京:科学出版社,2015.

[13] 于海斌,梁炜,曾鹏. 智能无线传感器网络系统[M]. 第 2 版,北京:科学出版社,2013.

[14] 杜彦良,宋颖,孙宝臣. PVDF 压电薄膜结构监测传感器应用研究[J]. 石家庄铁道学院学报,2006(1):1-4.

[15] 宋士新. 聚偏氟乙烯基介电复合材料的制备与性能研究[D]. 长春工业大学,2020.

[16] 王新羽,刘婷婷,赵小宇. 改性碳纳米管/PVDF 膜的制备及性能研究[J]. 绿色环保建材,2020(10):14-15.

[17] 叶静静. 改性碳纳米管/聚偏氟乙烯复合薄膜的制备与性能研究[D]. 西安理工大学,2017.

[18] 赵小宇. 改性碳纳米管/聚偏氟乙烯纳米复合膜的制备、表征及性能研究[D]. 东北师范大学,2012.

第9章 压阻型纳米热电砂浆块材及海工结构智能阴极防护与自监测技术

9.1 引言

　　阴极防护被美国腐蚀工程协会认为是在海工混凝土结构中钢筋锈蚀防护的最有效措施之一。但由于海洋环境下钢筋混凝土结构的特殊性，牺牲阳极法存在阳极材料寿命较短、施工难度大等缺陷，普遍认为其并不适用于保护大型钢筋混凝土结构；而外加电流的阴极保护法应用和维护都比较困难，存在构造复杂以及通电增大结构的不安全因素等问题。因此，如果能够简化阴极防护构造，在某种工作状态下能做到混凝土结构阴极自防护，将具有广泛的工程应用前景。另外，对重大工程结构实施健康监测与荷载控制技术有重要意义，相比较传统的外加式检测传感器，水泥基复合材料压敏传感器与结构相容性好，耐久性优良，是结构劣化监测的一个新思路。

　　温差发电系统基于水泥基热电材料热电效应（Seebeck 效应：材料两端存在温差时，热端的载流子会向冷端产生定向移动和堆积）原理，可以将热能转化成电能。将热电组分掺入水泥基体中制备热电砂浆，使得水泥基复合材料作为钢筋阴极防护的一部分，为钢筋提供稳定的保护电流，就可以解决上述阴极防护两种方法所存在的缺陷，有望应用于海洋环境下钢筋阴极保护工程中。同样的，将压阻功能性组分掺入水泥砂浆体系中，制备水泥基压阻复合材料将其用作结构劣化自监测的力-电传感层，可以实现压敏传感器与结构的良好相容性。

　　作为海洋混凝土结构阴极防护用热电模块层，更多关注是拥有完整的空间导热通路，在温差作用下热电系数高；而作为结构劣化监测用的力电传感层，更多关注的是拥有良好的导电通道，在应力/应变作用下电信号会发生明显改变。如果能找到两者契合点并将其复合在一起，可以实现多功能防护砂浆同步拥有温差发电、力电传感二元功能，进而应用到海洋混凝土结构中实现对海洋混凝土结构腐蚀防护的同时又可对结构进行劣化智能监测。

　　相比较普通的热电功能砂浆，纳米热电砂浆是将功能掺合料纳米化后掺入水泥基砂浆体系中，这样做的优势在于进入纳米级的材料由于小尺寸、量子尺寸、宏观量子隧道等效应，使得其电学、电化学、催化等本构性质得到明显提升，尤其是传输速率及跃迁能力。因此，纳米热电砂浆智能块材的宏观性能表现更为优异。

9.2 压阻型纳米热电砂浆智能块材制备工艺研究

　　将 CNT 和纳米氧化锌（nZnO）分别作为压阻功能相和热电功能相掺入砂浆体系中，

以制备压阻型纳米热电砂浆智能块材。CNT 与 nZnO 都属于纳米材料，且都具有很高的表面自由能，颗粒之间的范德华吸引力较大，在水溶液中极容易发生团聚现象，此种团聚现象的发生，会直接影响需要改善的防护砂浆宏观整体性能。为使这两种材料在水泥基体中充分发挥作用，首先需要对其在水溶液中的分散性进行研究。

9.2.1 CNT/nZnO 悬浮液的制备及其分散效果表征

1. 原材料与试验仪器

本试验使用的主要原料：CNT，江苏南京先锋纳米科技有限公司生产，技术指标见表 9-1；nZnO，铅锌矿型，江苏无锡泰鹏有限公司生产，技术指标见表 9-2。表面活性剂（分散剂）：阴离子型分散剂十二烷基苯磺酸钠（白色粉末，AR，简称 SDBS），聚乙烯吡咯烷酮（白色粉末，AR，简称 PVP），均为国药集团化学试剂有限公司（上海）生产。

CNT 的主要物理性能指标　　　　　　　　　　表 9-1

直径(nm)	长度(μm)	纯度	无定形碳	比表面积(m²/g)	热导率 W/(m·K)	电阻率(Ω/cm)
20~40	5~15	≥90%	≤3%	40~300	1.60	<5

nZnO 的主要物理性能指标　　　　　　　　　　表 9-2

直径(nm)	长度(μm)	纯度	禁带宽度(eV)	比表面积(m²/g)
20~50	10~29	≥95%	≤3%	15~100

本试验使用的主要仪器有：紫外分光光度计（UV-5200 型），电子分析天平，精确度为 0.001mg，探头式超声细胞粉碎机，移液管（可调容量为 0.1mL、1mL、5mL），均为上海元析仪器有限公司生产。高速离心机，TGL-16gr 型，上海安亭科学仪器厂生产（图 9-1）。

(a)　　　　　　　　　　　　　　　　　(b)

图 9-1　主要试验仪器
(a) TIP 超声粉碎机；(b) 紫外分光光度计

2. 配置 CNT、nZnO 分散原液

采用表面活性剂与超声处理组合的分散手段制备 CNT/nZnO 悬浮溶液。对 PVP 和

SDBS 两种分散剂分散效果进行对比分析，优选出适合 CNT/nZnO 的分散剂。

　　称取等量 PVP 和 SDBS，分别加入 50mL 水中并掺入 1‰聚羧酸减水剂磁力搅拌 3min 至完全溶解；在每一种分散剂溶液（SAA）中分别加入 CNT 与 nZnO，由于 nZnO 在 pH＝11 的碱性环境中有较好的分散性，选择掺入氨水将 nZnO 溶液 PH 调节至 11；将上述溶液磁力搅拌 15min（转速 400rpm），然后放入 Tip 超声处理器中进行超声处理，Tip 超声处理器的选择为开循环 5min，闭循环 2min，间隔时间 10s，最终形成 CNT、nZnO 分散液。

　　将分散好悬浮溶液，用移液管分别抽取 4mL 放入离心管中离心，离心时间选择为 5～50min，每隔 5min 取出离心管观察溶液中的分层与浊度变化情况，并与空白组进行对比。

　　采用光度计对不同分散剂的分散效果进行表征，具体操作方法为将分散后的分散液用移液管抽取 0.1mL 的分散液，溶于 50mL 水中进行稀释以满足朗博比尔定律，用玻璃棒搅拌使其均匀。然后用移液管抽取 4mL 放入石英比色皿中进行紫外分光光度计测试。

3. 分散结果及效果讨论

　　将相同等量的 PVP、SDBS 两种分散剂分散在溶液中后，为表征两种不同分散剂的优劣，分别采用高速离心法、紫外分光光度计法对其分散效果进行区分。

　　表 9-3、表 9-4 为 CNT、nZnO 分散液在 3000r/min 的离心情况下的分层沉降效果。从分散效果可以看出，在无任何分散剂的情况下，两种溶液在单纯的 Tip 处理中分散效果较差且在离心机中短时间内就出现了明显的沉降分层现象，nZnO 溶液出现下层为乳白色上层为水的明显界限，CNT 溶液出现下层为黑色沉淀物上层为水的明显分区。因此不使用分散剂的溶液无法保持长久的稳定特征，这与两种溶液的纳米粒子颗粒本身的特征有关。加入 SDBS 和 PVP 两种分散剂后发现，CNT 与 nZnO 两种悬浮液很难发生明显分层与沉淀现象。但是 SDBS 在对两种纳米颗粒溶液进行分散时，表面均产生大量的气泡，这种气泡不利于后期水泥砂浆试件的致密性。PVP 产生的气泡量较少可以忽略不计，不至于引起试件制作时的一些缺陷。

掺 2%CNT 悬浮液在离心情况下的分散情况　　　　　　　　　表 9-3

项目(掺量)	不同离心时间下 CNT 悬浮液分散与稳定情况
无分散剂(0)	在离心 5min 内便出现明显的分层现象,底部有明显的沉淀层,稳定性十分差
SDBS(5%)	离心 30min 后悬浮液仍保持较黑,底部没有明显的沉淀层,肉眼观看不出明显的分层与沉淀现象
PVP(5%)	离心 50min 后悬浮液仍保持较黑,且底部没有明显的沉淀层,肉眼看不出明显的分层与沉淀现象

掺 5%nZnO 悬浮液在离心的情况下分散情况　　　　　　　　　表 9-4

项目(掺量)	不同离心时间下 nZnO 悬浮液分散与稳定情况
无分散剂(0)	离心 5min 出现明显的分层现象,底部有明显的沉淀层
SDBS(5%)	离心 5min 后在离心管中可发现底部有不明显的沉淀层,且溶液会出现下层浊度较高的现象,离心 10min 后底部出现明显的沉淀层,且分层界限明显
PVP(5%)	离心 5min 无明显沉淀层,离心 10min 后底部出现不明显沉降,溶液整体浑浊,离心 25min 后在离心管的上端出现透明的一小段溶液

高速离心法可以简单区分 SDBS 与 PVP 两种分散剂对两种溶液的分散效果的优劣。为进一步证明分散剂对两种溶液分散的效果，采用紫外分光光度计定量表征两种分散剂的分散效果，如图 9-2 所示。从图中可以发现，分散过后的 nZnO 与 CNT 溶液都具有较高的吸光度，说明 SDBS、PVP 两种分散剂对 nZnO 与 CNT 溶液的分散性提高明显。但是无论是 nZnO 还是 CNT 悬浮液，PVP 的分散效果均优于 SDBS。

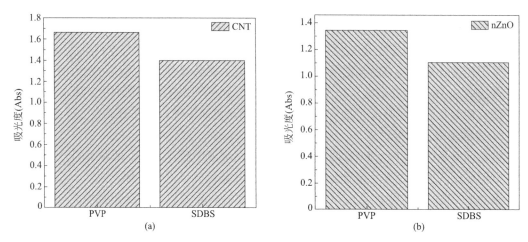

图 9-2　掺 5% 分散剂对两种悬浮液的吸光度测试图
(a) CNT；(b) nZnO

9.2.2　CNT/nZnO 纳米热电砂浆智能块材制备

将制备好的 CNT/nZnO 悬浮液掺入水泥砂浆体系中，制备 CNT/nZnO 纳米热电砂浆智能块材（CNT/nZnO-RM），并采用埋入式的电极制作方法，为后续的导电、热电性能测试做准备。结合扫描电镜（SEM）及能谱分析仪（EDS）对其微观机理分析。

1. 试验原材料

本试验使用的主要原料有 nZnO、CNT、PVP、氨水、聚羧酸减水剂等与 9.2.1 节所用的原材料相同，标准砂，由厦门标准砂公司提供，铜箔、去离子水等均市售。水泥：P. O. 42.5 普通硅酸盐水泥，密度为 3.12g/cm³，比表面积为 346m²/kg，山东山水水泥集团公司（青岛）生产，组成成分见表 9-5。

普通硅酸盐水泥的矿物组成　　　　　　　　　　　　　　　表 9-5

组分	SiO$_2$	Al$_2$O$_3$	Fe$_2$O$_3$	CaO	MgO	SO$_3$	K$_2$O	TiO$_2$
含量(%)	21.42	5.63	2.70	63.32	1.91	3.43	0.68	0.29

2. 试验仪器

水泥胶砂搅拌机，NJ-160A 型，天津中路达仪器科技有限公司。

3. CNT/nZnO 纳米热电砂浆智能块材制备

本节试验中水泥砂浆试件采用的胶砂比为 1.5、水灰比为 0.45，试模采用自制 4cm×4cm×10cm 的钢制模具，且在模具内 3 个面（底面、左侧、右侧）预留 3mm 深、3mm 宽的缝隙，以便后续铜网电极的插入。

纳米改性热电砂浆制备流程如下：称取一定量的 P.O 42.5 水泥、标准砂，将两者混合均匀后将其倒入水泥砂浆搅拌锅中，慢速预拌 3min。在水泥砂浆慢速搅拌过程中将配成的 CNT 与 nZnO 的悬浮液（CNT 掺量为 0.5％、1％、1.5％、2％；nZnO 掺量为 0.5％、1％、2％、3％）沿着两侧对称的位置分别缓慢加入，经搅拌后入模并振捣，直到砂浆表面无明显气泡，水泥砂浆不再沉降为止，完成后将试件用塑料薄膜进行封膜养护。

9.2.3　CNT/nZnO 纳米热电砂浆智能块材热电及导电性能表征

1. 试验原料

本节所用的试验原料为已经制备好的 CNT/nZnO-RM 试件。

2. 试验仪器

数显式电热恒温水浴锅，HH·S11-2-S 型，上海五九自动化设备有限公司生产；数字万用表，VICTORVC890C＋型，天津弘志达仪器有限公司生产；多路输出直流电源，型号 DC30V5A 型，江苏卡宴电子有限公司生产；真空干燥箱，DZF-6050 型，上海圣科仪器设备有限公司生产；LCR 数字电桥，TH2811D 型，上海同惠有限公司生产。温度测试仪，TE296 型，深圳拓瑞有限公司生产。

3. CNT/nZnO 纳米热电砂浆智能块材热电及导电性能表征

（1）热电性能

CNT/nZnO-RM 的热电性能测试，此测试方法为自制温差测试法，如图 9-3 所示。试件的一端用恒温水浴锅以 0.2℃/s 的升温速率升温到 100℃，试件的另一端用冷却水装置将其保持在室温状态。试件两端产生的温差通过温度测试仪进行实时采集，温差电压通过数字万用表进行采集，通过将试件两端的温差电压与温差的比值可计算出 CNT 与 nZnO 试件的热电系数，其热电系数关系式如下：

$$S = \lim_{\Delta t \to 0}\left(\frac{V}{\Delta t}\right) \tag{9-1}$$

式中　S——所测量纳米砂浆试件的热电系数；

　　　Δt——砂浆两端产生的温度差；

　　　V——试件两端由温度差而产生的热电电压。

（2）导电性能测试方案

CNT/nZnO-RM 的导电性测试采用传统的直流四电极法和交流两电极法，如图 9-4 所示。

4. 试验结果与分析

（1）CNT/nZnO 纳米热电砂浆智能块材热电性能测试结果分析

图 9-5 是改性砂浆试块在不同 CNT/nZnO 掺量下的热电电压与温差间的关系图。当 CNT 掺量为 0.2％时，试件的热电电压与温差之间不呈比例关系，表现不稳定，热电电压波动较大，无明显的规律可循。当掺量为 1％时热电电压在温差 30℃以后有一个增长较为明显的趋势，且增长幅度比剩余三个都要高。当温差在 40～70℃时，四种含量的水泥砂浆试件均表现出增长的趋势，且 2％掺量的增幅较大，只有 1％含量的在温差为 70℃时下降。在 5 种 CNT 掺量的试件中当温差大于 40℃时，均能产生较大的热电电压。随着 CNT 掺量的增加，温差产生的电压没有太好的规律可循，波动较大。

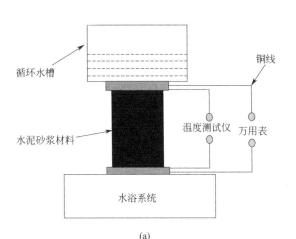

(a)   (b)

图 9-3   智能砂浆

（a）热电性能测试示意图；（b）热电性能实物布置图（箭头—试件；方框—常温循环水槽）

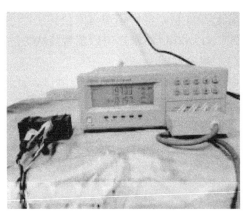

(a)   (b)

图 9-4   智能块材导电性能测试

（a）DC 电阻伏安法；（b）AC 交流阻抗法

从 nZnO 改性砂浆的热电测试结果来看，1％掺量的砂浆试块在试验中热电电压表现最好，其次为 2％掺量的试件。在高掺量 nZnO（3％、5％）情况下，试件的热电电压增幅相对较低掺量较为缓慢，主要原因是 nZnO-RM 致密度大幅度降低（从图 9-11 微观形貌也可以得到佐证）。在掺量较少的情况下热电电压还呈现出减少的趋势，原因可能是 nZnO 与 PVP 分散剂形成了氢键，形成了绝壁势垒。在温差大于 40℃后 2％掺量的试件热电电压增长较快，1％掺量的增长则变缓，从总体趋势上看，在各个掺量下基本呈现出随温差增大热电电压增大的一种趋势。

（2）CNT/nZnO 纳米热电砂浆智能块材导电性能测试结果分析

在 DC 直流测试中，由直流电源提供 4V、5V、6V 的电压，分别计算出三种电压下试件的电阻值。图 9-6、图 9-7 为不同掺量下 CNT/nZnO-RM 的直流电阻值［图 9-6（a）中 1.5％、2％掺量的（/10）代表在坐标值的基础上再除 10］。

从图 9-6 中可以看出，CNT-RM 试件的电阻率随着 CNT 掺量的增高而变小，在不同的电压测试下电阻值略有微小的差别，其原因可能是由于试件极化未完全造成的。从电阻

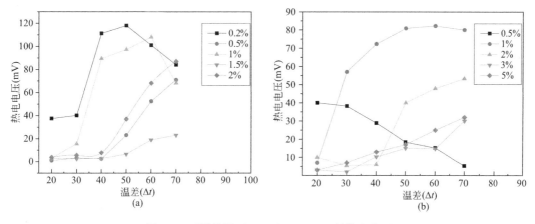

图 9-5　不同掺量下 CNT/nZnO-RM 的热电电压

（a）CNT；（b）ZnO

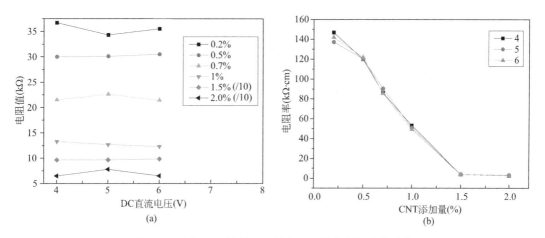

图 9-6　不同 CNT 掺量、不同电压下纳米改性防护砂浆

（a）电阻值；（b）电阻率

图中可以更为清晰地看到，当 CNT 添加量达到 1.5％时，试件的电阻值骤然下降，由原来的 12kΩ 左右降低到不足 1kΩ。当添加量达到 2％时试件的电阻值继续减小，但减小的幅度变小，这说明试件的渗滤阈值在 1.5％左右，当超过此添加量后，试件的导电率随添加量的增高不再敏感。分析原因是较小的添加量容易使得 CNT 在基体内分散，但不容易使 CNT 在试件体内构成搭接，造成电阻偏大。而添加量较高的情况下，由于 CNT 容易团聚，而不太容易在水泥基体内分散，但可以使得 CNT 在基体内构成搭接回路，因此两者是有些矛盾的，在使用时需要平衡两者之间的关系。

从图 9-7 中可以看出，随着 nZnO 添加量的增高，试件的电阻值逐渐升高。在不同的 DC 直流电压测试下，每组试件的电阻值均保持稳定，没有过大的变动。从图中试件电阻率的变化来看，当添加量达到 3％时电阻率出现了一个急剧升高的现象，这可能是作为半导体特性 nZnO 与 PVP 分散剂形成了氢键，增高了绝缘壁垒。另一种可能是由于过多的 nZnO 加入，造成的分散不均匀 nZnO 团聚现象严重，在水泥基体内分块隔开，导致试件

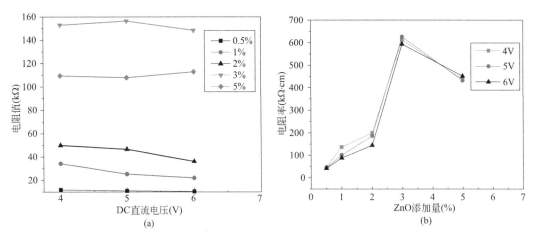

图 9-7　不同 nZnO 掺量、不同电压下纳米改性防护砂浆
(a) 电阻值；(b) 电阻率

的孔隙率增大，当添加到 5％时试件的电阻率下降，各个 nZnO 小团聚体有一定的物理搭接，形成一定的导电通路，进而使得其电导率有一定降低，符合渗滤理论。

采用 LCR 数字电桥对件的阻抗值进行测试。频率分别为 50、60、100、120、1k、10k、20k、40k、50k、100kHZ。图 9-8 为测试结果。

从图 9-8 中测试的结果可以看出［图 9-8（b）图中 3％掺量后的×1.6，为阻抗坐标值再乘以 1.6］，对于 CNT-RM 在 120Hz 以下的频率测试，试件的阻抗值随着频率的增大有减小趋势，且下降趋势较为平缓，而当频率在 1～100kHz 时，掺量越小阻抗值下降速度较快。当掺量小于 0.5％时，阻抗值随着频率的增加阻抗值下降趋势增大，这主要是由于 CNT 在水泥基内未搭接导致的。当掺量大于 0.5％时，随频率增大阻抗值下降趋势较为缓和，CNT 在水泥基内部分已经搭接成联络，而此时电容的作用较小。频率大于 1kHz 时，阻抗值先下降较快而后趋于平缓，这主要是由于小频与中频容抗对导电体系的影响较大，而在高频区由于频率较大，水泥基材料与 CNT 之间形成的电容几乎会被短路进而对阻抗值的影响较小，而对于超过渗流阈值掺量的水泥砂浆来说，体系内的导电主要以搭接为主，导电体内的电容含量急剧下降对阻抗影响很小，但是在交流频率测试阻抗过程中，阻抗值的大小主要是由电容与电阻的大小所决定，因此会出现阻抗趋于下降的趋势。

从 nZnO-RM 的阻抗测试中可以得出，nZnO 掺量为 3％时电阻较大，其余掺量的 nZnO-RM 的阻抗值较为平缓。然而在 nZnO 的阻抗测试中，随着掺量的增高阻抗值呈现出增大的趋势。在小频率段内表现为随着频率增高，阻抗值减小的趋势，5％含量的表现尤其明显且变化不稳定。在高频段 1～100kHz 内，除了掺量为 5％的试件在高频段内随着频率升高阻抗值增高以外，剩下四种含量的 nZnO-RM 试件的阻抗值均随着频率升高而降低，最后趋于平缓的一种状态。当掺量高于 2％时试件的阻抗值表现出不稳定状态，原因是 nZnO 掺量的增大会一定程度降低试件的致密度，增加试件的孔隙率。

5. CNT/nZnO 纳米热电砂浆智能块材微观形貌分析

图 9-9 为空白砂浆试件微观形貌 SEM 图。从图中可以明显看出，纯水泥砂浆结构致密，砂浆内部的水化产物分布较为整齐均匀，呈花瓣状的 C-S-H 凝胶水化产物之间较为致密。

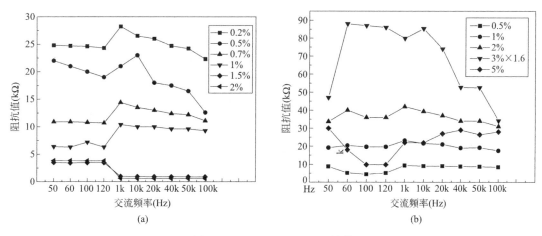

图 9-8　CNT/nZnO-RM 阻抗值

(a) CNT；(b) nZnO

图 9-10 为不同 CNT 掺量条件下（0.5％、1％、1.5％、2％）各个试件的 SEM 图，SEM 放大倍率为 20K。从图 9-10（a）中可以看出在 CNT 掺量较小的情况下，CNT 在水泥砂浆材料中较容易分散开，局部虽有团聚的现象，但占比较少。图 9-14（b）、（c）、（d）为掺加量较高的效果，从图 9-14（b）中可以看出单根 CNT 在水泥砂浆材料中可以独立存在（如图中箭头所指示的方向），不存在明显的缠绕与团聚，单根 CNT 之间的距离也并不算太远，在压荷载情况下可以逐渐靠近，甚至构成物理搭接。从图 9-10（c）、（d）中可以看出，单位体积内的 CNT 量逐渐增多，团聚现象较少，CNT 之间距离接触较近，掺量为 1.5％时，部分 CNT 构成了物理的搭接，其中也存在部分距离较近的单根。在掺量为 2％时较多的 CNT 构成了物理的搭接，使得 CNT-RM 电阻率急剧减小。

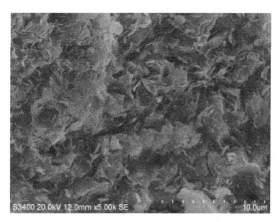

图 9-9　空白砂浆试件微观形貌 SEM 图

图 9-11 为不同掺量下 nZnO 在试件内部的分布，从图 9-11（a）、（b）中可以看出 nZnO 掺量较少的情况下，在基体中分散均匀较好，且与砂浆界面粘结效果较好。从图 9-11（c）、（d）中可以看出，在较高 nZnO 的掺量下，由于 nZnO 与 PVP 分散剂的氢键作用，使 nZnO 分散变得不够均匀，有团聚现象（如图中椭圆框处），造成水泥基体疏松多孔的结构较多。

图 9-10　不同 CNT 掺量下纳米改性砂浆的 SEM 图

(a) 0.5%；(b) 1%；(c) 1.5%；(d) 2%（箭头指向为 CNT）

图 9-11　不同 nZnO 掺量下纳米改性砂浆的 SEM 图

(a) 0.5%；(b) 1%；(c) 2%；(d) 3%（圆圈、箭头—nZnO）

9.3　压阻型纳米热电砂浆智能块材对海工结构智能阴极防护性能研究

相比较牺牲阳极的阴极保护法，外加电流式的阴极保护效果更为稳定，是目前使用最多的一种方法，测试系统如图 9-12 所示。热电效应可以直接将热能转换为电能，可用于再生能源的生产与工程结构的防腐。在海洋工程防腐上可以将防护砂浆发展成具有温差发电效应的结构层，进而利用其热电效应产生电能构造成自带电源的阴极防护系统，直接用于海洋混凝土结构钢筋腐蚀防护，是未来较为理想的一种防腐机制。廖晓等基于上述思路，制备了纳米二氧化锰（$nMnO_2$）/聚苯胺（PANI）热电砂浆智能块材，并将其作为热电发电模块建立阴极防护系统，通过电化学工作站，采用半电池电位法、极化曲线分析法对阴极防护性能进行测试，如图 9-13 所示。

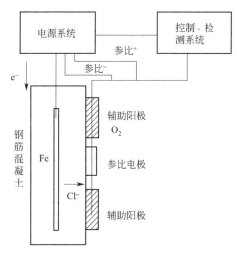

图 9-12　外加电流 CP 系统示意图

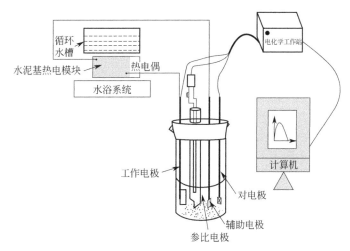

图 9-13　纳米热电砂浆智能块材阴极保护电化学测试图

9.3.1　电化学工作站测试方法

（1）半电池电位法

利用半电池电位法测试待测钢筋的开路电位。测试未进行阴极保护钢筋（编号为 S-1）的自腐蚀电位和进行阴极保护钢筋（编号为 S-2）的去极化后稳定电位值，并计算去极化电位的衰减值。

（2）极化曲线法

分别利用线性极化曲线法和塔菲尔极化曲线法测试钢筋的线性极化电阻 R_p 和腐蚀电流 i_{corr}。

9.3.2　试验结果与分析

（1）钢筋腐蚀电位

图 9-14（a）为钢筋试样的腐蚀电位随时间变化关系图。从图中可以发现，S-1 和 S-2 初始电位值相近，但是随着腐蚀时间增长，S-1 的电位值逐渐负移达到－550mV 左右，S-2 的电位值逐渐正移达到－275mV 左右。根据美国 ASTM. C876-09 关于腐蚀电位判断钢筋锈蚀情况准则：当钢筋腐蚀电位在－125～－275mV，此时钢筋的腐蚀概率未知；当腐蚀电位低于－275mV，钢筋腐蚀概率大于 90%。因此，S-1 的腐蚀程度和腐蚀概率均大于 S-2，说明阴极防护系统的建立是有效果的。

图 9-14（b）为 S-2 龄期 21d 时阴极保护前后腐蚀电位变化示意图。从图中可以看出，体质阴极保护瞬间的电位值为－800mV 左右，根据"保护电位低于－770mV 时阴极防护有效"的准则，认为阴极防护系统具有较好的防护效果。停止阴极保护后电位最终稳定在－300mV，由此可得去极化后电位的衰减值达到 500mV。根据美国《大气中钢筋混凝土结构外加电流阴极保护推荐性规程》中的保护准则，停止阴极保护后 4h 的电位衰减值不得小于 100mV。因此可以认为纳米热电砂浆作为外加电源的阴极防护系统可以使得钢筋得到较为有效的保护。

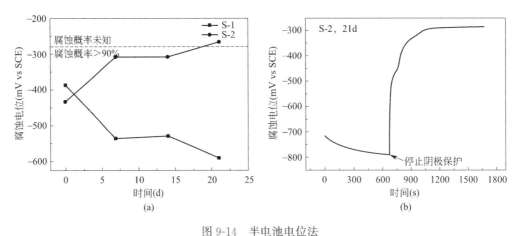

图 9-14　半电池电位法

(a) 钢筋腐蚀电位变化图；(b) S-2 腐蚀电位变化图

（2）钢筋极化电阻与腐蚀电位

图 9-15（a）为钢筋试样极化电阻与时间关系图。从图中可以看出，S-1 与 S-2 初始极化电阻相近，随着时间延长，S-1 的极化电阻逐渐减小，而 S-2 的极化电阻逐渐增大远远超过 S-1。根据极化电阻值越小，腐蚀速率越快，可以认为建立阴极防护系统的 S-2 得到了很好的保护。

通过塔菲尔极化曲线法对各钢筋试样 21d 的腐蚀电流密度进行测试，结果如图 9-15（b）所示。通过 CView 商用软件对测试结果数据拟合后发现 S-1 的腐蚀电流度约为 $1.43\mu m/cm^2$，S-2 的腐蚀电流密度为 $0.64\mu m/cm^2$。根据《混凝土中钢筋现场腐蚀速率线性极化测试法》中的规定：腐蚀电流密度大于 $1\mu m/cm^2$ 时，钢筋腐蚀速率很大；腐蚀电流密度大于 $0.5\mu m/cm^2$ 且小于 $1\mu m/cm^2$ 时，钢筋腐蚀速率中等。因此可以看出阴极防护系统的建立具有明显的防护效果。

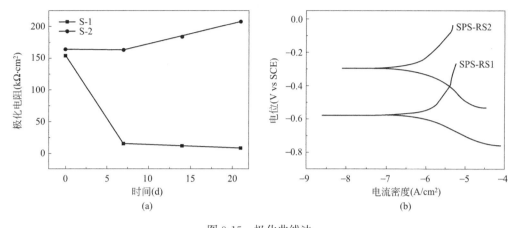

图 9-15　极化曲线法

（a）钢筋极化电阻变化关系；（b）塔菲尔曲线

9.4　海工结构防护用压阻型纳米热电砂浆智能块材劣化自监测性能研究

在役的一些海洋工程结构中会存在无法直接观察到的一些裂缝，而由裂缝对工程结构带来的损伤不可轻视。传统的监测手段主要是通过外贴式或者是预埋式传感器对结构的健康状况进行监测。而近年来通过对水泥基本征传感器的研究发现，将一些具有功能性的纳米材料添加到水泥砂浆材料中制备改性防护水泥砂浆，利用其自身压敏变化可实现对结构的在线实时监测。本节将 CNT 作为压阻功能项，复掺到水泥砂浆中制备出 CNT-RM 试件，以 CNT-RM 试件的电阻率变化为试验重点，研究荷载作用下试件的电阻变化规律。通过试件的压阻机敏规律，可尝试将此种规律的电阻变化应用到混凝土结构的裂纹监测中。

9.4.1　纳米改性砂浆试件的制备及原材料

CNT-RM 复合材料的制备，包括原材料、CNT 的分散方法、试件的水胶比、制备方式等与 9.2.1、9.2.2 节相同。

9.4.2　试验主要仪器设备

试验中所用到的主要仪器：压力试验机，量程为 120kN，由美特斯工业系统（中国）有限公司生产。DASP INV3062v 数字信号动态数据采集系统，由北京东方振动噪声所提供。DC 稳压直流电源提供 1.5V 电压，型号与第 3 章相同，BLR-1 型称重式压力传感器，由上海华东仪器有限公司生产，不同量程标准电阻若干，测 V12 电压标准接口的鱼尾线若干条。

9.4.3 试验测试方案

测试过程中所有试件的连接方式及与主机的连接示意图如图 9-16 所示。

用北京东方所的 DASP INV3062v 数字信号采集系统模块，试件与压力传感器、压力机垫片之间进行薄膜绝缘处理。在压力传感器与试件之间增加一有厚度与试件端面尺寸相当的弧状铁块，以保证试件在加压的过程中均匀受力。CNT-RM 试件的测试加载方向与电阻的测试方向相平行，试件受到的压应力数值通过 Wheastone 全桥电路模块得出；在 DC 直流电路中串联一个标准电阻作为参比电阻。在稳压电路中，串联的标准电阻与 CNT-RM 在加载情况下电压的变化通过 DASP 数据采集仪采集。DC 稳压电路提供稳定的 1.5V 直流电源，试件加载前预先给试件通电 10min 以消除砂浆孔液极化所带来的影响。具体方法：用万能试验机对试件进行加压，加压方向与试件的电阻测试方向一致。每组荷载均加载卸载循环五次，考察不同峰值荷载下（7kN、10kN），2%CNT 掺量对纳米改性砂浆压阻特性的影响情况。测试过程中试件所受荷载采用 BLR-1 称重型压力传感器与 DASP 采集仪连接采集（Wheatstone 全桥模式），试件与标准电阻的电压变化同步用 DASP 软件采集。

CNT-RM 试件电阻的变化可从式（9-2）中得出：

$$\Delta R = \left(\frac{U_n(t)}{U_c(t)} - \frac{U_n(t_0)}{U_c(t_0)} \right) R_S \tag{9-2}$$

式中　　ΔR——CNT-RM 电阻变化量（kΩ）；

　　$U_n(t)$——CNT-RM 两端的电压值（mV）；

　　$U_c(t)$——电路中参比电阻两端的电压值（mV）；

　　$U_n(t_0)$——CNT-RM 两端的电压初始值（mV）；

　　$U_c(t_0)$——电路中参比电阻两端的电压值初始值（mV）；

　　R_S——参比电阻值（kΩ）。

通过式（9-2）可以得出 CNT-RM 的电阻率变化率 $\Delta\rho$：

$$\Delta\rho = \frac{R_n - R_0}{R_0} \cdot \frac{S}{L} \cdot 100\% \tag{9-3}$$

式中　$\Delta\rho$——CNT-RM 电阻率相对变化率；

　　R_n——CNT-RM 电阻的实际测量值（kΩ）；

　　R_0——CNT-RM 电阻的初始值（kΩ）；

　　S——CNT-RM 的横截面面积（cm^2）；

　　L——CNT-RM 内对电极间距（cm）。

9.4.4 循环荷载下 CNT-RM 的压阻特性

图 9-17 为 CNT 掺量为 2.0% 时 CNT-RM 压阻曲线。峰值荷载为 7kN 时，$\Delta\rho$ 不仅可以很好地响应荷载的变化并且较为稳定，$\Delta\rho$ 在每一个循环段内的最大差值为 10% 左右。图 9-17（b）为 10kN 荷载下 $\Delta\rho$ 的变化规律，很明显与在 7kN 作用的规律一致，区别在于试件在初始加载时 $\Delta\rho$ 值要较 7kN 时大，并且 $\Delta\rho$ 的差值也优于 7kN 下的工况。从两图中可以明显看出，在此掺量下的 CNT 试件可以很好地响应试件的变化规律，且较为稳

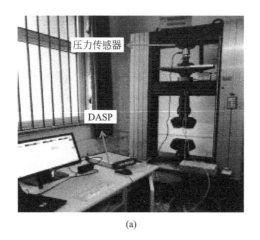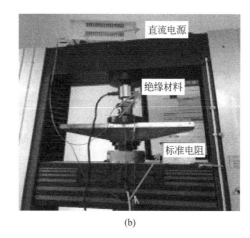

(a) (b)

图 9-16　CNT-RM 压阻测试图

(a) 压阻测试整体图；(b) 局部细节图

定。结合图 9-10 的微观结构来看，掺量较低的 CNT 在基体中分散性较高，CNT 之间的搭接比例非常少，随着加载的进行，CNT 形成物理搭接，电阻率变小，产生压阻现象。但是由于较低掺量的 CNT 对试件致密性的改善不明显，每次循环后试块都有较大的残余变形，使得电阻率随着加载次数的增多而发生显著变化，稳定性变差。当掺量增加到 2% 时，随着加载进行 CNT 的物理搭接较多，压阻效应表现明显。并且对基体微孔隙结构的填充明显，荷载循环后残余变形量少，使得试件的压阻稳定性也较为突出。

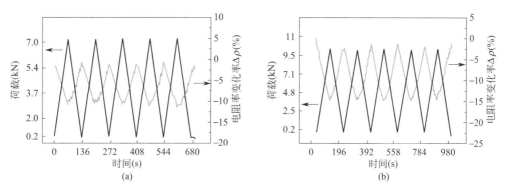

(a) (b)

图 9-17　掺 2%CNT 试件不同峰值循环荷载下电阻率变化

(a) 7kN；(b) 10kN

9.5　本章小结

(1) 通过分散液的静置沉降法、高速离心分层法与分光光度计度法评价 CNT/nZnO 最佳的分散工艺；结合超声处理，PVP 对 CNT/nZnO 的分散效果总体优于 SDBS，并且在掺量 5% 时分散效果最好，稳定性最好。

(2) 在 CNT 掺量为 1.5% 时 CNT-RM 的电阻率低至大约 3.6kΩ·cm，很好地满足导电填料的渗滤机制；而 nZnO-RM 的电阻率只有在 nZnO 的掺量高于 3% 时才会出现下降。掺1%nZnO的CNT-RM热电系数能达到1283.0μV/℃，足以为钢筋阴极保护提供有效的温差电流。

（3）通过半电池电位法、极化曲线法对水泥基热电模块作为钢筋阴极保护电源对钢筋保护效果进行评价。结果发现，水泥基热电模块在温差作用下产生的热电电压能够有效降低钢筋锈蚀速率。

（4）当CNT掺量为2%时，CNT-RM在峰值荷载为7kN和10kN均能表现出较为明显的压阻特性，稳定性较高，但是后者的响应趋势要优于前者。

本章参考文献

[1] 徐晶,姚武. 钢筋混凝土阴极保护特性及其微观机制[J]. 建筑材料学报,2010,13(3):315-319.

[2] 葛燕,朱锡昶. 钢筋混凝土阴极保护和阴极防护技术的状况与进展[J]. 工业建筑,2004(5):18-20 +43.

[3] Dresselhaus M. S. Chen G. Tang M. Y. et al. New directions for low-dimensional thermoelectric materials[J]. Advanced Materials,2007,19(8):1043-1053.

[4] Sun M Q,Richard J Y L,Zhang M H,et al Development of cement-based strain sensor for health monitoring of ultra high strength concrete[J]. Construction and Building Materials,2014,630-637.

[5] 魏剑,赵莉莉,张倩,聂证博. 碳纤维水泥基复合材料Seebeck效应研究现状[J]. 材料导报,2017,31 (1):84-89.

[6] 廖晓. 基于水泥基材料热电效应的钢筋腐蚀防护机理研究[D]. 青岛理工大学,2018.

[7] 孔祥荣,胡如男,吴延红,叶明富,许立信,陈国昌. MnO_2纳米材料的制备及应用[J]. 应用化工,2016, 45(8):1549-1552+1570.

[8] JIA Z J,W ANG J,W ANG Y ,et al. Interfacial synthesis of δ-MnO_2 nano-sheets with a large surface area and their application in electro-chemical capacitors. Journal of Materials Science & Technology, 2016,32(2):147-152.

[9] 朱平,邓广辉,邵旭东. 碳纳米管在水泥基复合材料中的分散方法研究进展[J]. 材料导报,2018,32 (1):149-158+166.

[10] 庞晋山,张海燕,曹标,等. 纳米氧化锌在水介质中的分散性能研究[J]. 硅酸盐通报,2009,28(1): 108-112,116.

[11] Yu J,Grossiord N,Koning CE,et al. Controlling the dispersion of multi-wall carbon nanotubes in aqueous. surfact and solution[J]. Carbon,2007,45(3):618-623.

[12] Dong W ,Li W ,Tao Z ,et al. Piezoresistive properties of cement-based sensors:Review and perspective[J]. Construction and Building Materials,2019,203(APR. 10):146-163.

[13] Nochaiya T ,Sekine Y ,Choopun S ,et al. Microstructure,characterizations,functionality and compressive strength of cement-based materials using zinc oxide nanoparticles as an additive[J]. Journal of Alloys and Compounds,2015,630:1-10.

[14] 崔一纬,魏亚. 水泥基复合材料热电效应综述:机理、材料、影响因素及应用[J]. 复合材料学报, 2020:1-16.

[15] S. Wansom,N. J. Kidner NJ,L. Y. Woo,et al. AC-impedance response of multi-walled carbon nanotube/cement composites. Cem Concr Compos. 2006,26:509-519.

[16] 李彦伟,程义. 沥青路面融雪化冰方法研究[J]. 投资与创业,2012,23(17):17-20.

[17] 郭志全. 道路融雪方法综述[J]. 山西建筑,2011,37(21):135-137.

[18] ASTM. C 876-09 Standard test method for half-cell potentials of uncoated reinforcing steel in con-

crete. West Conshohocken：ASTM International，2009.

［19］GEL/603. BS 7361-1：1991 Cathodic protection. Code of practice for land and marine applications. London：BIS，1991.

［20］NACE. NACE standard RP0169-96 control of external corrosion on underground or submerged metallic piping systems. New York：Thomson Reuters，1996.

［21］Li G Y，Wang P M，Zhao X . Pressure-sensitive properties and microstructure of carbon nanotube reinforced cement composites[J]. Cement & Concrete Composites，2007，29(5)：377-382.